1・2 陸技受験教室 ①

無線工学の基礎

第3版

吉川忠久　著

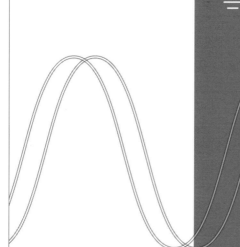

東京電機大学出版局

第3版発行にあたって

本書は，初版が 2000 年 10 月に，第 2 版が 2007 年 9 月に発行されました．初版から 20 年を経た今でも出版され続けているという事実は，多くの読者の方の知識の向上や資格取得のお役に立っていると実感しております．第 3 版発行に当たって，さらに研鑽してまいりたいと気を引き締めて執筆しました．

近年の第一級陸上無線技術士（一陸技）・第二級陸上無線技術士（二陸技）の国家試験において，無線工学の基礎の科目の出題状況は，基礎的な理論に基づいて作成された新たな傾向の問題が出題されています．

そこで，第 3 版にあたっては，最新の出題傾向に合わせて基本問題練習を全面的に見直すとともに，基礎学習の内容については旧版に比較して，各節の記述は次のように内容を充実させました．

第 1 章の**電気物理**については，国家試験問題において，電磁波については無線工学 B の科目で出題されるので，その記述を削除しました．定期的に出題される電気磁気現象については，一つの節にまとめました．また，最近出題されるようになった公式を追加するとともに，詳細な式の展開などの解説が必要な部分については内容を充実させました．

第 2 章の**電気回路**については，電気回路理論を理解するための解説を充実させました．また，最近の出題傾向に合わせて，特殊な回路の記述を削除するとともに，頻繁に出題されているひずみ波についての記述を追加しました．図記号については国家試験問題に出題されている図記号に合わせるとともに，図については見やすくなるように作成しました．

第 3 章の**半導体・電子管**については，あまり出題されなくなった半導体の理論的な取り扱いや真空管の記述を削除するとともに，頻繁に出題されている FET の種類や特性などの記述を充実させました．

第 4 章の**電子回路**については，国家試験問題において，変調と復調回路については無線工学 A の科目で出題されるので，その記述を削除しました．また，最新の問題の内容に合わせて，デジタル回路の記述を充実させ，D-A 変換回路の記述を追加しました．

第 5 章の**電気磁気測定**については，最近の出題傾向に合わせて，出題されていない

特殊な測定回路の記述を削除するとともに，頻繁に出題される<u>単位については</u>，一つの節にまとめて分かりやすく記述しました．

　改訂によって，<u>最新の国家試験問題に必要な内容を効率よく学習できるように</u>対応するとともに，一陸技・二陸技の無線工学の基礎の科目の国家試験対策として，これ 1 冊の学習で十分であることを目指してまとめました．また，国家試験問題としては出題されていない内容でも<u>無線工学の基礎に関する科目を学習するために必要な知識</u>については掲載してありますので，電波関係の科目を学習するための教科書としても活用できるように配慮しました．

　本書によって，皆様が目標の資格を取得し，無線従事者として活躍することのお役に立てれば幸いです．

2023 年 10 月

著者しるす

はじめに （初版発行時）

　近年，無線通信の分野では，携帯電話などの移動通信を行う無線局の数が著しく伸びています．また，放送の分野においてはデジタル化や多局化により，新たな時代を迎えようとしています．これらの陸上に開設される無線局の無線従事者として，あるいは，それらの無線局の無線設備を保守する登録検査等事業者の技術者として必要な国家資格が第一級陸上無線技術士（一陸技），第二級陸上無線技術士（二陸技）です．本書は，一陸技，二陸技の国家試験受験者のために，国家試験で出題される4科目のうち「無線工学の基礎」の科目について，合格できることをめざしてまとめたものです．

　一陸技，二陸技の国家試験は毎年2回実施されており，試験問題の形式が平成8年7月期から，それまでの筆記式から選択式（択一式・補完式・正誤式）の形式になりました．そこで選択式にマッチした受験勉強の方法が必要になります．

　「無線工学の基礎」の試験内容は電気物理・電気回路・半導体及び電子管・電子回路・電気磁気測定で，かなりの広範囲に及んでいます．さらに各分野で基礎的な知識と，資格によっては詳細な知識や応用知識が要求されます．そこで各分野の各項目ごとに，ここでは何がポイントかを，他分野との関連を含めてしっかりと把握していくことが必要になります．

　本書では各分野のポイントを，最近の出題状況をもとにまとめてあります．出題分野が広範囲に及ぶことと紙数の関係で，十分に網羅できてはいませんが，次の点を考慮しました．

　　・各項目ごとに，ポイントになるものは箇条書きにした．
　　・理解を助けるための図を可能な限り多く入れた．
　　・過去に出題された問題を整理して，広範囲の出題に対応できるようにした．

　また，無線従事者国家試験には，試験免除の制度があり「無線工学の基礎」は，

　　・認定校等を卒業した．
　　・無線従事者の資格を有している．
　　・無線従事者としての業務経歴を有している．
　　・電気通信主任技術者の資格を有している．

　場合に免除対象になる科目で，他の無線工学A，Bや電波法規の科目よりは特典が活用できる科目です．

　本書を利用して国家資格を取得することはもちろん，IT関連技術者として各分野に係る基礎的な知識の修得にお役に立てればと思います．

2000年9月

著者

目 次

本書の使い方

■1 本書の構成

本書の構成は，各章ごとに**基礎学習**，**基本問題練習**となっている．

問題を解くのに必要な事項や公式などは基礎学習に挙げてあるが，特にわかりにくい内容や計算過程については，各問題ごとに解説してある．

現在，出題されている国家試験の問題は選択式なので，試験問題を解くためには出題される範囲の内容をすべて覚えなくてもよいが，各項目のポイントを正確につかんでおかなければならない．そこで，基礎学習により全体の内容を理解し，次に基本問題練習によって実際に出題された問題を解くことにより，理解度を確かめながら学習していくことができるので，国家試験に対応した学習を進めることができる．

本書は，**一陸技**，**二陸技**を主な対象としており，既出問題についてはそれらの資格について取り扱っているが，**第一級総合無線通信士（一総通）**，**第一級海上無線通信士（一海通）**の資格を受験する場合でもこの科目の試験のレベルおよび範囲は，二陸技とほぼ同じなので十分に対応することができる．

■2 基礎学習

① 国家試験問題を解答するために必要な知識をまとめて解説してある．

② **太字**の部分は，これまでに出題された国家試験問題を解答するときのポイントとなる部分，あるいは，今後の出題で重要と思われる部分なので，特に注意して学習すること．

③ **Point** では，国家試験問題を解答するために必要な公式，公式の求め方，用語，あるいは，本文の内容を理解するために必要な数学の公式などについて解説してある．

④ 網掛け には，本文を理解するために必要な補足的な説明を加えてある．また，その他の節の内容と比較するために特徴を挙げてある節もあるので，理解の補助として利用できる．

⑤ 各節には，特に一陸技，二陸技の表示はつけていないが，難解な数学による記述は用いていないので，二陸技の受験者でも十分に各内容を理解できるはずである．ただし，二陸技の国家試験では，式の詳細な展開や現象や特徴の詳細に関する出題は少ないので，多少とばして学習してもよい．

■3 基本問題練習

① 過去に出題された問題の中から，各項目ごとに基本的な問題をまとめてある．

② 全く同じ問題が出題されることもあるが，計算の数値が変わったり，正解以外の選択肢の内容が変わって出題されることがある．また，穴埋め補完式の問題では，穴の位置が変わって出題されることがあるので，解答以外の内容についても学習するとよい．

③ 問題の 1陸技 1陸技類題 または 2陸技 2陸技類題 の表示は，それぞれの資格の国家試験に，その問題あるいは類題が出題されたことを示すが，別の資格を受験する場合でも，学習の理解を深めるため，表示にかかわらず学習するとよい．

④ ▶▶p.＊＊は，基礎学習で解説してある関連事項のページを示してある．問題を解きながら，関連する内容を参考にするときは，そのページを参照するとよい．

⑤ 各問題の**解説**では，本文で触れていないことなどについて補足して説明してある．また，計算問題については，各問題に計算の過程を示してある．公式を覚えることも重要であるが，計算の過程もよく理解して，計算方法に慣れておくことも必要である．

電気物理

　電荷と電界

1 クーロンの法則

図1·1のように真空中で r〔m〕離れた二つの**点電荷**（単位：クーロン〔C〕）$+Q_1$，$+Q_2$ には，互いに反発する力が働き，図の F_1 および F_2 のようにベクトル量で表される．それらの大きさ $F = |F_1| = |F_2|$〔N〕は，次式で表される．

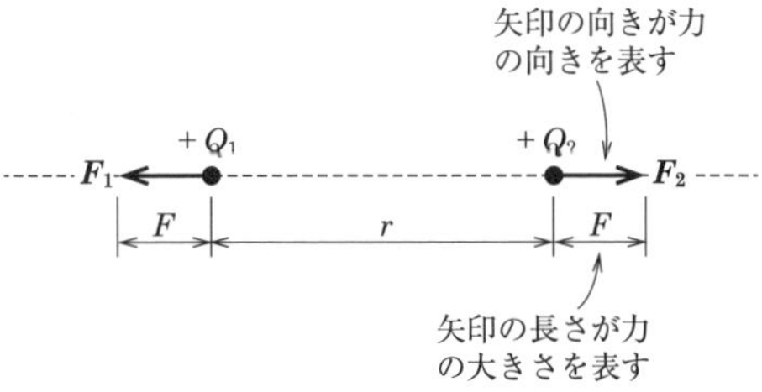

矢印の向きが力
の向きを表す

矢印の長さが力
の大きさを表す

図1·1　二つの点電荷間に働く力

$$F = \frac{Q_1 Q_2}{4\pi\varepsilon_0 r^2} \doteqdot 9\times10^9 \times \frac{Q_1 Q_2}{r^2} \ \text{〔N〕} \tag{1.1}$$

ε_0 は，真空の誘電率であり次式の値を持つ．

$$\varepsilon_0 \doteqdot \frac{1}{36\pi} \times 10^{-9} \ \text{〔F/m〕}$$

力の記号のうち太字の F は大きさと方向を持つベクトルを表し，F は大きさのみのスカラを表す．

　二つの点電荷を結ぶ直線上の向きに力が働く．同符号の電荷には反発力が，異符号の電荷には吸引力が働く．

　力の単位はニュートン（N）で表す．地表上の1〔kg〕の質量には，地球の中心に向かって約 9.8〔N〕の力が働く．

2 電界

図1·2のように真空中に点電荷 Q〔C〕を置いたとき，点電荷から r〔m〕離れた点Pの**電界の強さ** E〔V/m〕は，次式で表される．

$$E = \frac{Q}{4\pi\varepsilon_0 r^2} \ \text{〔V/m〕} \tag{1.2}$$

電界の強さ E〔V/m〕の電界中に q〔C〕

図1·2　点電荷による電界

の電荷を置くと電荷に働く力の大きさ F 〔N〕は，次式で表される．

$$F = qE \ \text{〔N〕} \tag{1.3}$$

電界は単位電荷当たりの力を表す．

電界は電荷による力と同じようにベクトル量である．

Point

平等電界中にある電子などの荷電粒子に働く力の大きさは，式(1.3)によって求めることができる．力の向きは電界と同じ方向である．

電子の電荷：$e \fallingdotseq 1.602 \times 10^{-19}$ 〔C〕

電子の質量：$m \fallingdotseq 9.109 \times 10^{-31}$ 〔kg〕

物体の質量 m 〔kg〕，距離 l 〔m〕，速度 v 〔m/s〕，加速度 a 〔m/s²〕，力 F 〔N〕とすると力学の法則より次式で表される．

t 〔s〕後の速度

$$v = at \ \text{〔m/s〕} \tag{1.4}$$

t 〔s〕後の距離

$$l = \frac{at^2}{2} \ \text{〔m〕} \tag{1.5}$$

運動方程式

$$F = ma \ \text{〔N〕} \tag{1.6}$$

遠心力

$$F = \frac{mv^2}{r} \ \text{〔N〕} \tag{1.7}$$

力とエネルギー（仕事量）

$$W = Fl \ \text{〔J〕} \tag{1.8}$$

運動エネルギー

$$U = \frac{mv^2}{2} \ \text{〔J〕} \tag{1.9}$$

③ 磁気に関するクーロンの法則

真空中で r 〔m〕離れた二つの**点磁極**（単位：ウェーバー〔Wb〕）$+m_1$，$+m_2$ には，静電気と同様に反発する力 $\boldsymbol{F_1}$ および $\boldsymbol{F_2}$ が働き，それらの大きさ $F = |\boldsymbol{F_1}| = |\boldsymbol{F_2}|$ 〔N〕は，次式で表される．

$$F = \frac{m_1 m_2}{4\pi\mu_0 r^2} \ \text{〔N〕} \tag{1.10}$$

μ_0 は，**真空の透磁率**であり，次式の値で定義される．

$$\mu_0 = 4\pi \times 10^{-7} \ \text{〔H/m〕}$$

点電荷は存在するが点磁極は存在しない．磁極は常に正（N極）と負（S極）が対の磁石の状態で存在するので，二つの磁石の間に働く力を求めるときは，等価的な四つの磁極間に作用する力を合成して求めなければならない．

❹ 磁界

電界と同じように真空中に点磁極 m〔Wb〕を置いたとき，点磁極から r〔m〕離れた点の磁界の強さ H〔A/m〕は，次式で表される．

$$H = \frac{m}{4\pi\mu_0 r^2} \text{〔A/m〕} \tag{1.11}$$

❺ 磁石に働く力

磁石のように N 極と S 極間の距離が a〔m〕離れている二つの磁極の構造を**磁気双極子**（ダイポール）という．磁極の強さを m〔Wb〕とすると，磁気双極子の強さ p〔Wb·m〕は次式で表される．

$$p = ma \text{〔Wb·m〕} \tag{1.12}$$

図 1·3 のように，磁極の強さが m〔Wb〕，磁極間の距離が a〔m〕の磁石を一様な磁界の中に置く．磁界の強さを H〔A/m〕とすると，それぞれの磁極には図に示すような力 $F = mH$〔N〕が働く．これらの力は同一線上にはなく，磁石を回転させるように働き，回転力を表すトルク T〔N·m〕は次式で表される．

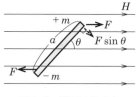

図 1·3　磁石に働く力

$$T = Fa\sin\theta = mHa\sin\theta = pH\sin\theta \text{〔N·m〕} \tag{1.13}$$

❻ 合成電界

電界は，力と同じように大きさと方向を持った**ベクトル量**である．二つ以上の電荷による電界は図 1·4（a）のようにベクトル和となる．図 1·4（a）において $\boldsymbol{E_1}$ ベクトルと $\boldsymbol{E_2}$ ベクトルの和は次式のように表される．

$$\boldsymbol{E_0} = \boldsymbol{E_1} + \boldsymbol{E_2} \tag{1.14}$$

$\boldsymbol{E_0}$ の強さ E_0〔V/m〕を求めるときは，図 1·4（a）のように $\boldsymbol{E_1}$ と $\boldsymbol{E_2}$ の作る平行四辺形の対角線の長さとして求めることができ，$\boldsymbol{E_1}$ と $\boldsymbol{E_2}$ のなす角度を θ とすると，次式が成り立つ．

$$E_0{}^2 = E_1{}^2 + E_2{}^2 + 2E_1E_2\cos\theta \tag{1.15}$$

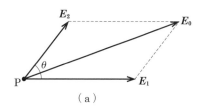

（a）

図 1·4（a）において，Q_1 による点 P の電界を $\boldsymbol{E_1}$，Q_2 による電界を $\boldsymbol{E_2}$ とすると，各々のベクトルを平行四辺形の各辺としたときに，その対角線が合成ベクトルを表す．図 1·4（b）のように $\boldsymbol{E_1}$，$\boldsymbol{E_2}$ のなす角 $\theta = 90°$ のとき，合成電界の強さ E_0〔V/m〕は，次式によって求めることができる．

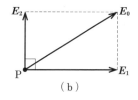

（b）

図 1·4　合成電界

$$E_0 = \sqrt{E_1{}^2 + E_2{}^2} \ \text{[V/m]} \tag{1.16}$$

磁界も電界と同じようにベクトル量なので，磁界の計算も電界の計算と同様にベクトルの演算によって扱うことができる．

7 電気力線と電束

(1) 電気力線

電界の状態を表す仮想的な線を**電気力線**という．電荷 Q 〔C〕から飛び出す全電気力線数 N は，媒質の誘電率を ε とすると，次式で表される．

$$N = \frac{Q}{\varepsilon} \tag{1.17}$$

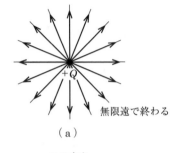

無限遠で終わる

（a）

単位面積を通過する電気力線数 n を**電気力線密度**という．電気力線密度は電界の強さと同じ値として定義されている．

電気力線の性質を次に示す．

① 電気力線は＋電荷から出て－電荷に終わる．一つの＋電荷の電気力線は無限遠で終わる．

② 同じ向きの電気力線どうしは互いに反発する．

③ 電気力線は電界が 0 でないところ以外では交わらない．

④ 電気力線は導体の表面に垂直である．

⑤ 単位面積を通る電気力線の数でその点の電界の強さを表す．

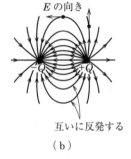

E の向き

互いに反発する

（b）

図 1·5 電気力線

⑥ 電気力線の接線方向が電界の方向を表す．

⑦ 真空媒質中では，Q 〔C〕の電荷から出入りする電気力線数は Q/ε_0 本である．

(2) 電束

電荷 Q 〔C〕から飛び出す電気量の束を**電束**という．

真空中に点電荷 Q 〔C〕を置いたとき，点電荷から発する全電束 ϕ 〔C〕は，次式で表される．

$$\phi = Q \ \text{〔C〕} \tag{1.18}$$

また，単位面積を通過する電束数を**電束密度**という．

真空中の電界 E と電束密度 D 〔C/m²〕の関係は，次式で表される．

$$D = \varepsilon_0 E \ \text{〔C/m}^2\text{〕} \tag{1.19}$$

電気力線密度は，媒質（誘電率）によってその大きさが変わるが，電束密度は媒質によって大きさが変わらない．

電界 E〔V/m〕，電束密度 D〔C/m²〕と同じように磁界 H〔A/m〕，**磁束密度** B（単位：テスラ〔T〕）が定義される．

電界と電束密度の関係と同じように，次式が成り立つ．

$$B = \mu_0 H \ \text{〔T〕} \tag{1.20}$$

> **Point**
>
> **真空の誘電率と透磁率**
>
> 真空中の電磁波の速度（光の速度）を c〔m/s〕とすると，次式の関係がある．
>
> $$c = \frac{1}{\sqrt{\varepsilon_0 \mu_0}} \tag{1.21}$$
>
> ただし，c は次式の値である．
>
> $$c = 2.99792458 \times 10^8 \fallingdotseq 3 \times 10^8 \ \text{〔m/s〕} \tag{1.22}$$
>
> 真空の透磁率 μ_0〔H/m〕は，電流間に働く力から定義された値である．式(1.21)，(1.22)より，真空の誘電率 ε_0〔F/m〕を求めると次式で表される．
>
> $$\varepsilon_0 = \frac{1}{\mu_0 c^2} \fallingdotseq \frac{1}{4\pi \times 10^{-7} \times (3 \times 10^8)^2}$$
>
> $$= \frac{1}{36\pi} \times 10^{-9} \ \text{〔F/m〕} \tag{1.23}$$

B 導体と帯電状態

(1) 静電誘導

図1・6のように，正に帯電した物体に導体を近づけると，導体の正の電荷に近い部分に負の電荷が現れ，遠い部分に正の電荷が現れる．この現象を**静電誘導**と呼ぶ．このような現象は絶縁体でも生じるが，導体のように電子が自由に移動しないのではっきりとした現象は見られない．

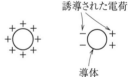

誘導された電荷

導体

図1・6

(2) 静電遮へい（シールド）

図1・7(a)のように，正に帯電した物体のまわりを，電荷を持たない中空の導体で取り囲むと，導体の内側には静電誘導作用によって，帯電した物体の正電荷と等しい量の負電荷が現れる．また，導体の外側には導体の内側の負電荷と等しい量の正電荷が現れる．

ここで，図1・7(b)のように中空の導体を接地すると，外側の正電荷は大地に逃げて電荷はなくなる．よって，中空の導体の中にある物体の正電荷の影響は，中空の導体の外側には現れない．逆に，中空導体の外にある電荷の影響は内側には現れない．これを静電遮へいという．

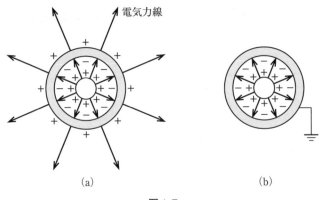

電気力線

(a)   (b)

図 1·7

⑨ ガウスの法則

真空中において，電荷を取り囲む任意の閉曲面を考えたときに，その面を通る全電気力線数は，面内に存在する電荷から発生する全電気力線数と一致する．これを**ガウスの法則**という．

$$\int E_n ds = \frac{Q}{\varepsilon_0} \tag{1.24}$$

ただし，E_n は微小面積 ds 上の電界の法線（面に垂直な線）成分を表す．

電界の強さがその点の電気力線密度を表すので，式(1.24)の左辺の積分は面全体から飛び出す電気力線の総数を表す．

ガウスの法則は，電荷の数や分布の状態と閉曲面の形によらず成り立つ．ガウスの法則を応用して電界の強さを求めるときは，電荷の分布状態が一定で閉曲面上において電界の強さが一定な場合に，面の形状を表す関数を積分することによって求めることができる．

> 一般に物理法則は，○○の法則というが，ガウスの法則は数学の定理のように，ガウスの定理と呼ぶこともある．

真空中において，**図1·8** に示すような電荷 Q〔C〕を中心として，取り囲む球の表面における電界が一様なときは，電界は定数として扱えるので，面積を S〔m^2〕，電界の強さを E〔V/m〕，真空の誘電率を ε_0 とすると，ガウスの法則により，次式が成り立つ．

$$SE = \frac{Q}{\varepsilon_0} \tag{1.25}$$

電界の強さ E を求めると，次式で表される．

$$E = \frac{Q}{S\varepsilon_0} \tag{1.26}$$

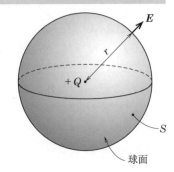

図 1·8 ガウスの法則

クーロンの法則は，面積を持たない点で表された電荷間の力を表す．

ガウスの法則は，電荷を取り囲む閉曲面を通過する電束数がその内部の電束数を表す法則なので，球や導線などに電荷が分布している状態の問題を容易に解くことができる．

電位

電界中に置かれた単位正電荷が持つエネルギーを**電位**という．

■ 平等電界中の電位

図 1·9 のように，電界が一様な平等電界 E〔V/m〕の中に，電界の方向に l〔m〕離れた点 a，点 b をとると，ab 間の電位 V_{ab}〔V〕は，単位正電荷（+1〔C〕）を l 移動させたときのエネルギーとして定義され，次式で表される．

$$V_{ab} = El \text{〔V〕} \tag{1.27}$$

単位正電荷を点 a から点 c に角度 θ 方向へ斜めに移動させると，移動距離は $l_c = l/\cos\theta$〔m〕となるので，ab 間の距離 l より長くなるが，移動方向の電界成分は $E_c = E\cos\theta$ なので，ac 間の電位 $V_{ac} = E_c l_c$〔V〕は V_{ab} と同じ値になる．

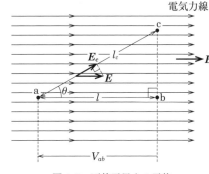

図 1·9 平等電界中の電位

■ 点電荷による電界中の電位

真空中（誘電率 ε_0）に点電荷 Q〔C〕を置いたとき，点電荷から r〔m〕離れた点の電位 V〔V〕は，単位正電荷を ∞ の点から，r の点まで移動させたときのエネルギーで定義され，次式で表される．

$$V = \int_\infty^r (-E)\, dr \tag{1.28}$$

$$= -\frac{Q}{4\pi\varepsilon_0}\int_\infty^r \frac{1}{r^2}$$

$$= \frac{Q}{4\pi\varepsilon_0}\left[\frac{1}{r}\right]_\infty^r$$

$$= \frac{Q}{4\pi\varepsilon_0 r} \text{〔V〕} \tag{1.29}$$

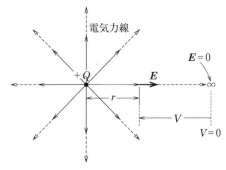

図 1·10 点電荷による電界中の電位

第 1 章 電気物理

1.2 電位

式(1.28)において，電界に−の符号が付いているのは，電界の向きは正の点電荷から無限大の方向を向いているが，電位の向きは無限大を0電位として正の電荷に近づくと＋の電位を持つので，これらの向きが逆なことによる．

③ 電位と電界

電界は電位の傾きを表すので電位 V〔V〕の点における x 方向の電界 E〔V/m〕は，次式で表される．

$$E = -\frac{dV}{dx} \ \text{〔V/m〕} \tag{1.30}$$

符号の−は，電位の正の向きと電界ベクトルの向きが逆であることを表す．電界は＋の電荷から外向きで，電位は＋の電荷に向かって高くなる．

数学の公式
　微積分の公式（積分定数は省略）

$$\frac{dx^n}{dx} = nx^{n-1}$$

$$\int x^n dx = \frac{x^{n+1}}{n+1}$$

$$\frac{d}{dx}\frac{1}{x} = \frac{d}{dx}x^{-1} = -x^{-2} = -\frac{1}{x^2}$$

$$\int \frac{1}{x^2}dx = \int x^{-2}dx = -x^{-1} = -\frac{1}{x}$$

④ 導体球の電界と電位

真空中に孤立した導体球に電荷 Q〔C〕を与えると，ガウスの法則より，導体球の中心に電荷が集まった状態と同様に取り扱うことができる．したがって，導体球外側に球の中心から距離 r〔m〕の点の電界の強さ E〔V/m〕および電位 V〔V〕は，次式で表される．

$$E = \frac{Q}{4\pi\varepsilon_0 r^2} \ \text{〔V/m〕} \tag{1.31}$$

$$V = \frac{Q}{4\pi\varepsilon_0 r} \ \text{〔V〕} \tag{1.32}$$

このとき，導体球の表面は等電位で，電荷は導体球の表面にのみ均一に分布する．導体球の半径を a〔m〕とすると，導体球の表面における電荷の面積密度 σ〔C/m²〕は，電荷を球の表面積で割れば求めることができるので，次式となる．

$$\sigma = \frac{Q}{4\pi a^2} \ \text{〔C/m²〕} \tag{1.33}$$

静電容量

1 静電容量

絶縁体で隔離された導体に，電荷 Q 〔C〕を与えたときの電位を V 〔V〕とすると，**静電容量** C 〔F〕は次式で表される.

$$C = \frac{Q}{V} \ \text{〔F〕} \tag{1.34}$$

> コンデンサに蓄えられる電荷は静電容量に比例する．静電容量は，同じ電圧でどれだけ電荷を蓄えることができるかを表す．

図 1·11 のように，真空中に孤立した半径 a 〔m〕の導体球に，電荷 Q 〔C〕を与えたときの電位 V 〔V〕は，式(1.32)によって表されるので，導体球の静電容量 C 〔F〕は次式となる.

$$C = \frac{Q}{V} = \frac{Q}{\dfrac{Q}{4\pi\varepsilon_0 a}} = 4\pi\varepsilon_0 a \ \text{〔F〕} \tag{1.35}$$

> 静電容量は導体の形状や導体から電気力線が発生する空間の誘電率によって定まる．

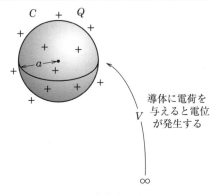

導体に電荷を
与えると電位
が発生する

図 1·11 導体球の静電容量

2 直線状導体間の静電容量

図 1·12(a)のように真空中に 2 本の平行無限長直線導体 A および B の単位長さ当たりの静電容量を求める.

導体から発生する電気力線は，図 1·12(b)のように導体を囲む円筒から放射状に発生するので，単位長さ（1〔m〕）の円筒にガウスの法則を使って電界を求める．導体 A および B の単位長さ当たりの電荷を $+Q$, $-Q$ 〔C〕とすると，導体 A および B によって，点 P に発生する電界の強さ E_A, E_B 〔V/m〕は次式で表される.

$$E_A = \frac{Q}{S\varepsilon_0} = \frac{Q}{2\pi x\varepsilon_0} \ \text{〔V/m〕} \tag{1.36}$$

$$E_B = \frac{Q}{S\varepsilon_0} = \frac{Q}{2\pi(d-x)\varepsilon_0} \ \text{〔V/m〕} \tag{1.37}$$

電位 V 〔V〕は，次式で表される.

$$V = \int_{d-r}^{r} (-E)\,dx = \int_{r}^{d-r} (E_A + E_B)\,dx$$

$$= \frac{Q}{2\pi\varepsilon_0} \int_{r}^{d-r} \left(\frac{1}{x} + \frac{1}{d-x}\right) dx$$

$$= \frac{Q}{2\pi\varepsilon_0} \left(\left[\log_e x\right]_{r}^{d-r} \right.$$

$$\left. + \left[-\log_e(d-x)\right]_{r}^{d-r} \right)$$

$$= \frac{Q}{2\pi\varepsilon_0} (\log_e(d-r)$$

$$- \log_e r - \log_e r + \log_e(d-r))$$

$$= \frac{Q}{2\pi\varepsilon_0} \left(2 \times \log_e \frac{d-r}{r}\right) \;[\mathrm{V}] \quad (1.38)$$

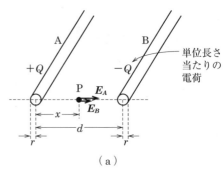

（a）

導線の半径に対して，同線間の間隔が大きい場合は，$d-r \fallingdotseq d$ とすると，単位長さ当たりの静電容量 C [F] は次式で表される.

$$C = \frac{Q}{V} = \frac{2\pi\varepsilon_0}{2 \times \log_e \dfrac{d}{r}} = \frac{\pi\varepsilon_0}{\log_e \dfrac{d}{r}} \;[\mathrm{F}]$$

$$(1.39)$$

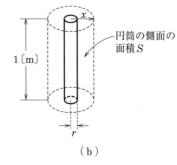

（b）

図 1・12 直線状導体間の電界と電位

式 (1.39) は，平行 2 線式給電線の単位長さ当たりの静電容量を表す．同軸給電線の静電容量は，円筒状の導体間の静電容量として，ガウスの法則を用いて求めることができる.

1.4 コンデンサ

❶ 平行平板コンデンサ

静電容量を持つ部品を**コンデンサ**という．基本的な構造は，**図 1・13** のように平行平板電極の間にプラスチックフィルムなどの誘電体を挟んで作られている.

図 1・13 のコンデンサの電極の面積を S [m²]，極板間の間隔を d [m]，**誘電体の誘電率**を ε [F/m] とする．電極間に $\pm Q$ [C] の電荷を与えると，電極に生じる電荷は一様で，電極の端で電界の乱れがなく，電極間の電界は一定であるものとすれば，電束密度を D [C/m²] とすると，電界の

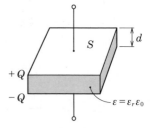

図 1・13 平行平板コンデンサ

強さ E 〔V/m〕は次式となる.

$$E = \frac{D}{\varepsilon} = \frac{Q}{\varepsilon S} \ \text{〔V/m〕} \tag{1.40}$$

電極間の電位 $V = Ed$ 〔V〕となるので,静電容量 C 〔F〕は,次式で表される.

$$C = \frac{Q}{V} = \frac{Q}{\dfrac{Q}{\varepsilon S}d} = \varepsilon \frac{S}{d} \ \text{〔F〕} \tag{1.41}$$

ただし,ε_0 を**真空の誘電率**,ε_r を**比誘電率**とすると,$\varepsilon = \varepsilon_r \varepsilon_0$ で表される.

> コンデンサの形状から静電容量を求めることができる.導体球から発生する電気力線はまわりの空間なので,静電容量を求めるときの誘電率は真空の誘電率である.平行平板コンデンサでは,電極間に電気力線が存在するので,誘電率は電極間の媒質の誘電率となる.

2 コンデンサの接続

(1) 直列接続

図1·14(a)のように直列接続すると各コンデンサの電荷は,電極間の電荷の静電誘導により同じ値 Q 〔C〕となるので,各コンデンサに加わる電圧より次式が成り立つ.

$$V = V_1 + V_2 + V_3 = \frac{Q}{C_1} + \frac{Q}{C_2} + \frac{Q}{C_3}$$
$$= Q\left(\frac{1}{C_1} + \frac{1}{C_2} + \frac{1}{C_3}\right) \text{〔V〕}$$

合成静電容量を C_S 〔F〕とすると,次式が成り立つ.

$$\frac{1}{C_S} = \frac{1}{C_1} + \frac{1}{C_2} + \frac{1}{C_3} \tag{1.42}$$

二つのコンデンサを直列接続したときの合成静電容量 C_S 〔F〕は,次式で表される.

$$C_S = \frac{C_1 C_2}{C_1 + C_2} \ \text{〔F〕} \tag{1.43}$$

(2) 並列接続

図1·14(b)のように並列接続すると各コンデンサの電圧は,同じ値 V 〔V〕となるので,各コンデンサに加わる電荷より次式が成り立つ.

$$Q = Q_1 + Q_2 + Q_3 = C_1 V + C_2 V + C_3 V$$
$$= (C_1 + C_2 + C_3) V \ \text{〔C〕}$$

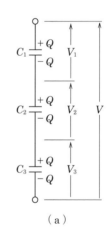

（a）

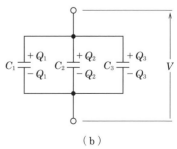

（b）

図1·14 コンデンサの接続

第1章 電気物理

並列接続したときの合成静電容量 C_P 〔F〕は，次式で表される．

$$C_P = C_1 + C_2 + C_3 \text{〔F〕} \tag{1.44}$$

合成静電容量の求め方は，合成抵抗の求め方と比較すると直列と並列が逆になる．

(3) 絶縁破壊電圧

コンデンサに加える電圧が低いときは極板間に電流は流れないが，電圧を上げて絶縁体（誘電体）中の電界の強さがある値を超えると，絶縁体が破壊され放電現象が起きて電流が流れるようになる．このとき加えた電圧を**絶縁破壊電圧**，電界の強さを**絶縁耐力**という．

絶縁破壊電圧 V〔V〕は，絶縁体内の最大電界 E〔V/m〕で決まるので電極の間隔を d〔m〕とすると，$V = Ed$ で表されるので，電極の間隔を大きくすると絶縁破壊電圧も比例して大きくなる．

コンデンサに加わる電圧は，静電容量に反比例する．コンデンサを直列接続すると，各コンデンサの電荷は同じ値となるので，静電容量の小さいコンデンサは電圧が大きくなるから，絶縁耐力を大きくする必要がある．

③ 静電エネルギー

図 1・15(a) の静電容量が C〔F〕のコンデンサにおいて，電荷が蓄積されていない状態から，電荷を 0 から Q〔C〕まで増加させて蓄積するには，電荷が増加するとともに加える電圧も増加させなければならない．図 1・15(b) に示すように電荷を増加させる途中のコンデンサの電圧が v〔V〕，電荷が q〔C〕のとき，dq〔C〕の電荷を増加させるために必要な仕事 dw〔J〕は，次式で表される．

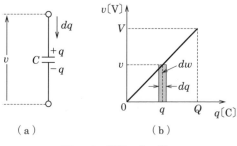

図 1・15　静電エネルギー

$$dw = vdq = \frac{1}{C}qdq \text{〔J〕} \tag{1.45}$$

電荷 q〔C〕を 0 から Q〔C〕まで増加させて蓄積する仕事 W〔J〕は，式(1.45)より，

$$W = \int_0^Q dw = \int_0^Q \frac{1}{C}qdq$$

$$= \frac{1}{C} \times \left[\frac{q^2}{2}\right]_0^Q = \frac{Q^2}{2C} \text{〔J〕} \tag{1.46}$$

このときの仕事量がコンデンサに蓄えられる**静電エネルギー** W〔J〕となる．静電容量とコンデンサに加わる電圧 V〔V〕で表すと，$C = Q/V$，$Q = CV$ なので次式となる．

$$W = \frac{1}{2}QV = \frac{1}{2}CV^2 \text{ (J)} \tag{1.47}$$

コンデンサに蓄えられるエネルギーは，極板間の空間に生じる電界のエネルギーとして蓄えられると表すこともできる．ここで，平行平板コンデンサの電極の面積を S 〔m²〕，極板間の間隔を d 〔m〕，電極間の電界の強さを E 〔V/m〕，誘電体の誘電率を ε 〔F/m〕とすると，極板間の単位体積当たりの静電エネルギー w_E 〔J/m³〕は次式で表される．

$$w_E = \frac{W}{Sd} = \frac{1}{2}CV^2 \times \frac{1}{Sd} = \frac{1}{2} \times \varepsilon \frac{S}{d} \times (Ed)^2 \times \frac{1}{Sd}$$

$$= \frac{1}{2}\varepsilon E^2 \text{ (J/m}^3\text{)} \tag{1.48}$$

 電流の磁気作用

◼ アンペアの法則

図 1·16 のように導線に電流を流すと電流のまわりに回転磁界が発生する．磁界を一周して線積分を求めると，それを取り囲む電流の値に一致する．これを**アンペアの法則**という．式で示すと次式で表される．

$$\int H_l \, dl = I \tag{1.49}$$

ただし，H_l は微小長さ dl の点における磁界の接線成分の大きさを表す．

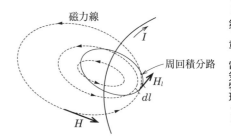

図 1·16 アンペアの法則

磁界 H は方向と大きさを持ったベクトル量を表す．積分するときは，積分路と同じ方向の成分と区間の積をとる．

図 1·17 のように，無限長の直線状導線に流れる電流 I 〔A〕から r 〔m〕の距離の点を通る円を考えると，この円周上ではどの点でも磁界の強さ H 〔A/m〕は同じ値をとるので，積分区間を円周の $l = 0 \sim 2\pi r$ にとると，アンペアの法則より，次式で表される．

$$\int_0^{2\pi r} H dl = H \left[l \right]_0^{2\pi r} = 2\pi r H = I \tag{1.50}$$

式 (1.50) より，磁界の強さを求めれば次式となる．

$$H = \frac{I}{2\pi r} \text{ (A/m)} \tag{1.51}$$

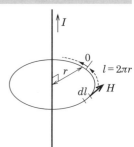

図 1·17 直線状導線を流れる電流が作る磁界

積分路において，磁界の強さが変わらないので，定数とみなして積分路の長さを計算すると円周となる．磁界の強さが積分路で変わらないときは，磁界の強さに積分路の長さを掛ければ電流の値と一致する．

なお，磁界の回転する向きを右回りのねじが回転する向きとすると，ねじの進行する向きが電流の向きを表す．これを**アンペアの右ねじの法則**という．

② ビオ・サバールの法則

図1·18 のように導線の微小部分 dl〔m〕を流れる電流 I〔A〕によって，r〔m〕離れた点に生じる磁界の強さ dH〔A/m〕は，次式で表される．

$$dH = \frac{Idl}{4\pi r^2} \sin \theta \ \text{〔A/m〕} \quad (1.52)$$

図1·19 のように，円形の導線に電流 I〔A〕が流れているとき，円の中心にある点の磁界の強さ H〔A/m〕を求めるにはビオ・サバールの法則を用いる．電流の微小長さ dl による微小磁界 dH をとって，この微小磁界が全円周の電流によって合成される．円上ではどの点でも電流の大きさは同じ値なので，積分区間を円周の $l = 0 \sim 2\pi r$ にとると，磁界の強さ H は次式で表される．

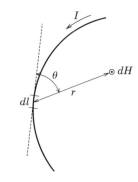

図1·18 ビオ・サバールの法則

$$
\begin{aligned}
H &= \int_0^{2\pi r} dH \\
&= \frac{I}{4\pi r^2} \int_0^{2\pi r} dl \\
&= \frac{I}{4\pi r^2} 2\pi r \\
&= \frac{I}{2r} \ \text{〔A/m〕} \quad (1.53)
\end{aligned}
$$

式(1.53)において，dH は円周上で変化しないので，定数となるので円周を掛けて求めてもよい．

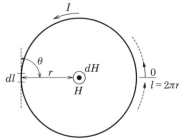

H：全磁界
dH：dlによる磁界

図1·19 円形電流の中心点の磁界

アンペアの法則やビオ・サバールの法則は，ガウスの法則やクーロンの法則と式が似ているが，ε_0 に相当する値の μ_0 がない．電流によって発生する磁界は媒質に関係しない．

> **Point**
>
> 無限長の直線導線に流れる電流 I〔A〕から r〔m〕離れた点において，磁界の強さ H〔A/m〕は，次式で表される．

$$H = \frac{I}{2\pi r} \ \text{〔A/m〕} \tag{1.54}$$

導線の微小部分 dl 〔m〕を流れる電流 I 〔A〕によって，θ 方向に r 〔m〕離れた点における磁界の強さ dH 〔A/m〕は，次式で表される．

$$dH = \frac{Idl}{4\pi r^2} \sin \theta \ \text{〔A/m〕} \tag{1.55}$$

半径 r 〔m〕の円形に電流 I 〔A〕が流れているとき，円の中心における磁界の強さ H 〔A/m〕は，次式で表される．

$$H = \frac{I}{2r} \ \text{〔A/m〕} \tag{1.56}$$

 **電磁力**

■ 電磁力

図 **1·20** のように大きさと向きが一定な磁界中に電流の流れている導線を置くと，導線に力が働く．このとき，磁界の磁束密度を B 〔T〕，電流を I 〔A〕，導線の長さを l 〔m〕，磁界と導線のなす角度を θ とすると，導線に働く力の大きさ F 〔N〕は次式で表される．

$$F = IlB \sin \theta \ \text{〔N〕} \tag{1.57}$$

力の大きさは，磁界の向きと電流の向きが同じときに 0 となり，直角のときに最大となる．

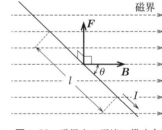

図 **1·20** 磁界中の電流に働く力

これらの向きは，**フレミングの左手の法則**で表される．左手の親指，人差し指，中指を互いに直角に開いて，中指を電流 I，人差し指を磁界（磁束密度 B）の方向に合わせると，親指が力 F の方向を表す．

■ 電流相互間に働く力

図 **1·22** のように，真空中に間隔が r 〔m〕の 2 本の平行に並んだ無限に長い導線 1，2 に，電流 I_1 〔A〕，I_2 〔A〕を流すと導線間に力が働く．

導線の長さ l 〔m〕当たりに働く力の大きさ $F = F_1 = F_2$ 〔N〕は，真空の透磁率を μ_0（$= 4\pi \times 10^{-7}$ 〔H/m〕）とすると，次式で表される．

$$F = \frac{\mu_0 I_1 I_2 l}{2\pi r} \ \text{〔N〕} \tag{1.58}$$

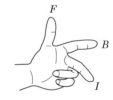

図 **1·21** フレミングの左手の法則

第 1 章 　電気物理

I_2 の電流が流れている導線 2 において，I_1 の電流による磁界の強さ H_1〔A/m〕は，次式で表される．

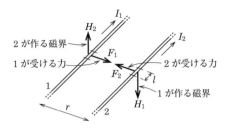

$$H_1 = \frac{I_1}{2\pi r} \text{〔A/m〕} \tag{1.59}$$

磁界 H_1 の向きは I_2 に直角だから $\sin\theta = 1$ となるので，H_1 の磁束密度を B_1（$= \mu_0 H_1$）とすると，電流 I_2 の流れている導線に働く力の大きさ F_2〔N〕は，次式で表される．

図 1·22　電流相互間に働く力

$$F_2 = I_2 Bl = I_2 \mu_0 \frac{I_1}{2\pi r} l = \frac{\mu_0 I_1 I_2 l}{2\pi r} \text{〔N〕} \tag{1.60}$$

式 (1.60) において，F_1 を求めると I_1 と I_2 が入れ替わるだけなので，$F = F_1 = F_2$ となる．また，二つの力は作用と反作用の関係となることからも，逆向きで同じ大きさとなることがわかる．

Point

式 (1.60) において，真空の誘電率の定義された値 $\mu_0 = 4\pi \times 10^{-7}$〔H/m〕と $I_1 = I_2 = 1$〔A〕，$l = 1$〔m〕，$r = 1$〔m〕とすると，

$$F = \frac{4\pi \times 10^{-7}}{2\pi} = 2 \times 10^{-7} \text{〔N〕}$$

となり，$F = 2 \times 10^{-7}$〔N〕となる電流の値が SI 単位系の 1〔A〕の定義として用いられていた．現在は電子の電荷の値から定義されている．

❸ ローレンツ力

電荷 q〔C〕の荷電粒子が，図 1·23 のような電界と磁界が一様な空間を移動するとき，荷電粒子は電界および磁界から力を受ける．電界ベクトルを $\boldsymbol{E}$〔V/m〕，磁束密度のベクトルを $\boldsymbol{B}$〔T〕，粒子の速度のベクトル量を $\boldsymbol{v}$〔m/s〕とすると，力 $\boldsymbol{F}$〔N〕は次式で表される．

$$\boldsymbol{F} = q\boldsymbol{E} + q\boldsymbol{v} \times \boldsymbol{B} \text{〔N〕} \tag{1.61}$$

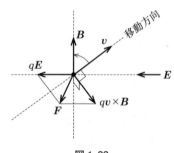

図 1·23

電界による力の向きは電界と同じ向き．磁界による力の向きは，電荷の移動方向から磁界の方向に右ねじを回したときに進む向きとなり，磁界による力の向きは電荷の移動方向と磁界が作る平面に垂直の向き．

荷電粒子が電子のときは，電荷は負なので電界と磁界による力は逆向きとなる．

式(1.61)で表される力を**ローレンツ力**という．また，$v \times B$ はベクトルの外積を表し，v と B のなす角度を θ とすると，磁界によって発生する力の大きさ F_B 〔N〕は，次式で表される．

$$F_B = qvB \sin \theta \ \text{〔N〕} \tag{1.62}$$

電磁誘導

■ ファラデーの電磁誘導の法則

図 1·24 のようにコイルを通過する磁束 ϕ 〔Wb〕が変化するとコイルに起電力が発生する．微小時間 dt 〔s〕の間の磁束の微小変化を $d\phi$ 〔Wb〕とすると，コイルの巻数が N 回のときの**誘導起電力** e 〔V〕は，次式で表される．

$$e = -N\frac{d\phi}{dt} \ \text{〔V〕} \tag{1.63}$$

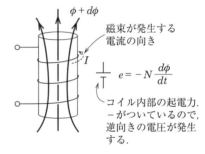

磁束が発生する電流の向き

$$e = -N\frac{d\phi}{dt}$$

コイル内部の起電力．－がついているので，逆向きの電圧が発生する．

図1·24 コイルに発生する起電力

誘導起電力は，コイルの内部に電池があるように電圧が発生することをいう．式(1.63)において －の符号がついているのは，電流を流して磁束が発生する向きの起電力を＋としたときに逆向きの 起電力が発生することを表す．

起電力は，磁束の変化を妨げる向きに発生する．これを**レンツの法則**という．

■ 運動する導体の誘導起電力

図 1·25 のように大きさと向きが一定な磁界中に導線を置き，この導線を磁束と交差する方向に移動させると，導線に起電力が生じる．

このとき，磁界の磁束密度を B 〔T〕，導線の長さを l 〔m〕，導線の速度を v 〔m/s〕，磁束と導線のなす角度を θ とすると，導線に発生する起電力 e 〔V〕は次式で表される．

$$e = Blv \sin \theta \ \text{〔V〕} \tag{1.64}$$

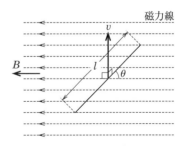

磁力線

図1·25 磁界中で運動する導体の誘導起電力

第1章　電気物理

導線と磁界の向きが直角で，磁界と導線の移動方向のなす角度がθの場合の起電力も式(1.64)で表される．

これらの向きを表すのが**フレミングの右手の法則**である．図1・26のように右手の親指，人差し指，中指を互いに直角に開き，親指を導線の移動方向，人差し指を磁界の方向に合わせると，中指が起電力の方向を表す．

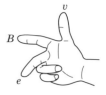

図1・26 フレミングの右手の法則

1.8 インダクタンス

1 自己インダクタンス

コイルに電流を流すと磁束が発生する．発生する磁束は電流に比例する．コイルに流れている電流をdt〔s〕の時間にdI〔A〕変化させると，N回巻きのコイルの磁束も$d\phi$〔Wb〕変化する．このとき発生する誘導起電力e〔V〕は，次式で表される．

$$e = -N\frac{d\phi}{dt} \text{〔V〕} \tag{1.65}$$

磁束は電流に比例することより，

$$e = -L\frac{dI}{dt} \text{〔V〕} \tag{1.66}$$

ここで，Lはコイルの**自己インダクタンス**（単位：ヘンリー〔H〕）と呼ぶ．

式(1.65)と(1.66)の関係より，時間とともに変化する量が一定であるとすれば，次式が成り立つ．

$$N\phi = LI \tag{1.67}$$

インダクタンスは，電流によってコイルに発生する誘導起電力の大きさを表すコイルの定数である．電流によって発生する磁束からコイルのインダクタンスを求めるとき式(1.67)が用いられる．

2 相互インダクタンス

図1・27のように，コイルL_1，L_2の磁束が相互に影響するとき，片方のコイルL_1の電流I_1によって，別のコイルL_2の磁束ϕ_2が発生する．ここで，L_1の電流I_1を変化させるとL_2に誘導起電力が発生する．コイルL_1に流れている電流がdt〔s〕の時間にdI_1〔A〕変化すると発生する誘導起電力e_2〔V〕は，次式で表される．

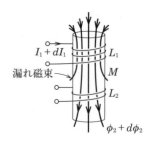

図1・27 相互インダクタンス

$$e_2 = -M\frac{dI_1}{dt} \text{ 〔V〕} \tag{1.68}$$

ただし，M はコイルの**相互インダクタンス**（単位：ヘンリー〔H〕）である．

3 コイルの接続

図 1·28 のようにコイル相互の磁束が影響する状態では，相互インダクタンスを M〔H〕とすると，合成インダクタンス L_M〔H〕は，次式で表される．

図 1·28(a)のように磁束が互いに加わるような方向の接続を**和動接続**といい，合成インダクタンス L_M は次式で表される．

$$L_M = L_1 + L_2 + 2M \text{ 〔H〕} \tag{1.69}$$

図 1·28(b)のように磁束が互いに打ち消し合うような方向の接続を**差動接続**といい，合成インダクタンス L_M は次式で表される．

$$L_M = L_1 + L_2 - 2M \text{ 〔H〕} \tag{1.70}$$

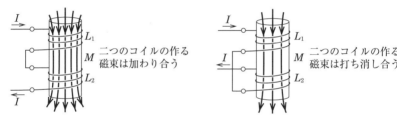

（a）和動接続　　　　　　　　（b）差動接続

図1·28 コイルの接続

コイルの結合の状態を表す**結合係数** k は，次式で表される．

$$k = \frac{M}{\sqrt{L_1 L_2}} \tag{1.71}$$

　二つのコイルを流れる電流の向きが同じで，磁束が同じ向きのときは和動接続．向きが反対のときは，差動接続である．

1.9 磁気回路

1 磁気回路

図1·29のように，環状鉄心に導線を N 回巻いた環状コイルに電流 I〔A〕が流れている とき，電流によって鉄心内に発生する磁束に漏れ磁束がないものとすれば，鉄心の平均円周 を l〔m〕，鉄心内の磁界を H〔A/m〕とすると，アンペアの法則より次式が成り立つ.

$$Hl = NI \quad よって，H = \frac{NI}{l} \tag{1.72}$$

鉄心の**透磁率**を μ, **比透磁率**を μ_r, 真空の透磁 率を μ_0（$= 4\pi \times 10^{-7}$〔H/m〕），断面積を S〔m²〕 とすると，鉄心内の磁束 ϕ〔Wb〕は，次式で表 される.

$$\phi = \mu SH = \frac{\mu SNI}{l}$$

$$= \frac{\mu_r \mu_0 SNI}{l} \text{〔Wb〕} \tag{1.73}$$

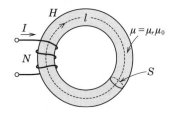

図1·29 環状コイル

ここで，**起磁力** F_m〔A〕，**磁気抵抗** R_m〔H⁻¹〕 は，次式で定義される.

$$F_m = NI \text{〔A〕} \tag{1.74}$$

$$R_m = \frac{l}{\mu_r \mu_0 S} \text{〔H}^{-1}\text{〕} \tag{1.75}$$

起磁力と磁気抵抗を用いると，磁束 ϕ〔Wb〕 は，次式で表すことができる.

$$\phi = \frac{F_m}{R_m} \text{〔Wb〕} \tag{1.76}$$

これは，**図1·30**のように磁束 ϕ を電流 I に， 起磁力 F_m を起電力 E に，磁気抵抗 R_m を抵抗 R に置き換えたときに，電気回路のオームの法則と 同様に計算することができるので，この公式を磁 気回路のオームの法則という.

図1·31のように，環状鉄心の材質の一部が異 なる環状コイルでは，磁気抵抗の直列接続とし て，次式で表される.

$$\phi = \frac{F_m}{R_{m1} + R_{m2}} \text{〔Wb〕} \tag{1.77}$$

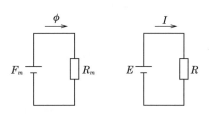

（a）磁気回路　　（b）電気回路

図1·30 オームの法則

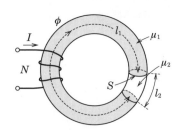

図1·31 材質の一部が異なる環 状コイル

ただし，磁気抵抗 R_{m1}，R_{m2}〔H^{-1}〕は，次式で表される.

$$R_{m1} = \frac{l_1}{\mu_1 S} \ \text{〔H}^{-1}\text{〕} \tag{1.78}$$

$$R_{m2} = \frac{l_2}{\mu_2 S} \ \text{〔H}^{-1}\text{〕} \tag{1.79}$$

ここで，直列合成磁気抵抗を R_{mS} とすると，次式で表される.

$$R_{mS} = R_{m1} + R_{m2} \ \text{〔H}^{-1}\text{〕} \tag{1.80}$$

これらの公式は，電気回路の合成抵抗の計算方法と同じである.

Point

電気回路のオームの法則は，次式で表される.

$$I = \frac{E}{R} \tag{1.81}$$

磁気回路（電気回路）は，起磁力（起電力または電圧），磁気抵抗（電気抵抗），磁束（電流）によって表される.

電気回路では，図1·32 のように導体の抵抗率を ρ〔Ω·m〕，導電率を σ〔S/m〕，断面積を S〔m^2〕とすると，導体の抵抗 R〔Ω〕は次式で表される.

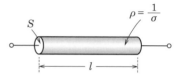

図1·32　導体の電気抵抗

$$R = \rho \frac{l}{S} = \frac{l}{\sigma S} \ \text{〔Ω〕} \tag{1.82}$$

磁気回路の透磁率は，電気回路で用いられる導電率に該当する.

---

② 磁性体の磁化曲線

　鉄などの強磁性体に外部から磁界 H〔A/m〕を加えて磁化すると，外部磁界を増加させたときの磁性体の磁束密度 B〔T〕は**図1·33** の矢印で示す経路のように変化し，直線的に可逆的な変化をしない.

　横軸は磁界の強さ H，縦軸は磁束密度 B として**図1·33** のように表したグラフを B—H 曲線という. また，図のaのように，磁束密度 B〔T〕がある値以上に増加しない現象を磁気飽

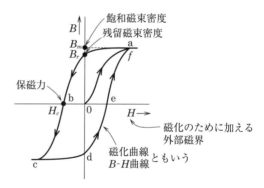

図1·33　B—H 曲線

和，磁束密度の最大値 B_m〔T〕を**飽和磁束密度**または**最大磁束密度**という.

　強磁性体は，外部から磁界を加えて磁化した後にその磁界を取り去っても磁化された状態が残る. このとき，図1·33 の B_r〔T〕を**残留磁束密度**または**残留磁気**という.

磁化された強磁性体に磁界を加えると磁束密度の状態が**図1·33**の0~a~b~c~d~e~f~aのように変化する．この経路を磁気ヒステリシスループという．

磁界を負の方向に増していくと，磁束密度は減少して点bで0になる．このときの磁界の強さ H_c 〔A/m〕を**保磁力**という．

このように往復で異なる経路の曲線をたどり一つのループを描き，この曲線を磁気ヒステリシスループと呼ぶ．永久磁石には，残留磁気と保磁力が大きくこの曲線が作るループの面積が大きい材料が適している．磁性体でコイルを作り電流を流したときは，ループの面積 S 〔m²〕が大きいほど磁性体の**ヒステリシス損失**が大きくなるので，変圧器（トランス）やモータの鉄心には S の小さい材料が適している．

3 うず電流

図1·34のように，磁石の磁極の間でアルミニウムの円盤を回転させると，フレミングの右手の法則にしたがって（不均一に分布した）誘導起電力が発生し，円盤にうず状に回転する電流（うず電流）が流れる．このとき，**うず電流**と磁界との間にフレミングの左手の法則に従った磁気力が働き，回転する円盤に制動力を与える．

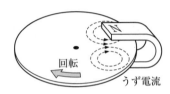

図1·34 うず電流

変圧器（トランス）や交流の電磁石などでは，うず電流によって生じる電力損（うず電流損と呼ぶ）が問題になる．また，うず電流によって生じる制動力を積算電力計として用いられる電力量計や回転の制動トルクとして利用している．

4 磁気エネルギー

インダクタンス L 〔H〕のコイルに電流 i 〔A〕が流れているとき，電流 i が dt の間に di だけ増加すると，コイルに発生する誘導起電力 v 〔V〕の大きさは，

$$v = L\frac{di}{dt} \text{〔V〕} \tag{1.83}$$

となるが，このとき，電源からは，

$$dW = vidt = L\frac{di}{dt}idt = Lidi \text{〔W〕} \tag{1.84}$$

の電力を供給したことになり，dW がコイルにエネルギーとして蓄えられる．電流が0~I〔A〕となったときのコイルの**磁気エネルギー** W 〔J〕は次式となる．

$$W = \int_0^I dW = \int_0^I Lidi = \frac{1}{2}LI^2 \text{〔J〕} \tag{1.85}$$

式(1.85)は，インダクタンス L 〔H〕のコイルに電流 I 〔A〕が流れているときコイルに蓄えられる磁気エネルギー W 〔J〕を表す．

第1章　電気物理

Point

コンデンサの静電容量 C〔F〕，電位 V〔V〕のとき，静電エネルギー W_E〔J〕は，次式で表される.

$$W_E = \frac{1}{2}CV^2 \ \text{〔J〕} \tag{1.86}$$

電界の強さを E〔V/m〕，誘電体の誘電率を ε〔F/m〕とすると，単位体積当たりの静電エネルギー w_E〔J/m³〕は次式で表される.

$$w_E = \frac{1}{2}\varepsilon E^2 \ \text{〔J/m}^3\text{〕} \tag{1.87}$$

磁界の強さを H〔A/m〕，誘電体の誘電率を μ〔H/m〕とすると，単位体積当たりの磁気エネルギー w_H〔J/m³〕は次式で表される.

$$w_H = \frac{1}{2}\mu H^2 \ \text{〔J/m}^3\text{〕} \tag{1.88}$$

1.10　電気磁気現象

物質の電気的，磁気的な現象を次に示す.

(1)　圧電効果（ピエゾ効果）

水晶，ロッシェル塩，チタン酸バリウムなどの結晶体に圧力や張力を加えると，結晶体の表面に電荷が現れて電圧が発生する現象.

(2)　ゼーベック効果

銅とコンスタンタンまたは，クロメルとアルメルなどの異なる種類の金属を環状に結合して閉回路を作り，両接合点に温度差を加えると，回路に起電力が生ずる現象.

(3)　ペルチエ効果

異なる種類の金属の接点に電流を流すと，その電流の向きによって，熱を発生または吸収する現象.

(4)　トムソン効果

1種類の金属や半導体で，2点の温度が異なるとき，その間に電流を流すと，熱を吸収しまたは熱を発生する現象.

(5)　表皮効果

導線に高周波電流を流すと周波数が高くなるにつれて，導体表面近くに密集して電流が流れ中心部に流れなくなる現象. 導線の電流が流れる部分の断面積が小さくなるので，直流を流したときに比較して抵抗が大きくなる.

電流によって発生する回転磁界は電流の外側に発生する. このとき，発生する磁束が多いほどインダクタンスも大きくなる. **図 1·35** のように，導線表面付近を流れる電流を i_s，中心部を流れる電流を i_c とすると，中心部を流れる電流 i_c は，その外側を流れる電流より発

生する磁束が多くなるので，中心部のインダクタンスも大きくなって，中心部の電流はその外側の電流より流れにくくなる.

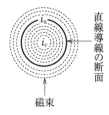

図1·35 表皮効果

(6) 磁気ひずみ現象

磁化されている磁性体に力を加えると，ひずみによってその磁化の強さが変化する．逆に磁性体の磁化の強さが変化すると，機械的なひずみが現れる．これらの現象を総称して磁気ひずみ現象という.

(7) ホール効果

電流の流れている半導体に，電流と直角に磁界を加えると，両者に直角の方向に起電力が現れる現象.

基本問題練習

問1 　　　　　　　　　　　　　　　　　　　　1陸技類題　2陸技

図に示す平行平板電極の負(−)電極に静止して置かれた電子 e が，電界からの力を受けて運動を始めた．このとき e が電極間の中央Pまで移動するのに要した時間 t_P およびPを通過するときの速度 v_P の値の組合せとして，正しいものを下の番号から選べ．ただし，電子が正(＋)電極に達したときの，速度および移動に要した時間を，それぞれ 20×10^6 〔m/s〕および 1×10^{-9} 〔s〕とし，電極間の電界は一様とする.

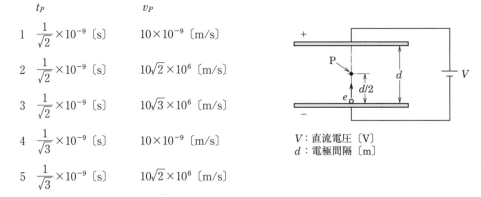

V：直流電圧〔V〕
d：電極間隔〔m〕

	t_P	v_P
1	$\frac{1}{\sqrt{2}} \times 10^{-9}$ 〔s〕	10×10^{-9} 〔m/s〕
2	$\frac{1}{\sqrt{2}} \times 10^{-9}$ 〔s〕	$10\sqrt{2} \times 10^6$ 〔m/s〕
3	$\frac{1}{\sqrt{2}} \times 10^{-9}$ 〔s〕	$10\sqrt{3} \times 10^6$ 〔m/s〕
4	$\frac{1}{\sqrt{3}} \times 10^{-9}$ 〔s〕	10×10^{-9} 〔m/s〕
5	$\frac{1}{\sqrt{3}} \times 10^{-9}$ 〔s〕	$10\sqrt{2} \times 10^6$ 〔m/s〕

▶▶▶▶▶ p.2

解説 平行平板間の電界は一定なので，電界 $E = V/d$ 〔V/m〕中の電荷 e 〔C〕に働く力は $F = eE$ 〔N〕の一定だから，加速度 α 〔m/s²〕は平行平板電極間で一定である.

電極に達したときの移動距離を d 〔m〕，時間を t_d 〔s〕とすると次式が成り立つ.

$$d = \frac{1}{2}\alpha t_d{}^2 \text{ 〔m〕} \tag{1}$$

中央の点 P の電極に達したときの移動距離は $d/2$〔m〕なので，そのときの時間 t_P〔s〕は式(1)より，移動距離は時間の 2 乗に比例するから，

$$t_P = \frac{t_d}{\sqrt{2}} = \frac{1}{\sqrt{2}} \times 10^{-9} \text{〔s〕} \tag{2}$$

となる．電極に達したときの速度を v_d〔m/s〕とすると，加速度 $\alpha = v_d/t_d$ となるので，t_P のときの速度 v_P〔m/s〕を式(2)を使って求めると，次式で表される．

$$v_P = \alpha t_P = \frac{v_d}{t_d} t_P = \frac{v_d}{\sqrt{2}} = \frac{20 \times 10^6}{\sqrt{2}} - 10\sqrt{2} \times 10^6 \text{〔m/s〕}$$

問2　　　　　　　　　　　　　　　　　　　　　　　　　1陸技

次の記述は，電界の強さが E〔V/m〕の均一な電界中の電子 D の運動について述べたものである．□内に入れるべき字句の正しい組合せを下の番号から選べ．ただし，図に示すように，D は，電界の方向との角度 θ が $\pi/6$〔rad〕，初速度が V_0〔m/s〕で原点 O から電界中に放出されるものとし，D はこの電界からのみ力を受けるものとする．また，D の電荷の大きさおよび質量を e〔C〕および m〔kg〕とし，D が O から放出されてからの時間を t〔s〕とする．

(1)　D は，x 方向には力を受けないので，x 方向の速さは，$V_x = \dfrac{V_0}{2}$〔m/s〕の等速度である．

(2)　D は，y 方向には減速する力を受けるので，y 方向の速さは，$V_y = \dfrac{\sqrt{3}\,V_0}{2} - \boxed{A}$〔m/s〕に従って変化する．

(3)　$V_y = 0$〔m/s〕のとき y が最大となり，その値 y_m は，$y_m = \boxed{B}$〔m〕である．

(4)　また，そのときの x を x_m とすると，その値 x_m は，$x_m = \boxed{C}$〔m〕である．

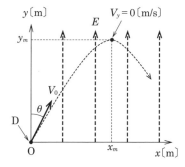

x：E と直角方向の距離〔m〕
y：E と同一方向の距離〔m〕
θ：E と V_0 との角度〔m〕

第1章　電気物理

解答

問1 -2

第1章　基本問題練習

	A	B	C
1	$meEt$	$\dfrac{3mV_0^2}{8eE}$	$\dfrac{\sqrt{3}\,mV_0^2}{4eE}$
2	$meEt$	$\dfrac{3mV_0^2}{4eE}$	$\dfrac{mV_0^2}{4eE}$
3	$\dfrac{eE}{m}t$	$\dfrac{3mV_0^2}{4eE}$	$\dfrac{mV_0^2}{4eE}$
4	$\dfrac{eE}{m}t$	$\dfrac{3mV_0^2}{8eE}$	$\dfrac{mV_0^2}{4eE}$
5	$\dfrac{eE}{m}t$	$\dfrac{3mV_0^2}{8eE}$	$\dfrac{\sqrt{3}\,mV_0^2}{4eE}$

▶▶▶▶▶ p. 2

解説 V_0 と y のなす角度 $\theta = \pi/6$〔rad〕より，y 方向の初速度 V_{y0}〔m/s〕は次式で表される.

$$V_{y0} = V_0 \cos\theta = V_0 \cos\frac{\pi}{6} = \frac{\sqrt{3}}{2}V_0 \ \text{〔m/s〕} \tag{1}$$

電界の強さ E〔V/m〕の均一な電界中の電荷 e〔C〕に働く力は $F = eE$〔N〕だから，$-y$ 方向の加速度 α〔m/s²〕を求めると，次式となる.

$$\alpha = \frac{F}{m} = \frac{eE}{m} \ \text{〔m/s}^2\text{〕} \tag{2}$$

t〔s〕後の y 方向の速度 V_y は，式(2)の加速度によって減速されるから，次式で表される.

$$V_y = V_{y0} - \alpha t = \frac{\sqrt{3}}{2}V_0 - \frac{eE}{m}t \ \text{〔m/s〕} \tag{3}$$

$V_y = 0$ となる時刻 t_m〔s〕は，式(3)$=0$ として求めると，次式となる.

$$t_m = \frac{\sqrt{3}\,mV_0}{2eE} \ \text{〔s〕} \tag{4}$$

t〔s〕後の y 軸方向の移動距離 y〔m〕は，式(4)より，次式で表される.

$$y = V_{y0}t - \int_0^t \alpha t\,dt = \frac{\sqrt{3}}{2}V_0 t - \frac{eE}{m}\int_0^t t\,dt$$
$$= \frac{\sqrt{3}}{2}V_0 t - \frac{eE}{2m}t^2 \tag{5}$$

y_m は，式(5)の t に式(4)の t_m を代入すると，次式となる.

$$y_m = \frac{\sqrt{3}}{2}V_0 \times \frac{\sqrt{3}\,mV_0}{2eE} - \frac{eE}{2m} \times \left(\frac{\sqrt{3}\,mV_0}{2eE}\right)^2 = \frac{3mV_0^2}{8eE} \ \text{〔m〕}$$

t〔s〕後の x 軸方向の移動距離 x_m〔m〕は，x 方向の初速度 V_x〔m/s〕と式(4)より，次式で表される.

$$x_m = V_x t_m = V_0 t_m \sin\theta = V_0 \times \frac{\sqrt{3}\,m V_0}{2eE} \times \frac{1}{2} = \frac{\sqrt{3}\,m V_0{}^2}{4eE}\ \text{[m]}$$

問3

次の記述は，静電界内で平衡状態における導体の性質について述べたものである. □ 内に入れるべき字句の正しい組合せを下の番号から選べ.

(1) 導体内の電界の強さは，$\boxed{A}$ である.

(2) 導体が電荷を持つとき，電荷はすべて導体の $\boxed{B}$ にのみ存在する.

(3) 帯電した導体の表面は，等電位面で $\boxed{C}$.

	A	B	C
1	零	中心部	ある
2	零	表面	ある
3	無限大	中心部	はない
4	無限大	表面	はない
5	無限大	表面	ある

▶▶▶▶▶ p. 5

▶▶▶▶▶ p. 5

第1章 電気物理

問4

次の記述は，図に示すように，真空中で，半径 a〔m〕の球の全体積内に一様に Q〔C〕の電荷が分布しているとしたときの電界について述べたものである. □ 内に入れるべき字句の正しい組合せを下の番号から選べ. ただし，球の中心Oから r〔m〕離れた点をPとし，真空の誘電率を ε_0〔F/m〕とする. なお，同じ記号の □ 内には，同じ字句が入るものとする.

(1) 図1のようにPが球の外部$(r>a)$のとき，Pの電界の強さを E_o〔V/m〕として，ガウスの定理を当てはめると次式が成り立つ.

$$E_o \times 4\pi r^2 = \boxed{A} \quad\cdots\cdots\cdots\cdots\cdots\cdots\cdots\cdots\text{①}$$

(2) 式①から E_o は，次式で表される.

$$E_o = \frac{1}{4\pi r^2} \times \boxed{A}\ \text{〔V/m〕}$$

(3) 図2のようにPが球の内部$(r\leqq a)$のとき，電界の強さを E_i〔V/m〕として，ガウスの定理を当てはめると次式が成り立

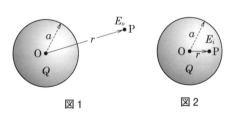

図1　　　　図2

解答

問2 -5　　問3 -2

つ.

$$E_i \times 4\pi r^2 = \boxed{B} \quad\cdots\cdots\cdots②$$

(4) 式②から E_i は，次式で表される.

$$E_i = \boxed{C} \ \text{〔V/m〕}$$

	A	B	C
1	$\dfrac{\varepsilon_0}{Q}$	$\dfrac{Qr^2}{\varepsilon_0 a^2}$	$\dfrac{Qr^2}{4\pi\varepsilon_0 a^2}$
2	$\dfrac{\varepsilon_0}{Q}$	$\dfrac{Qr^3}{\varepsilon_0 a^3}$	$\dfrac{Qr}{4\pi\varepsilon_0 a^3}$
3	$\dfrac{Q}{\varepsilon_0}$	$\dfrac{Qr^2}{\varepsilon_0 a^2}$	$\dfrac{Qr}{4\pi\varepsilon_0 a^3}$
4	$\dfrac{Q}{\varepsilon_0}$	$\dfrac{Qr^2}{\varepsilon_0 a^2}$	$\dfrac{Qr^2}{4\pi\varepsilon_0 a^2}$
5	$\dfrac{Q}{\varepsilon_0}$	$\dfrac{Qr^3}{\varepsilon_0 a^3}$	$\dfrac{Qr}{4\pi\varepsilon_0 a^3}$

▶▶▶▶▶ p. 6

解説　ガウスの定理によると，電荷を取り囲む閉曲面を通過する全電気力線数は内部の電荷を誘電率で割った値に等しい．それを，問題図1のような球の外部おいて，電界の強さ E_o〔V/m〕が一定な半径 r〔m〕の球に適用すると，次式が成り立つ.

$$E_o \times 4\pi r^2 = \frac{Q}{\varepsilon_0} \tag{1}$$

　問題図2において，球の体積 $V_a = 3\pi a^3/4$〔m^2〕なので電荷密度は Q/V_a となる．点 P が球の内部の半径 r〔m〕の球の体積は $V_r = 3\pi r^3/4$〔m^2〕，面積は $S_r = 4\pi r^2$〔m^2〕にガウスの定理を適用すると，次式が成り立つ.

$$E_i \times 4\pi r^2 = \frac{1}{\varepsilon_0} \times \frac{Q}{V_a} \times V_r = \frac{Qr^3}{\varepsilon_0 a^3} \tag{2}$$

　式(2)より，E_i を求めると次式で表される.

$$E_i = \frac{Q}{\varepsilon_0} \times \frac{r^3}{4\pi r^2 a^3} = \frac{Qr}{4\pi\varepsilon_0 a^3} \ \text{〔V/m〕}$$

問5　｜2陸技｜

　図に示すように，電界の強さ E〔V/m〕が一様な電界中を電荷 Q〔C〕が電界の方向に対して θ〔rad〕の角度を保って点 a から点 b まで l〔m〕移動した．このときの電荷の仕事量

● 解答 ●

問4　-5

W の大きさを表す式として，正しいものを下の番号から選べ．ただし，Q は電界からのみ力を受けるものとする．

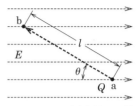

1　$W = QEl \cos \theta$ 〔J〕

2　$W = QEl \sin \theta$ 〔J〕

3　$W = QEl \cos^2 \theta$ 〔J〕

4　$W = QEl \sin^2 \theta$ 〔J〕

5　$W = 2QEl \cos \theta$ 〔J〕

▶▶▶▶▷ p. 7

解説　$F = QE$〔N〕の力が働く電荷を電界の方向に距離 r〔m〕移動したときの仕事 W〔J〕は，次式で表される．

$$W = Fr \ \text{〔J〕}$$

問題図より，$r = l \cos \theta$ なので W は次式となる．

$$W = Fr = QEl \cos \theta \ \text{〔J〕}$$

問6　　　　　　　　　　　　　　　　　　　　　　　1陸技

次の記述は，図に示すように x 軸に沿って x 方向に電界 E〔V/m〕が分布しているとき，x 軸に沿った各点の電位差について述べたものである．□ 内に入れるべき字句の正しい組合せを下の番号から選べ．ただし，点 a の電位を 0〔V〕とする．

(1)　点 a と点 b の二点間の電位差は，□ A □〔V〕である．

(2)　点 b と点 c の二点間の電位差は，□ B □〔V〕である．

(3)　点 a と点 d の二点間の電位差は，□ C □〔V〕である．

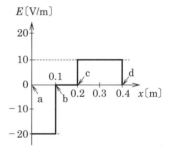

a：$x = 0$〔m〕の点
b：$x = 0.1$〔m〕の点
c：$x = 0.2$〔m〕の点
d：$x = 0.4$〔m〕の点

	A	B	C
1	2	0	2
2	2	0	0
3	4	2	0
4	4	2	2
5	4	0	0

▶▶▶▶▷ p. 7

解説　x 軸上の区間内において，区間 $x_1 \sim x_2$〔m〕の電界が E〔V/m〕のときの電位差 V〔V〕は，次式で表される．

● **解答** ●

問5-1

第1章　電気物理

$$V = -E(x_2-x_1) \text{ [V]}$$

(1) 点aと点bの二点間の電位差 V_1〔V〕は，次式で表される．

$$V_1 = -(-20) \times (0.1-0) = 2 \text{ [V]}$$

(2) 点bと点cの二点間の電位差 V_2〔V〕は，次式で表される．

$$V_2 = -0 \times (0.2-0.1) = 0 \text{ [V]}$$

(3) 点cと点dの二点間の電位差 V_3〔V〕は，次式で表される．

$$V_3 = -10 \times (0.4-0.2) = -2 \text{ [V]}$$

点aと点dの二点間の電位差 V_4〔V〕は，これらの電位差の和となるので，次式で表される．

$$V_4 = V_1 + V_2 + V_3 = 2+0-2 = 0 \text{ [V]}$$

問7　　　　　　　　　　　　　　　　　　　　　　　　1陸技

図に示すように，真空中で8〔m〕離れた点aおよびbにそれぞれ点電荷 Q〔C〕（$Q>0$）が置かれている．点a，b間の中点Oから線分abと垂直方向に3〔m〕離れた点cからOまで点電荷 q〔C〕（$q>0$）を移動させるのに必要な仕事量として，最も近いものを下の番号から選べ．ただし，重力の影響は無視し，真空中の誘電率を ε_0 としたとき，$1/(4\pi\varepsilon_0) \fallingdotseq 9 \times 10^9$〔N·m²/C²〕を k とする．

1 $0.5kqQ$ 〔J〕

2 $0.4kqQ$ 〔J〕

3 $0.2kqQ$ 〔J〕

4 $0.1kqQ$ 〔J〕

5 $0.05kqQ$ 〔J〕

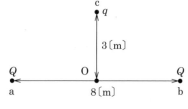

▶▶▶▶▶ p. 7

解説　二つの点電荷 Q〔C〕によって，$r_1 = 4$〔m〕離れた点Oに生じる電位 V_0〔V〕は，次式で表される．

$$V_0 = 2 \times \frac{Q}{4\pi\varepsilon_0 r_1} = 2k\frac{Q}{4} = 0.5kQ \text{ [V]}$$

点cとOの距離を $r_2 = 3$〔m〕とすると，点aと点c，点bと点c間の距離 r_3〔m〕は，次式で表される．

$$r_3 = \sqrt{r_1{}^2 + r_2{}^2} = \sqrt{4^2+3^2} = 5 \text{ [m]}$$

二つの点電荷 Q〔C〕によって，点cに生じる電位 V_c〔V〕は，次式で表される．

● 解答 ●

問6 -2

$$V_c = 2k\frac{Q}{r^3} = 2k\frac{Q}{5} = 0.4kQ \ \text{〔V〕}$$

電位は単位電荷当たりの仕事量を表すので，電位差と電荷の積が仕事量を表す．点 c から点 O まで点電荷 q〔C〕を移動させるのに必要な仕事量 W〔J〕は，次式となる．

$$W = (V_O - V_c)q = (0.5kQ - 0.4kQ)q = 0.1kqQ \ \text{〔J〕}$$

問8

図1に示す静電容量 C〔F〕の平行平板空気コンデンサの電極板間の間隔 r〔m〕を，図2 に示すように d_0〔m〕広げ，そこに，厚さ d〔m〕の誘電体を片方の電極板に接しておいて も静電容量は C〔F〕で変わらなかった．このときの誘電体の誘電率 ε を表す式として，正 しいものを下の番号から選べ．ただし，空気の誘電率を ε_0〔F/m〕，誘電体の面積は電極板 の面積 S〔m²〕に等しいものとする．

1　$\varepsilon = \dfrac{\varepsilon_0 d_0}{d - d_0}$ 〔F/m〕

2　$\varepsilon = \dfrac{\varepsilon_0 d}{d_0 - d}$ 〔F/m〕

3　$\varepsilon = \dfrac{\varepsilon_0 d}{d - d_0}$ 〔F/m〕

4　$\varepsilon = \dfrac{\varepsilon_0 (d - d_0)}{d_0}$ 〔F/m〕

5　$\varepsilon = \dfrac{\varepsilon_0 (d_0 - d)}{d}$ 〔F/m〕

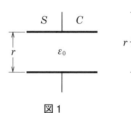

図1

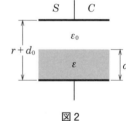

図2

▶▶▶▶▶ p. 10

解説　問題図1の空気コンデンサの静電容量 C_1〔F〕は，次式で表される．

$$C_1 = \frac{\varepsilon_0 S}{r} \ \text{〔F〕} \tag{1}$$

問題図2のコンデンサの静電容量を C_2〔F〕，空気コンデンサの静電容量を C_{20}〔F〕， 誘電体のコンデンサの静電容量を C_{21}〔F〕とすると，次式が成り立つ．

$$\frac{1}{C_2} = \frac{1}{C_{20}} + \frac{1}{C_{21}} = \frac{r + d_0 - d}{\varepsilon_0 S} + \frac{d}{\varepsilon S} = \frac{\varepsilon(r + d_0 - d) + \varepsilon_0 d}{\varepsilon \varepsilon_0 S} \tag{2}$$

式(2) = 1/式(1) より

$$\frac{\varepsilon(r + d_0 - d) + \varepsilon_0 d}{\varepsilon \varepsilon_0 S} = \frac{r}{\varepsilon_0 S}$$

● 解答 ●

問7 -4

第1章 電気物理

$$r + d_0 - d + \frac{\varepsilon_0 d}{\varepsilon} = r$$

よって, $\varepsilon = \dfrac{\varepsilon_0 d}{d - d_0}$ 〔F/m〕

問9 2陸技

図に示す静電容量 C_1, C_2, C_3 および C_4 に直流電圧 V を加えたとき, C_3 の両端の電圧の大きさの値として, 正しいものを下の番号から選べ.

1　16　〔V〕

2　13　〔V〕

3　11　〔V〕

4　9　〔V〕

5　7　〔V〕

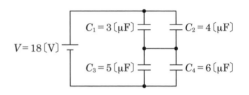

▶▶▶▶▶ p. 11

解説　C_1 と C_2 の並列合成静電容量 C_{12}〔μF〕は, 次式で表される.

$$C_{12} = C_1 + C_2 = 3 + 4 = 7 \ \text{〔μF〕}$$

C_3 と C_4 の並列合成静電容量 C_{34}〔μF〕は, 次式で表される.

$$C_{34} = C_3 + C_4 = 5 + 6 = 11 \ \text{〔μF〕}$$

C_{12} と C_{34} の直列合成静電容量 C_0〔F〕は, 次式で表される.

$$C_0 = \frac{C_{12} C_{34}}{C_{12} + C_{34}} \ \text{〔F〕}$$

C_0 に蓄えられる電荷 C_0〔C〕は, 次式で表される.

$$Q_0 = C_0 V \ \text{〔C〕}$$

並列接続された C_3 と C_4 に加わる電圧は同じ値だから, V_3〔V〕とすると次式となる.

$$V_3 = \frac{Q_0}{C_{34}} = \frac{C_0 V}{C_{34}} = \frac{C_{12}}{C_{12} + C_{34}} V = \frac{7}{7 + 11} \times 18 = 7 \ \text{〔V〕}$$

問10 2陸技

図に示す回路の静電容量 C_1 に蓄えられている電荷が Q〔C〕であるとき, 直流電圧 V を表す式として, 正しいものを下の番号から選べ.

1　$V = \dfrac{Q C_1}{C_1 + C_2}$ 〔V〕

● **解答** ●

問8 -3　　**問9** -5

$$2 \quad V = \frac{Q(C_1 + C_2)}{C_1} \quad \text{(V)}$$

$$3 \quad V = \frac{Q(C_1 + C_2)}{C_2} \quad \text{(V)}$$

$$4 \quad V = \frac{Q(C_1 + C_2)}{C_1 C_2} \quad \text{(V)}$$

$$5 \quad V = \frac{Q C_1 C_2}{C_1 + C_2} \quad \text{(V)}$$

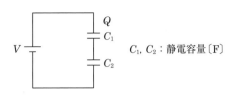

C_1, C_2：静電容量〔F〕

▶▶▶▶▶ p. 11

解説 C_1 と C_2 の直列合成静電容量 C_0〔F〕は，次式で表される.

$$C_0 = \frac{C_1 C_2}{C_1 + C_2} \quad \text{(F)}$$

よって，$V = \dfrac{Q}{C_0} = \dfrac{Q(C_1 + C_2)}{C_1 C_2}$〔V〕

問11 ▬▬▬▬▬▬▬ 2陸技

　次の記述は，図に示す平行平板コンデンサに蓄えられるエネルギーについて述べたものである. □ 内に入れるべき字句を下の番号から選べ. なお，同じ記号の □ 内には，同じ字句が入るものとする.

(1)　コンデンサの静電容量 C は，次式で表される.

　　$C = \boxed{\ ア\ }$ 〔F〕 ･･････････････････････････①

(2)　電極板間に V〔V〕の直流電圧を加えると，電極板間の電界の強さ E は，次式で表される.

　　$E = \boxed{\ イ\ }$ 〔V/m〕 ･･････････････②

(3)　このとき，コンデンサに蓄えられるエネルギー W は，次式で表される.

　　$W = \boxed{\ ウ\ }$ 〔J〕 ･･････････････③

(4)　式③を式①および②を用いて整理すると，次式が得られる.

　　$W = \boxed{\ エ\ } \times Sl$ 〔J〕 ･･････････････④

　　式④において Sl は誘電体の体積であるから $\boxed{\ エ\ }$ は，誘電体の単位体積当たりに蓄えられるエネルギー

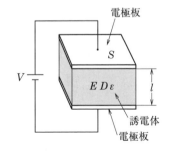

l：電極間の距離〔m〕
S：電極の面積〔m²〕
ε：誘電体の誘電率〔F/m〕

右側余白（縦書き）：第1章　電気物理

● **解答** ●

問10 -4

w を表す.

(5) w は，電束密度 D 〔C/m²〕と E を用いて表すと，次式となる.

$$w = \boxed{\text{オ}} \text{〔J/m}^3\text{〕}$$

1 $\dfrac{\varepsilon S^2}{l}$ 2 $\dfrac{V^2}{l}$ 3 $\dfrac{V^2}{2C}$ 4 $\dfrac{\varepsilon E^2}{2}$ 5 $2ED$

6 $\dfrac{\varepsilon S}{l}$ 7 Vl 8 $\dfrac{CV^2}{2}$ 9 $\dfrac{\varepsilon V^2}{2}$ 10 $\dfrac{ED}{2}$

▶▶▶▶▶ p. 12

解説 電界 $E = D/\varepsilon$ の関係があるので，$\boxed{\text{エ}}$ の式に代入すると次式となる.

$$w = \frac{\varepsilon E^2}{2} = \frac{\varepsilon E}{2} \times \frac{D}{\varepsilon} = \frac{ED}{2} \text{〔J/m}^3\text{〕}$$

問12 〔1陸技〕

次の記述は，図に示すような平行平板コンデンサの電極板に働く力について述べたものである.　□□内に入れるべき字句の正しい組合せを下の番号から選べ. ただし，電極間の電界の強さは均一とする.

(1) 電極板に働く力を F 〔N〕としたとき，F によって電極板が微小区間 Δd 動くと仮定すると，そのときの仕事量 W_1 は次式で表される.

$$W_1 = \boxed{\text{A}} \text{〔J〕}$$

(2) また，W_1 は，電極板が Δd 動くことによって $S\Delta d$ の体積の誘電体に蓄えられていたエネルギー W_2 が変換されたものと考えられる.

(3) W_2 は，$W_2 = \boxed{\text{B}}$ 〔J〕で表される.

(4) $W_1 = W_2$ であるから，電極板に働く力 F は，次式で表される.

$$F = \boxed{\text{C}} \text{〔N〕}$$

	A	B	C
1	$2F\Delta d$	$\dfrac{1}{2}\varepsilon\left(\dfrac{V}{d}\right)^2 S\Delta d$	$\dfrac{1}{2}\varepsilon\left(\dfrac{V}{d}\right)^2 S$
2	$2F\Delta d$	$2\varepsilon\left(\dfrac{V}{d}\right)^2 S\Delta d$	$2\varepsilon\left(\dfrac{V}{d}\right)^2 S$
3	$F\Delta d$	$\dfrac{1}{2}\varepsilon\left(\dfrac{V}{d}\right)^2 S\Delta d$	$\dfrac{1}{2}\varepsilon\left(\dfrac{V}{d}\right)^2 S$
4	$F\Delta d$	$2\varepsilon\left(\dfrac{V}{d}\right)^2 S\Delta d$	$2\varepsilon\left(\dfrac{V}{d}\right)^2 S$

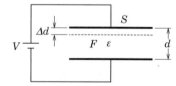

S：電極の面積〔m²〕
d：電極の間隔〔m〕
V：電極間に加える直流電圧〔V〕
ε：電極間の誘電体の誘電率〔F/m〕

解答

問11 ア-6 イ-2 ウ-8 エ-4 オ-10

$$5 \quad F\Delta d \qquad \frac{1}{2}\varepsilon\left(\frac{V}{d}\right)^2 S\Delta d \qquad 2\varepsilon\left(\frac{V}{d}\right)^2 S$$

▶▶▶▶▶ p. 12

解説 電極間の電界の強さを $E = V/d$ 〔V/m〕とすると，静電エネルギー密度 w_E 〔J/m³〕は，次式で表される.

$$w_E = \frac{1}{2}\varepsilon E^2 = \frac{1}{2}\varepsilon\left(\frac{V}{d}\right)^2 \text{〔J/m}^3\text{〕}$$

電極板が動いたときの仕事量 $W_1 = F\Delta d$ 〔J〕と体積 $S\Delta d$ 〔m³〕内のエネルギー W_2 〔J〕を等しいとすると，次式で表される.

$$F\Delta d = w_E S\Delta d = \frac{1}{2}\varepsilon\left(\frac{V}{d}\right)^2 S\Delta d$$

F を求めると，次式となる. $F = \dfrac{1}{2}\varepsilon\left(\dfrac{V}{d}\right)^2 S$ 〔N〕

問13
2陸技

図に示すように，二つの円形コイル A および B の中心を重ね O として同一平面上に置き，互いに逆方向に直流電流 I 〔A〕を流したとき，O における合成磁界の強さ H 〔A/m〕を表す式として，正しいものを下の番号から選べ. ただし，コイルの巻数は A，B ともに 1回，A および B の円の半径はそれぞれ r 〔m〕および $2r$ 〔m〕とする.

1 $H = \dfrac{I}{2r}$

2 $H = \dfrac{2I}{3r}$

3 $H = \dfrac{I}{3r}$

4 $H = \dfrac{3I}{4r}$

5 $H = \dfrac{I}{4r}$

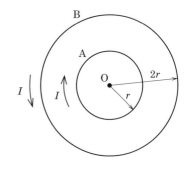

▶▶▶▶▶ p. 14

解説 半径 r 〔m〕の円形コイル A と半径 $2r$ 〔m〕の円形コイル B による磁界は逆向きだから，合成磁界の強さ H 〔A/m〕は，次式で表される.

$$H = \frac{I}{2r} - \frac{I}{2\times 2r} = \frac{I}{4r} \text{〔A/m〕}$$

問12 -3 **問13** -5

問14 　　　　　　　　　　　　　　　　　　　1陸技

図に示すように，I〔A〕の直流電流が流れている半径r〔m〕の円形コイル A の中心 O から $2r$〔m〕離れて $2\pi I$〔A〕の直流電流が流れている無限長の直線導線 B があるとき，O における磁界の強さ H_0 の大きさの値として，正しいものを下の番号から選べ．ただし，直流電流 $I = 8$〔A〕，円形コイルの半径 $r = \sqrt{2}$〔m〕とし，A の面は紙面上にあり，B は紙面に直角に置かれているものとする．

1 　1〔A/m〕

2 　2〔A/m〕

3 　3〔A/m〕

4 　4〔A/m〕

5 　8〔A/m〕

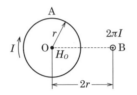

直線導線 B に流れる電流の方向は，紙面の裏から表の方向とする．

▶▶▶▶▶ p. 13

解説　電流 $I_1 = I$〔A〕の円形コイルによって点 O に生じる磁界の強さ H_1〔A/m〕は，次式で表される．

$$H_1 = \frac{I}{2r} \ \text{〔A/m〕} \tag{1}$$

電流 $I_2 = 2\pi I$〔A〕の直線導線による $r_2 = 2r$〔m〕離れた点 O における磁界の強さ H_2〔A/m〕は，次式で表される．

$$H_2 = \frac{I_2}{2\pi r_2} = \frac{2\pi I}{2\pi \times 2r} = \frac{I}{2r} \ \text{〔A/m〕} \tag{2}$$

H_1 と H_2 の合成磁界 H_0 は，図 1·36 のようにベクトル和で求めることができるので，合成磁界の強さ H_0〔A/m〕は式(1)，(2)より次式となる．

$$H_0 = \sqrt{H_1{}^2 + H_2{}^2} = \sqrt{\left(\frac{I}{2r}\right)^2 + \left(\frac{I}{2r}\right)^2}$$

$$= \sqrt{2} \times \frac{I}{2r} = \sqrt{2} \times \frac{8}{2\sqrt{2}} = 4 \ \text{〔A/m〕}$$

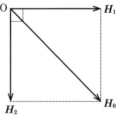

紙面に垂直な平面

図 1·36

問15 　　　　　　　　　　　　　　　　　　　2陸技

次の記述は，図に示すように，磁束密度が B〔T〕の一様な磁界中に磁界の方向に対して直角に置かれた，I〔A〕の直流電流の流れている長さ l〔m〕の直線導体 P に生ずる力 F に

● 解答 ●

問14 −4

ついて述べたものである. □内に入れるべき字句を下の番号から選べ.

(1) この力 F は, ア といわれる.

(2) F の大きさは, $F =$ イ 〔N〕である.

(3) B の方向, I の方向および F の方向の関係はフレミングの ウ の法則で求められる.

(4) (3)の法則では, B の方向と I の方向に定められた指を向けると, エ が F の方向を示す.

(5) この力 F は, オ に利用する.

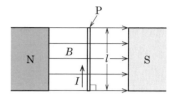

N, S：磁極

1	静電力	2	BI^2l	3	左手	4	中指	5	発電機
6	電磁力	7	BIl	8	右手	9	親指	10	電動機

▶▶▶▶▶ p. 15

問 16 　　　　　　　　　　　　　　　　　　　　　　1陸技類題 2陸技

図に示すように, 真空中に 2 〔cm〕の間隔で置かれた二本の無限長平行直線導線 X および Y に同方向の直流電流 3 〔A〕を流したとき, Y に働く単位長さ当たりの力の大きさとして, 正しいものを下の番号から選べ. ただし, 真空の透磁率 μ_0 を $\mu_0 = 4\pi \times 10^{-7}$ 〔H/m〕とする.

1 3×10^{-5} 〔N/m〕

2 6×10^{-5} 〔N/m〕

3 9×10^{-5} 〔N/m〕

4 12×10^{-5} 〔N/m〕

5 18×10^{-5} 〔N/m〕

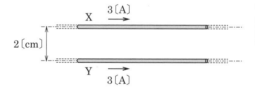

▶▶▶▶▶ p. 15

解説　距離 r 〔m〕離れた導線 X, Y に流れる電流が I_X, I_Y 〔A〕のとき, 導線 Y の単位長さ当たりに働く力の大きさ F_Y 〔N〕（F_X も同じ大きさ）は, 次式で表される.

$$F_Y = \frac{\mu_0 I_X I_Y}{2\pi r} = \frac{4\pi \times 10^{-7} \times 3 \times 3}{2\pi \times 2 \times 10^{-2}} = 9 \times 10^{-5} \text{〔N/m〕}$$

問 17 　　　　　　　　　　　　　　　　　　　　　　　　　　　1陸技

次の記述は, 図に示すように, 磁束密度が B 〔T〕で方向が紙面の表から裏の方向の一様な磁界中に, 磁界の方向に対して直角に速さ v 〔m/s〕で等速運動している電子について述

● 解答 ●

問 15 ア-6 イ-7 ウ-3 エ-9 オ-10 　　**問 16** -3

べたものである. □ 内に入れるべき字句の正しい組合せを下の番号から選べ. ただし, 電子の電荷を $-q$ 〔C〕$(q > 0)$, 質量を m 〔kg〕とする.

(1) 電子は, v の方向と直角方向のローレンツ力（電磁力）$F_l = \boxed{\text{A}}$ 〔N〕を常に受けるので円運動をする.

(2) F_l は, 円運動の半径を r 〔m〕とすれば, 円運動で受ける遠心力 $F_c = mv^2/r$ 〔N〕と釣り合う.

(3) したがって, 円運動の半径 r は, $r = \boxed{\text{B}}/qB$ 〔m〕となり, 角速度 ω は, $\omega = \boxed{\text{C}}/m$ 〔rad/s〕となる.

	A	B	C
1	qv^2B	m	qB
2	qv^2B	mv	qBv
3	qvB	m	qBv
4	qvB	mv	qBv
5	qvB	mv	qB

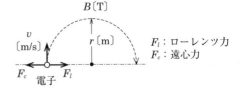

F_l：ローレンツ力
F_c：遠心力

▶▶▶▶▶ p. 16

解説 電子が円周 $2\pi r$ を一周する時間（周期）を T 〔s〕とすると, 速度 v 〔m/s〕および角速度 ω 〔rad/s〕は, 次式で表される.

$$v = \frac{2\pi r}{T} \tag{1}$$

$$\omega = \frac{2\pi}{T} = \frac{v}{r} \tag{2}$$

$\boxed{\text{B}}$ の式および式(2)より, 次式となる.

$$\omega = v \times \frac{1}{r} = v \times \frac{qB}{mv} = \frac{qB}{m} \text{ 〔rad/s〕}$$

問 18　　　　　　　　　　　　　　　　　　　　　1陸技

次の記述は, 図1に示すように一辺が m 〔m〕の正方形の磁極の磁石 M の磁極 NS 間を, 図2に示すような一辺が l 〔m〕$(m > l)$ の正方形の導線 D が, その面を M の磁極の面と平行に, v 〔m/s〕の速度で左から右に通るときの現象について述べたものである. □ 内に入れるべき字句の正しい組合せを下の番号から選べ. ただし, 磁極間の磁束密度は B 〔T〕で均一であり, 漏れ磁束はないものとする. また, D は, 磁極間の中央を辺 ab と磁極の辺 qr が平行を保ち, 移動するものとする.

解答

問 17 -5

(1) Dの辺 dc が面 pqrt に達してから，辺 ab が面 pqrt に達する間に D に生ずる起電力 e の大きさは，$\boxed{\text{A}}$〔V〕である．

(2) D 全体が磁界の中にあるとき，D に生ずる起電力 e の大きさは，$\boxed{\text{B}}$〔V〕である．

(3) Dの辺 dc が面 uvwx に達してから，辺 ab が面 uvwx に達する間に D に生ずる起電力 e の方向は，図3の $\boxed{\text{C}}$ の方向である．

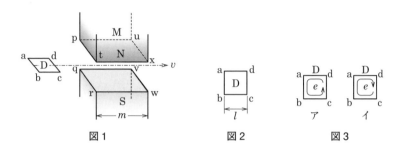

図1　　　　　　　　図2　　　　　　図3

	A	B	C
1	lv^2B	$2lvB$	ア
2	lv^2B	0	イ
3	lvB	$2lvB$	ア
4	lvB	$2lvB$	イ
5	lvB	0	イ

▶▶▶▶ p. 17

第1章　電気物理

解説

(1) 導線 D が dt 時間に dx の距離を移動したときの面積 dS 内の磁束を $d\phi$ とすると，起電力 e〔V〕の大きさは，次式で表される．

$$e = \frac{d\phi}{dt} = \frac{BdS}{dt} = \frac{Bldx}{dt} = Blv \ \text{〔V〕}$$

ただし，$v = dx/dt$ は導線の移動速度である．

(2) 導線 D の全体が磁束中にあるときは，導線の枠内の磁束は変化しないので，$e = 0$〔V〕である．

(3) 磁石によって発生する磁束の向きは上から下に向かう．減少を妨げる方向である上から下向きの磁束が発生する向きの起電力が発生するので，電流によって発生する磁界を表す右ネジの法則より問題図3のイとなる．

● **解答** ●

問 18 -5

問 19

次の記述は，図1に示すような磁束密度が B 〔T〕の一様な磁界中で，図2に示す形状のコイルLが角速度 ω 〔rad/s〕で回転しているとき，Lに生じる誘導起電力について述べたものである． □ 内に入れるべき字句を下の番号から選べ．ただし，図3に示すようにLは中心軸 OP を磁界の方向に対して直角に保って回転し，さらに時間 t は，Lの面が磁界の方向と直角となる位置（X−Y）を回転の始点とし，このときを $t = 0$ 〔s〕とする．なお，同じ記号の □ 内には，同じ字句が入るものとする．

(1) Lの中を鎖交する磁束を ϕ 〔Wb〕とすると，誘導起電力 e は，$e = -$ ア 〔V〕である．

(2) 時間 t 〔s〕における ϕ は，$\phi =$ イ 〔Wb〕となるので，時間 t 〔s〕における e は次式で表される．

$$e = \boxed{\text{ウ}} \times \sin \boxed{\text{エ}} \ \text{〔V〕}$$

(3) したがって，e は，最大値が ウ 〔V〕で周波数が オ 〔Hz〕の正弦波交流電圧となる．

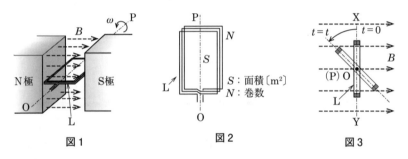

図1   図2   図3

S：面積〔m²〕
N：巻数

1 $N\dfrac{d\phi}{dt}$	2 $BS \sin \omega t$	3 $NBS\omega$	4 ωt^2	5 $2\pi\omega$
6 $N^2\dfrac{d\phi}{dt}$	7 $BS \cos \omega t$	8 $N^2BS\omega$	9 ωt	10 $\dfrac{\omega}{2\pi}$

▶▶▶▶▶ p. 17

解説 問題図3において，コイルLが XY 方向を向いているときに鎖交する磁束が最大となる．時間 t 〔s〕の磁束 $\phi = BS \cos \omega t$ 〔Wb〕より，起電力 e 〔V〕を求めると次式で表される．

$$e = -N\frac{d\phi}{dt} = -NBS\frac{d}{dt}\cos \omega t$$

$$= NBS\omega \sin \omega t \ \text{〔V〕}$$

ここで，三角関数の微分は，$y = f\{u(x)\}$ で表される合成関数を微分して，次式のように求める．

$$\frac{dy}{dx} = \frac{dy}{du} \cdot \frac{du}{dx}$$

$$\frac{d}{dt}\cos\omega t = -\omega\sin\omega t$$

ただし，$x = t$，$y = \cos u$，$u = \omega t$ とする．

問20　　　　　　　　　　　　　　　1陸技 2陸技類題

次の記述は，図に示すような円筒に，同一方向に巻かれた二つのコイル X および Y の合成インダクタンスおよび XY 間の相互インダクタンスの原理について述べたものである． ◻︎内に入れるべき字句の正しい組合せを下の番号から選べ．

(1)　端子 b と端子 c を接続したとき，二つのコイルは ◻A◻ 接続となる．このとき，端子 ad 間の合成インダクタンス L_{ad} は，XY 間の相互インダクタンスを M 〔H〕とすると，次式で表される．

$$L_{ad} = \boxed{B} \ \text{〔H〕}$$

(2)　端子 b と端子 d を接続したときの端子 ac 間の合成インダクタンス L_{ac} とすると，L_{ad} と L_{ac} から M は次式で表される．

$$M = \frac{\boxed{C}}{4} \ \text{〔H〕}$$

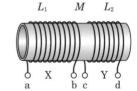

	A	B	C
1	和動	L_1+L_2+2M	$L_{ad}+L_{ac}$
2	和動	L_1+L_2+2M	$L_{ad}-L_{ac}$
3	差動	L_1+L_2+4M	$L_{ad}-L_{ac}$
4	差動	L_1-L_2+4M	$L_{ad}+L_{ac}$
5	差動	L_1+L_2-2M	$L_{ad}-L_{ac}$

L_1：Xの自己インダクタンス〔H〕
L_2：Yの自己インダクタンス〔H〕

▶▶▶▶▶ p. 19

解説　a から b に直流電流を流すと磁界の向きは右向き，c から d に直流電流を流すと磁界の向きは右向きで同じだから和動接続となるので L_{ad} 〔H〕は，次式で表される．

$$L_{ad} = L_1+L_2+2M \ \text{〔H〕} \tag{1}$$

L_{ac} は差動接続になるから，次式で表される．

$$L_{ac} = L_1+L_2-2M \ \text{〔H〕} \tag{2}$$

式(1)－式(2)より，次式となる．

$$L_{ad}-L_{ac} = 2M - (-2M)$$

解答

問19 ア-1　イ-7　ウ-3　エ-9　オ-10

第1章　電気物理

$$M = \frac{L_{ad} - L_{ac}}{4} \; [\text{H}]$$

問21　　　　　　　　　　　　　　　　　　　　　2陸技

　次の記述は，図に示す磁性体の磁気ヒステリシスループ（B-H 曲線）について述べたものである．□□内に入れるべき字句を下の番号から選べ．ただし，磁束密度を B 〔T〕，磁界の強さを H 〔A/m〕とする．

(1)　図の H_c 〔A/m〕は，□ア□という．

(2)　図の B_r 〔T〕は，□イ□という．

(3)　磁性体のヒステリシス損は，磁気ヒステリシスループの面積 S が大きいほど□ウ□なる．

(4)　モーターや変圧器の鉄心には，S の小さい材料が□エ□．

(5)　H_c と B_r がともに大きい材料は，□オ□の材料に適している．

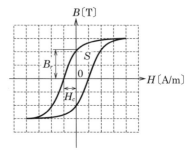

| 1 | 保磁力 | 2 | 残留磁気 | 3 | 小さく | 4 | 適している | 5 | 永久磁石 |
| 6 | 起磁力 | 7 | 磁気飽和 | 8 | 大きく | 9 | 適していない | 10 | ホール素子 |

▶▶▶▶▶ p. 21

問22　　　　　　　　　　　　　　　　　　　　　2陸技

　図に示すように，相互インダクタンス M が 0.5 〔H〕の回路の 1 次側コイル L_1 に周波数が 50 〔Hz〕で実効値が 0.2 〔A〕の正弦波交流電流 I_1 を流したとき，2 次側コイル L_2 の両端に生ずる電圧の実効値 V_2 として，正しいものを下の番号から選べ．

1　2π 〔V〕

2　5π 〔V〕

3　8π 〔V〕

4　10π 〔V〕

5　16π 〔V〕

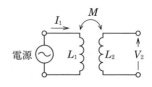

▶▶▶▶▶ p. 18

解説　電源の周波数を f 〔Hz〕，角周波数を $\omega = 2\pi f$ 〔rad/s〕とすると，2 次側の電圧 $\dot{V}_2$ 〔V〕は，次式で表される．

● 解答 ●

問20 -2　　**問21** ア-1　イ-2　ウ-8　エ-4　オ-5

$$\dot{V}_2 = j\omega M \dot{I}_1 = j2\pi f M \dot{I}_1 = j2\pi \times 50 \times 0.5 \times 0.2 = j10\pi \text{ (V)}$$

よって，$|\dot{V}_2| = 10\pi$〔V〕となる．

問23

　図に示すような透磁率が μ〔H/m〕の鉄心で作られた磁気回路の磁路 ab の磁束 ϕ を表す式として，正しいものを下の番号から選べ．ただし，磁路の断面積はどこも S〔m^2〕であり，図に示す各磁路の長さ ab，cd，ef，ac，ae，bd，bf は l〔m〕で等しいものとし，磁気回路に漏れ磁束はないものとする．また，コイル C の巻数を N，C に流す直流電流を I〔A〕とする．

1　$\phi = \dfrac{2\mu N^2 IS}{5l}$〔Wb〕

2　$\phi = \dfrac{2\mu NIS}{5l}$〔Wb〕

3　$\phi = \dfrac{5\mu N^2 Il}{2S}$〔Wb〕

4　$\phi = \dfrac{5\mu NIS}{2l}$〔Wb〕

5　$\phi = \dfrac{5\mu NIl}{2S}$〔Wb〕

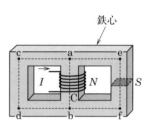

鉄心

▶▶▶▶▶ p. 20

解説　コイルが巻かれた ab 間の磁気抵抗 R_m〔H^{-1}〕は，磁路の長さが l〔m〕だから次式で表される．

$$R_m = \frac{l}{\mu S} \text{ (H}^{-1}\text{)} \tag{1}$$

　他の区間は，長さが $3l$〔m〕の磁気抵抗として，**図1·37**のように表すことができるから，合成磁気抵抗 R_{m0}〔H^{-1}〕を求めると次式となる．

$$R_{m0} = R_m + \frac{3 \times R_m}{2} = \frac{5l}{2\mu S} \text{ (H}^{-1}\text{)} \tag{2}$$

　起磁力を $F_m = NI$〔A〕とすると，式(2)より磁束 ϕ〔Wb〕は次式で表される．

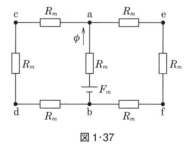

図1·37

解答

問22 -4

$$\phi = \frac{F_m}{R_{m0}} = \frac{2\mu NIS}{5l} \ \text{(Wb)}$$

問 24　　　　　　　　　　　　　　　　　　　　1陸技類題 2陸技

　図に示すように，環状鉄心 M の一部に空隙を設けたときの磁気抵抗の値として，最も近いものを下の番号から選べ．ただし，空隙のないときの M の磁気抵抗を R_m 〔H^{-1}〕とする．また，M の比透磁率 μ_r を 6,000，M の平均磁路長 l_m を 200〔mm〕，空隙長 l_g を 1〔mm〕とし，磁気回路に磁気飽和および漏れ磁束はないものとする．

1　$21R_m$〔H^{-1}〕

2　$31R_m$〔H^{-1}〕

3　$41R_m$〔H^{-1}〕

4　$51R_m$〔H^{-1}〕

5　$61R_m$〔H^{-1}〕

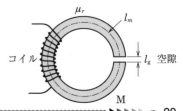

▶▶▶▶▶ **p. 20**

解説　空隙のないときの磁気抵抗を R_m〔H^{-1}〕とすると，次式で表される．

$$R_m = \frac{l_m}{\mu_r \mu_0 S} \ \text{(H}^{-1}\text{)} \tag{1}$$

　空隙 l_g〔m〕が $l_g \ (= 1\times10^{-3}) \ll l_m \ (= 200\times10^{-3})$ だから，$l_m - l_g \fallingdotseq l_m$ とすると，空隙があるときの磁気抵抗 R_0 は，式(1)より次式で表される．

$$R_0 \fallingdotseq \frac{l_m}{\mu_r \mu_0 S} + \frac{l_g}{\mu_0 S}$$

$$= \frac{l_m}{\mu_r \mu_0 S}\left(1 + \frac{\mu_r l_g}{l_m}\right)$$

$$= R_m\left(1 + \frac{6{,}000\times1\times10^{-3}}{200\times10^{-3}}\right) = 31R_m \ \text{(H}^{-1}\text{)}$$

問 25　　　　　　　　　　　　　　　　　　　　　　　1陸技

　次の記述は，図に示す磁気回路に蓄えられるエネルギーについて述べたものである．□□内に入れるべき字句を下の番号から選べ．ただし，磁気回路には，漏れ磁束および磁気飽和がないものとする．

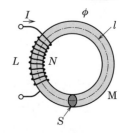

(1)　自己インダクタンス L〔H〕のコイルに直流電流 I〔A〕が流れているとき，磁気回路に蓄えられるエネルギー W は，L

● 解答 ●

問 23 -2　　**問 24 -2**

およびで表すと，次式で表される.

$$W = \boxed{\ \text{ア}\ } \ \text{〔J〕} \cdots\cdots\cdots\cdots\cdots\cdots\cdots\cdots\cdots\cdots\cdots\cdots\cdots\cdots\cdots ①$$

(2) L は，環状鉄心 M の中の磁束を ϕ〔Wb〕，コイルの巻数を N とすると，次式で表される.

$$L = \frac{N\phi}{I} \ \text{〔H〕} \cdots\cdots\cdots\cdots\cdots\cdots\cdots\cdots\cdots\cdots\cdots\cdots\cdots ②$$

(3) M の断面積を S〔m²〕，平均磁路長を l〔m〕，M の中の磁束密度を B〔T〕とすると，ϕ および磁界の強さ H は，それぞれ次式で表される.

$$\phi = \boxed{\ \text{イ}\ } \ \text{〔Wb〕} \cdots\cdots\cdots\cdots\cdots\cdots\cdots\cdots\cdots\cdots\cdots\cdots ③$$

$$H = \frac{\boxed{\ \text{ウ}\ }}{l} \ \text{〔A/m〕} \cdots\cdots\cdots\cdots\cdots\cdots\cdots\cdots\cdots\cdots\cdots ④$$

(4) 式②，③，④を用いると，式①は次式で表される.

$$W = \boxed{\ \text{エ}\ } \ \text{〔J〕}$$

(5) したがって，磁路の単位体積当たりに蓄えられるエネルギー w は，$w = \boxed{\ \text{オ}\ }$〔J/m³〕である.

1 $\quad LI^2$	2 $\quad N^2I$	3 $\quad NI$	4 $\quad BS^2$	5 $\quad HB$
6 $\quad \dfrac{LI^2}{2}$	7 $\quad BS$	8 $\quad \dfrac{HBS}{I}$	9 $\quad \dfrac{HBSl}{2}$	10 $\quad \dfrac{HB}{2}$

▶▶▶▶▶ p.22

解説　問題の式②に式③を代入すると，次式となる.

$$L = \frac{N\phi}{I} = \frac{NBS}{I} \tag{1}$$

問題の式④より，次式となる.

$$I = \frac{Hl}{N} \ \text{〔A〕} \tag{2}$$

問題の式①に，式(1)，(2)を代入すると，次式となる.

$$W = \frac{1}{2} \times L \times I \times I = \frac{1}{2} \times \frac{NBS}{I} \times I \times \frac{Hl}{N}$$

$$= \frac{HBSl}{2} \ \text{〔J〕} \tag{3}$$

式(3)において，Sl〔m³〕は環状鉄心の体積を表すので磁路の単位体積当たりに蓄えられるエネルギー w〔J/m³〕は次式で表される.

$$w = \frac{HB}{2} \ \text{〔J/m}^3\text{〕}$$

◉ 解答 ◉

問25 ア-6　イ-7　ウ-3　エ-9　オ-10

問26

図に示す回路において，静電容量 C〔F〕に蓄えられる静電エネルギーと自己インダクタンス L〔H〕に蓄えられる電磁(磁気)エネルギーが等しいときの条件式として，正しいものを下の番号から選べ．ただし，回路は定常状態にあり，コイルの抵抗および電源の内部抵抗は無視するものとする．

1 $R = \sqrt{\dfrac{1}{2CL}}$

2 $R = \sqrt{\dfrac{C}{2L}}$

3 $R = \sqrt{\dfrac{1}{CL}}$

4 $R = \sqrt{\dfrac{L}{C}}$

5 $R = \sqrt{\dfrac{C}{L}}$

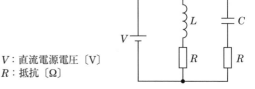

V：直流電源電圧〔V〕
R：抵抗〔Ω〕

▶▶▶▶▶ p. 22

解説　定常状態ではコンデンサに加わる電圧は電源電圧 V〔V〕だから，コンデンサに蓄えられた静電エネルギー W_C〔J〕は，次式で表される．

$$W_C = \frac{1}{2}CV^2 \text{〔J〕} \tag{1}$$

定常状態ではコイルに電流が流れるので，電流 I〔A〕は次式で表される．

$$I = \frac{V}{R} \text{〔A〕} \tag{2}$$

コイルに蓄えられた磁気エネルギー W_L〔J〕は，次式となる．

$$W_L = \frac{LI^2}{2} \tag{3}$$

問題の条件より，式(1) ＝ 式(3)であり，式(2)を代入すると，次式となる．

$$\frac{1}{2}CV^2 = \frac{LV^2}{2R^2} \tag{4}$$

よって，$R = \sqrt{\dfrac{L}{C}}$〔Ω〕となる．

問27

次の記述は，図に示すように磁束密度が B〔T〕の磁界中に置かれた P 形半導体 D に，

● 解答 ●

問26 -4

直流電流 I 〔A〕を流したときに生ずるホール効果について述べたものである．□内に入れるべき字句の正しい組合せを下の番号から選べ．ただし，B の方向は紙面の裏から表の方向とし，また，D は紙面上に置かれているものとする．なお，同じ記号の□内には，同じ字句が入るものとする．

(1) D に流れる直流電流 I は主に □A□ の移動により生ずる．

(2) I が流れるとき，D の中の □A□ は □B□ 力を受ける．

(3) このため D の中に電荷の偏りが生じ，D には，図の端子 □C□ の極性の起電力が生ずる．

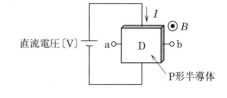

	A	B	C
1	電子	ローレンツ	a が正（＋），b が負（−）
2	電子	静電	b が正（＋），a が負（−）
3	ホール（正孔）	ローレンツ	a が正（＋），b が負（−）
4	ホール（正孔）	ローレンツ	b が正（＋），a が負（−）
5	ホール（正孔）	静電	a が正（＋），b が負（−）

▶▶▶▶▶ p. 24

問28　　　　　　　　　　　　　　　　　　　　　　　2陸技

次の記述は，導線に電流が流れているときに生ずる表皮効果について述べたものである．このうち誤っているものを下の番号から選べ．

1 直流電流を流したときには生じない．

2 導線に流れる電流による磁束の変化によって生ずる．

3 電流の周波数が低いほど顕著に生ずる．

4 導線断面の中心に近いほど電流密度が小さい．

5 導線の実効抵抗が大きくなる．

▶▶▶▶▶ p. 23

解説　誤っている選択肢は，正しくは次のようになる．

　　3　電流の周波数が**高い**ほど顕著に生ずる．

●解答●

問27 -3　　**問28** -3

問 29 ２陸技

次の記述は，熱電現象について述べたものである．このうち正しいものを 1，誤っている
ものを 2 として解答せよ．

ア　ゼーベック効果による起電力の大きさは，導体の材質が均質であるならば，導体の長さ
　　には影響されない．

イ　ペルチエ効果により熱の吸収が生じている二種類の金属の接点は，電流の方向を逆にし
　　ても熱の吸収が生ずる．

ウ　温度測定に利用される熱電対は，ペルチエ効果を利用している．

エ　エジソン効果による熱の発生または吸収は，温度勾配がある導線に電流を流すときに生
　　ずる．

オ　電子冷却は，ペルチエ効果を利用できる．

▶▶▶▶▶ p. 23

解説　誤っている選択肢は，正しくは次のようになる．

　　イ　ペルチエ効果により熱の吸収が生じている二種類の金属の接点は，電流の方向を逆
　　　　にすると，**熱が発生する**．

　　ウ　温度測定に利用される熱電対は，**ゼーベック効果**を利用している．

　　エ　**トムソン効果**による熱の発生または吸収は，温度勾配がある導線に電流を流すとき
　　　　に生ずる．

解答

問 29　ア-1　イ-2　ウ-2　エ-2　オ-1

第 1 章　電気物理

電気回路

2.1 直流回路

1 電流

導体中の電荷の移動を**電流**という．導体の断面を微小時間 dt〔s〕間に dQ〔C〕の電荷が通過したときの電流 i〔A〕は，次式で表される．

$$i = \frac{dQ}{dt} \tag{2.1}$$

電荷が一様な割合で通過するときには，電流 I〔A〕は，次式で表される．

$$I = \frac{Q}{t} \text{〔A〕} \tag{2.2}$$

1〔s〕間に 1〔C〕の電荷が移動すると 1〔A〕．

2 電圧源，電流源

電池などの電源は，図 2・1(a)のような**電圧源の起電力** E〔V〕あるいは図 2・1(b)のような**電流源の短絡電流** I_S〔A〕と**内部抵抗** r〔Ω〕で表すことができる．電圧源自体の内部抵抗は 0〔Ω〕なので，電圧源を通る閉回路を作ることができる．電流源自体の内部抵抗は ∞〔Ω〕である．

図 2・1(a)の回路では，負荷抵抗 R〔Ω〕を流れる電流 I〔A〕によって内部抵抗 r に電圧

第2章　電気回路

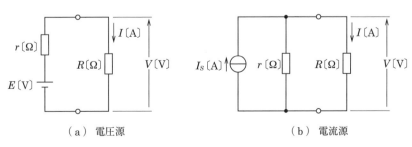

　　　（a）電圧源　　　　　　　　　　　　（b）電流源

図 2・1　電源

降下が発生する．**図2·1**(b)の回路では，短絡電流 I_S が負荷抵抗 R と内部抵抗 r に分流して電流が流れる．

③ 導線の電気抵抗

(1) 抵抗率，導電率

図2·2のように，断面積 S 〔m²〕，長さ l 〔m〕の導線の電気抵抗 R 〔Ω〕は次式で表される．

$$R = \rho\frac{l}{S} = \frac{l}{\sigma S} \text{〔Ω〕} \tag{2.3}$$

ここで，ρ 〔Ω·m〕は**抵抗率**，σ 〔S/m〕は**導電率**を表し，これらは導線の材質によって異なる値を持ち次式で表される．

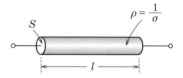

図2·2 導線の電気抵抗

$$\rho = \frac{1}{\sigma} \text{〔Ω·m〕} \tag{2.4}$$

抵抗率の基準となっている標準軟銅の抵抗率は，1.7241×10^{-8}〔Ω·m〕(20〔℃〕) である．

(2) 温度係数

一般に，金属は温度が上昇すると抵抗値が増加する．**温度係数** α 〔1/℃〕の金属材料で作られた導線の温度 T_1〔℃〕のときの抵抗値が R_1〔Ω〕のとき，温度が T_2〔℃〕に上昇したときの抵抗値 R_2〔Ω〕は，次式で表される．

$$R_2 = \{1+\alpha(T_2 - T_1)\} R_1 \text{〔Ω〕} \tag{2.5}$$

④ オームの法則

図2·3のように，抵抗 R〔Ω〕に電圧 V〔V〕を加えると電流 I〔A〕が流れる．**オームの法則**より次式が成り立つ．

$$V = RI \text{〔V〕} \tag{2.6}$$

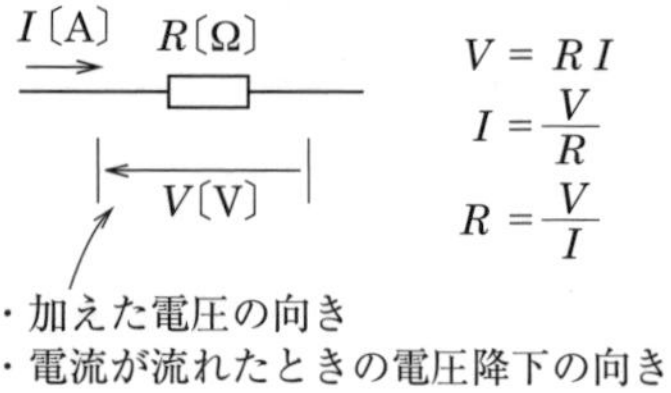

$$V = RI$$
$$I = \frac{V}{R}$$
$$R = \frac{V}{I}$$

・加えた電圧の向き
・電流が流れたときの電圧降下の向き

図2·3

P○int

① 抵抗に電流が流れることによって生じる電圧を電圧降下という．
② 電圧の大きさは，抵抗と電流の積に等しい（$V = RI$）．
③ 電圧降下の向きは，抵抗中を流れる電流の向きに対して電圧が低くなる向きである．
④ 生じる電圧の向きが電流と逆であるので，逆起電力という．

5 キルヒホッフの法則

(1) 第1法則（電流の法則）

回路網中の任意の接続点では，その1点に流入する電流の総和と流出する電流の総和は等しい．**図2・4**の回路の点aまたは点bでは，次式が成り立つ．

$$I_1 + I_2 = I_3 \tag{2.7}$$

(2) 第2法則（電圧の法則）

回路網中の任意の閉回路を一定方向に1周したとき，回路の各部分の起電力の総和と，回路を流れる電流によって抵抗端に発生する電圧降下の総和は等しい．**図2・4**の回路において①の閉回路を考えると，次式が成り立つ．

$$V_1 - V_2 = E_1 - E_2$$
$$R_1 I_1 - R_2 I_2 = E_1 - E_2 \tag{2.8}$$

②の閉回路では，次式が成り立つ．

$$V_2 + V_3 = E_2$$
$$R_2 I_2 + R_3 I_3 = E_2 \tag{2.9}$$

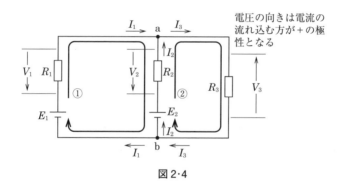

図2・4

起電力の内部抵抗は $0\,〔\Omega〕$ だから，起電力を通る電流を考えることができる．電圧降下は電流によって発生する．電圧の向きは電流が流れ込む方が＋の極性となる．

oint

キルヒホッフの法則を用いて，各枝路の電流を未知数としてそれらの値を求めることができる．未知数が三つの場合は三つの式を立てて連立方程式によって，各部の電流を求める．このとき，各枝路電流の向きは任意に設定して計算するが，解が－の値を持つときは電流の向きが逆向きである．

第2章 電気回路

6 電圧の分圧

図2・5のように，抵抗が直列に接続された回路において，各部の電圧と抵抗の間には，次式の関係がある．

$$V_1 : V_2 = R_1 : R_2 \qquad (2.10)$$

または，次式で表される．

$$V_1 = \frac{R_1}{R_1 + R_2} V \qquad (2.11)$$

$$V_2 = \frac{R_2}{R_1 + R_2} V \qquad (2.12)$$

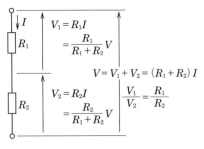

図2・5 電圧の分圧

直列回路の電圧は抵抗の比に比例して分圧する．抵抗の比と電圧降下の比が等しい．抵抗が二つの場合に，各部の電圧と全電圧の比は，その抵抗に比例する．

7 電流の分流

図2・6(a)のように，各部の電流と抵抗には，次式の関係がある．

$$I_1 : I_2 : I_3 = \frac{1}{R_1} : \frac{1}{R_2} : \frac{1}{R_3} \qquad (2.13)$$

また，図2・6(b)のように，抵抗が二つの場合では各部の電流と全電流の比は，次式で表される．

$$I_1 : I_2 = \frac{1}{R_1} : \frac{1}{R_2} = R_2 : R_1 \qquad (2.14)$$

$$I_1 = \frac{R_2}{R_1 + R_2} I \qquad (2.15)$$

$$I_2 = \frac{R_1}{R_1 + R_2} I \qquad (2.16)$$

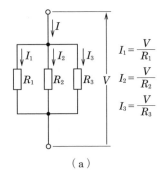

（a）

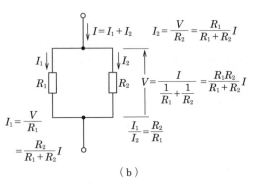

（b）

図2・6 電流の分流

並列回路の電流は抵抗の比に反比例して分流する．抵抗の逆数の比と枝路電流の比が等しい．抵抗が二つの場合に，各部の電流と全電流の比は，他の辺の抵抗に比例する．

抵抗の接続

1 直列接続

図2·7のように，n本の抵抗を直列接続したときに，端子 ab 間の合成抵抗を R_S〔Ω〕とすると，次式で表される．

図2·7 抵抗の直列接続

$$R_S = R_1 + R_2 + R_3 + \cdots + R_n \ \text{〔Ω〕} \tag{2.17}$$

n本の同じ値の抵抗Rの直列接続は，Rのn倍となる（$R_S = nR$）．

2 並列接続

図2·8(a)のように，n本の抵抗を並列接続したときに，端子 ab 間の合成抵抗を R_P〔Ω〕とすると，次式が成り立つ．

$$\frac{1}{R_P} = \frac{1}{R_1} + \frac{1}{R_2} + \frac{1}{R_3}$$
$$+ \cdots + \frac{1}{R_n}$$

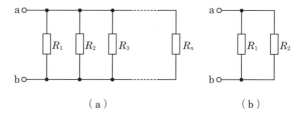

（a）　　　　　　　　（b）

図2·8 抵抗の並列接続

$$\tag{2.18}$$

n本の同じ値の抵抗Rの並列接続は，Rの$1/n$となる（$R_P = R/n$）．

図2·8(b)のように，2本の抵抗を並列接続したときの合成抵抗 R_P〔Ω〕は，次式で表される．

$$\frac{1}{R_P} = \frac{1}{R_1} + \frac{1}{R_2} \tag{2.19}$$

式(2.19)の分数の和を求めて，逆数にすると次式となる．

$$R_P = \frac{R_1 R_2}{R_1 + R_2} \ \text{〔Ω〕} \tag{2.20}$$

和分（分母）の積と覚える.

> 式 (2.20) は，2 本の抵抗の並列接続のときに用いることができる．多数の抵抗の並列接続では，$1/R_P$ の値を計算してから，その逆数より R_P 〔Ω〕を求める．$1/R$ はコンダクタンスのことである．n 本の同じ値の抵抗 R の並列接続は，$R_P = R/n$.

③ ブリッジ回路

図 2·9 のような回路を**ブリッジ回路**という．

各部の抵抗値が次式の関係にあるとき，R_5 には電流が流れなくなる．このとき，ブリッジは**平衡**したという．

$$\frac{R_1}{R_3} = \frac{R_2}{R_4} \tag{2.21}$$

または，次式となる．

$$R_1 R_4 = R_2 R_3 \tag{2.22}$$

対辺の抵抗の積は等しい.

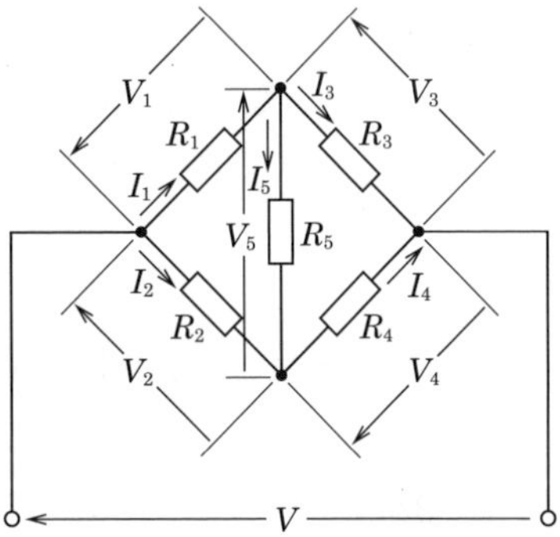

ブリッジ回路が平衡して，R_5 に電流が流れなくなると各抵抗の電圧比から，次式が成り立つ．

図 2·9 ブリッジ回路

$$\frac{V_1}{V_3} = \frac{V_2}{V_4} \quad \text{よって，} \quad \frac{R_1 I_1}{R_3 I_3} = \frac{R_2 I_2}{R_4 I_4} \tag{2.23}$$

また，$I_5 = 0$ より，$I_1 = I_3$，$I_2 = I_4$ となるので，式 (2.23) は式 (2.21) となる．

> どれか一つの辺に未知抵抗を接続してブリッジの平衡をとり，他の抵抗値から未知抵抗の値を測定する測定器を**ホイートストンブリッジ**という．

④ △-Y（デルタ，スター）変換

図 2·10(a) のような**△接続**の三つの抵抗が与えられているとき，図 (b) のような**Y接続**の三つの抵抗に置き換えても，各端子間の抵抗値は同じ値を持つことができる．逆にY接続の抵抗は△接続の抵抗に置き換えることができる．

(1) △-Y変換

△接続から置き換えられるY接続の三つの抵抗は，次式で表すことができる．

$$r_a = \frac{R_c R_a}{R_a + R_b + R_c} \ \text{〔Ω〕} \tag{2.24}$$

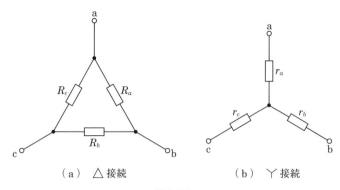

（a） △接続   （b） Ｙ接続

図2·10

$$r_b = \frac{R_a R_b}{R_a + R_b + R_c} \ \text{〔Ω〕} \tag{2.25}$$

$$r_c = \frac{R_b R_c}{R_a + R_b + R_c} \ \text{〔Ω〕} \tag{2.26}$$

$\dfrac{\text{求める抵抗の両わきに位置する抵抗の積}}{\text{△接続の三つの抵抗の和}}$ と覚える.

$R_a = R_b = R_c = R \ \text{〔Ω〕}$ のときは，$r_a = r_b = r_c = r \ \text{〔Ω〕}$ となって，次式となる.

$$r = \frac{R}{3} \ \text{〔Ω〕}$$

(2) Ｙ-△変換

Ｙ接続から置き換えられる△接続の抵抗は，次式で表すことができる.

$$R_a = \frac{r_a r_b + r_b r_c + r_c r_a}{r_c} \ \text{〔Ω〕} \tag{2.27}$$

$$R_b = \frac{r_a r_b + r_b r_c + r_c r_a}{r_a} \ \text{〔Ω〕} \tag{2.28}$$

$$R_c = \frac{r_a r_b + r_b r_c + r_c r_a}{r_b} \ \text{〔Ω〕} \tag{2.29}$$

$\dfrac{\text{隣り合う二つの抵抗積の和}}{\text{求める抵抗の対辺にあるＹ接続の抵抗}}$ と覚える.

$r_a = r_b = r_c = r \ \text{〔Ω〕}$ のときは，$R_a = R_b = R_c = R \ \text{〔Ω〕}$ となって，次式となる.

$$R = 3r \ \text{〔Ω〕} \tag{2.30}$$

2.3 回路網の定理

1 テブナンの定理

いくつかの電源や抵抗で構成された回路網があるとき，**図 2·11**(a)のように端子 ab を開放したときの電圧を V_0〔V〕，端子 ab から回路網を見た合成抵抗を R_0〔Ω〕とすると，図(b)のように抵抗 R〔Ω〕を接続したとき，R に流れる電流 I〔A〕は，次式で表される．これを**テブナンの定理**という．

$$I = \frac{V_0}{R_0 + R} \;\text{〔A〕}$$ (2.31)

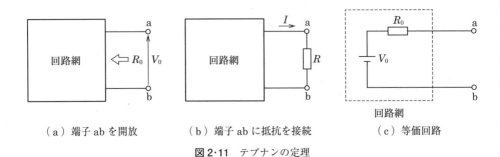

（a）端子 ab を開放　　　（b）端子 ab に抵抗を接続　　　（c）等価回路

図 2·11　テブナンの定理

図 2·11(a)の回路網は，**図 2·11**(c)の等価回路で表すことができる．図(c)の回路の V_0 を**等価電圧源**，R_0 を**内部抵抗**という．

> 複雑な回路網の開放電圧と内部抵抗がわかれば，テブナンの定理によって出力電流を求めることができる．

2 ノートンの定理

いくつかの電源や抵抗で構成された回路網があるとき，**図 2·12**(a)のように端子 ab を短絡したときに流れる電流を I_0〔A〕，端子 ab から回路網を見たときの合成コンダクタンスを G_0〔S〕すると，図(b)のようにコンダクタンス G を接続したとき，端子 ab 間の電圧 V〔V〕は，次式で表される．これを**ノートンの定理**という．

$$V = \frac{I_0}{G_0 + G} \;\text{〔V〕}$$ (2.32)

図 2·12(a)の回路網は，**図 2·12**(c)の等価回路で表すことができる．図(c)の I_0 を**等価電**

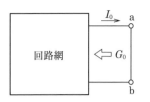 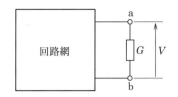 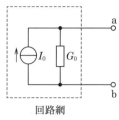

　　　　回路網

（a）端子 ab を短絡　　　（b）端子 ab にコンダクタンスを接続　　（c）等価回路

図2・12　ノートンの定理

流源，G_0 を**等価コンダクタンス**という．**図2・11**(c)と**図2・12**(c)の等価回路は相互に変換することができる．

> コンダクタンス G〔S〕は抵抗 R〔Ω〕の逆数で表される（$G = 1/R$）．
>
> 　複雑な回路網の短絡電流と内部コンダクタンスがわかれば，ノートンの定理によって出力電圧を求めることができる．短絡電流は定電流と呼ぶこともある．
>
> 　等価電圧源の抵抗は 0 なので，内部抵抗を求めるときは，電圧源は短絡しているとすることができる．等価電流源の抵抗は，無限大である．

3 ミルマンの定理

　図2・13 のように，いくつかの枝路が並列に接続されているとき，その端子電圧 V〔V〕は，次式で表される．これを**ミルマンの定理**という．

$$V = \frac{\dfrac{E_1}{R_1} + \dfrac{E_2}{R_2} - \dfrac{E_3}{R_3}}{\dfrac{1}{R_1} + \dfrac{1}{R_2} + \dfrac{1}{R_3}} \ 〔V〕 \qquad (2.33)$$

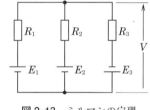

図2・13　ミルマンの定理

> 起電力の向きが V の向きと逆の場合は，符号が－となる．起電力がない場合は $E = 0$ とする．

　式(2.33)の分子の各項は等価電流源を表す．分母の各項は等価コンダクタンスを表す．並列回路の電流とコンダクタンスを合成するときは，それらの和によって求める．

2.4 電力

1 電力の計算

　抵抗 R〔Ω〕に加えた電圧を V〔V〕，流れる電流を I〔A〕とすると，回路の**電力 P**〔W〕は，次式で表される．

第2章　電気回路

$$P = VI \;[\mathrm{W}] \tag{2.34}$$

R を用いて表すと，次式となる．

$$P = I^2R$$

$$= \frac{V^2}{R} \;[\mathrm{W}] \tag{2.35}$$

電圧 V，電流 I，抵抗 R のうち，二つの値がわかっていれば電力を求めることができる．

② 負荷に供給される電力の最大値

図 2·14(a) のように，起電力 $E\,[\mathrm{V}]$，内部抵抗 $R_0\,[\Omega]$ の電源に負荷抵抗 $R\,[\Omega]$ を接続したとき，負荷抵抗に供給される電力 $P\,[\mathrm{W}]$ は，次式で表される．

$$P = I^2R = \frac{E^2}{(R_0+R)^2}R \;[\mathrm{W}] \tag{2.36}$$

負荷抵抗 R が変化したとき，電力 P は図 2·14(b) のように変化するので，P が最大 P_m $[\mathrm{W}]$ になる条件を求めると，R を変化させて P が極値（最大値）を持つのは式 (2.36) を R で微分した値が 0 になるときだから，次式で表される．

$$\frac{dP}{dR} = E^2 \frac{d}{dR}\frac{R}{(R_0+R)^2}$$

$$= E^2\frac{(R_0+R)^2 - 2(R_0+R)R}{(R_0+R)^4}$$

$$= E^2\frac{R_0{}^2 - R^2}{(R_0+R)^4} = 0 \tag{2.37}$$

式 (2.37) が 0 となるのは，分子 $= 0$ のときだから，次式となる．

$$R_0{}^2 - R^2 = 0$$

よって，$R = R_0$ のとき負荷抵抗に供給される電力が最大となるので，**最大電力 $P_m\,[\mathrm{W}]$** は次式で表される．

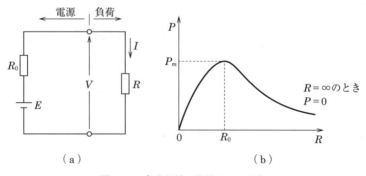

図 2·14　負荷抵抗に供給される電力

$$P_m = \frac{E^2}{(R+R)^2}R = \frac{E^2}{4R} \ \text{〔W〕} \tag{2.38}$$

このとき，負荷抵抗の電圧は $V = E/2$〔V〕となる.

電源の内部抵抗と負荷抵抗の値が同じとき，負荷に供給される電力が最大となる.

Point

微分の公式

$$\frac{d}{dx}x^n = nx^{n-1}$$

u，v を x の関数とすると，$y = \dfrac{u}{v}$ のとき，y の微分 y' は

$$y' = \frac{u'v - uv'}{v^2}$$

2.5 交流回路

1 正弦波交流

　時間とともに大きさや方向が繰り返し変化する電圧や電流を交流といい，正弦関数で表される交流を**正弦波交流**という．一般に，電源として取り扱う交流（低周波，高周波）は，特にひずみ波の断りがない限り正弦波交流のことである．

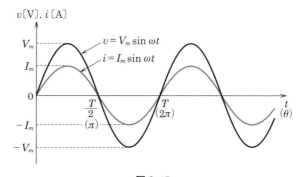

図2·15

　正弦波交流の電圧は，**図2·15** のように変化する．電圧，電流の**瞬時値**を v〔V〕，i〔A〕とすると，次式で表される．

$$v = V_m \sin \omega t \ \text{〔V〕} \tag{2.39}$$

$$i = I_m \sin \omega t \ \text{〔A〕} \tag{2.40}$$

ただし，**角周波数** $\omega = 2\pi f = \dfrac{2\pi}{T}$〔rad/s〕

瞬時値は，時刻 t のときの瞬間の電圧や電流の値を表す.

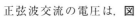

　一つの波形の変化を1サイクルといい, 1サイクルに要する時間 T 〔s〕を1周期という.
また, 交流の1秒間に繰り返されるサイクル数を**周波数** f 〔Hz〕という.

> **Point**
>
> 角周波数 ω 〔rad/s〕は時刻 t 〔s〕を角度の関数 θ 〔rad〕に変換する定数である.
> $t = T$ (1周期) のときに, $\theta = 2\pi$ 〔rad〕となる.

② 平均値, 実効値

　図2・16の最大値が V_m 〔V〕の正
弦波交流電圧の1周期の平均値は正負
が相殺されて0となるので, 式(2.39)
の $\omega t = \theta$ として $0 \sim \pi$ 〔rad〕の正の
半周期の区間で**平均値** V_a 〔V〕を求
めると, 次式で表される.

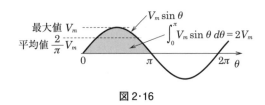

図2・16

$$V_a = \frac{1}{\pi}\int_0^\pi V_m \sin\theta d\theta = \frac{1}{\pi}V_m\left[-\cos\theta\right]_0^\pi$$

$$= \frac{1}{\pi}V_m\{(-\cos\pi)-(-\cos 0)\} = \frac{2}{\pi}V_m \fallingdotseq 0.637V_m \ \text{〔V〕} \tag{2.41}$$

　また, 直流と同じ電力となる大きさを実効値と呼び, 電流または電圧の2乗の平均値を求
めて, その平方根をとることで表される. 式(2.39)の $\omega t = \theta$ として $0 \sim 2\pi$ 〔rad〕の区間で
実効値 V_e 〔V〕を求めると, 次式となる.

$$V_e = \sqrt{\frac{1}{2\pi}\int_0^{2\pi} V_m{}^2 \sin^2\theta d\theta} = V_m\sqrt{\frac{1}{2\pi}\int_0^{2\pi} \sin^2\theta d\theta} \tag{2.42}$$

　三角関数の2乗の公式より, 式(2.42)の $\sin^2\theta$ の積分を求めると, 次式となる.

$$\int_0^{2\pi}\sin^2\theta d\theta = \int_0^{2\pi}\frac{1-\cos 2\theta}{2}d\theta$$

$$= \left[\frac{\theta}{2}\right]_0^{2\pi} - \left[\frac{\sin 2\theta}{4}\right]_0^{2\pi}$$

$$= \frac{2\pi - 0}{2} - \frac{\sin 4\pi - \sin 0}{4} = \pi \tag{2.43}$$

　式(2.43)を式(2.42)に代入すると実効値 V_e は, 次式で表される.

$$V_e = \frac{1}{\sqrt{2}}V_m \fallingdotseq 0.707V_m \ \text{〔V〕} \tag{2.44}$$

　この演算の過程を図に表すと, **図2・17**のようになる. $\cos 2\theta$ は1周期の平均値が0とな
るので, $\sin^2\theta$ の平均値は1/2となる. その平方根を求めるので実効値は最大値の $1/\sqrt{2}$ と
なる.

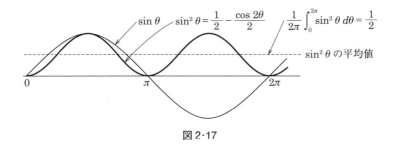

図 2·17

3 波高率，波形率

交流波形の形状は波高率と波形率によって表される．電圧の最大値 V_m，実効値 V_e，平均値 V_a より，**波高率** K_p および**波形率** K_f は次式によって表される．

$$K_p = \frac{V_m}{V_e} \tag{2.45}$$

$$K_f = \frac{V_e}{V_a} \tag{2.46}$$

正弦波の波高率と波形率は式(2.45)，(2.46)より，次式で表される．

$$K_p = \frac{V_m}{V_e} = \sqrt{2} \fallingdotseq 1.414 \tag{2.47}$$

$$K_f = \frac{V_e}{V_a} = \frac{1}{\sqrt{2}} \times \frac{\pi}{2} \fallingdotseq 1.111 \tag{2.48}$$

方形波は，区間 $0 \sim \pi$〔rad〕の半周期の瞬時値電圧を $v = V_m$ とすると，方形波の実効値 V_e は次式で表される．

$$
\begin{aligned}
V_e &= \sqrt{\frac{1}{\pi}\int_0^\pi V_m{}^2 d\theta} \\
&= V_m\sqrt{\frac{1}{\pi}\big[\theta\big]_0^\pi} \\
&= V_m \,\text{〔V〕}
\end{aligned}
\tag{2.49}
$$

方形波は実効値 $V_e = V_m$，平均値 $V_a = V_m$ なので，波高率 $K_p = 1$，波形率 $K_f = 1$ となる．

のこぎり波は，区間 $0 \sim \pi$〔rad〕の半周期の瞬時値電圧を $v = V_m\theta/\pi$ とすると，のこぎり波の実効値 V_e は次式で表される．

$$
\begin{aligned}
V_e &= \sqrt{\frac{1}{\pi}\int_0^\pi \frac{V_m{}^2\,\theta^2}{\pi^2} d\theta} \\
&= V_m\sqrt{\frac{1}{3\pi^3}\big[\theta^3\big]_0^\pi} \\
&= \frac{V_m}{\sqrt{3}} \,\text{〔V〕}
\end{aligned}
\tag{2.50}
$$

第2章　電気回路

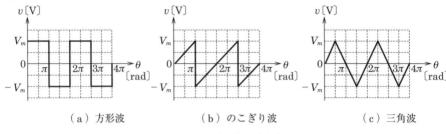

|（a）方形波|（b）のこぎり波|（c）三角波|

図2·18　波形率と波高率

のこぎり波および三角波は実効値 $V_e = V_m/\sqrt{3}$，平均値 $V_a = V_m/2$ なので，波高率 $K_p = \sqrt{3}$，波形率 $K_f = 2/\sqrt{3} \fallingdotseq 1.155$ となる．

❹ ひずみ波のフーリエ展開

図2·19に示す θ〔rad〕の周期関数で表される電圧波形 $v(\theta)$〔V〕は，**フーリエ級数**によって，次式のように展開することができる．

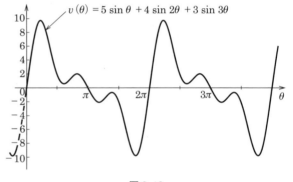

図2·19

$$
\begin{aligned}
v(\theta) &= a_0 + a_1 \cos \theta \\
&\quad + b_1 \sin \theta \\
&\quad + a_2 \cos 2\theta \\
&\quad + b_2 \sin 2\theta \\
&\quad + \cdots + a_n \cos n\theta \\
&\quad + b_n \sin n\theta \\
&= a_0 + \sum_{n=1}^{\infty} (a_n \cos n\theta + b_n \sin n\theta) \quad \text{〔V〕}
\end{aligned} \tag{2.51}
$$

式(2.51)の定数は，次式によって求めることができる．

$$
a_0 = \frac{1}{2\pi} \int_0^{2\pi} v(\theta) d\theta \quad \text{〔V〕} \tag{2.52}
$$

$$
a_n = \frac{1}{\pi} \int_0^{2\pi} v(\theta) \cos n\theta d\theta \quad \text{〔V〕} \tag{2.53}
$$

$$
b_n = \frac{1}{\pi} \int_0^{2\pi} v(\theta) \sin n\theta d\theta \quad \text{〔V〕} \tag{2.54}
$$

式(2.51)において a_0 が直流成分，$a_1 \cos \theta$ または $b_1 \sin \theta$ が基本波成分，$a_n \cos n\theta$，$b_n \sin n\theta$ が高調波成分を表し，周期関数はこれらの周波数成分の和で表すことができる．図2·19の関数は，a_0 と $a_n \cos n\theta$ 成分のないひずみ波の例である．

⑤ ひずみ率

角周波数 ω〔rad/s〕の基本波および角周波数 2ω, 3ω の高調波のひずみ波 $v(t)$ が,

$$v(t) = V_{m1} \sin \omega t + V_{m2} \sin 2\omega t + V_{m3} \sin 3\omega t \text{〔V〕}$$

で表されるとき, ひずみ波電圧の**ひずみ率** K〔%〕は, 各高調波電圧の実効値を 2 乗して和をとった値の平方根と基本波電圧の比で表される. 基本波, 第 2 高調波, 第 3 高調波の実効値をそれぞれ, $V_1 = V_{m1}/\sqrt{2}$, $V_2 = V_{m2}/\sqrt{2}$, $V_3 = V_{m3}/\sqrt{2}$ とすると, K は次式で表される.

$$K = \frac{\sqrt{{V_2}^2 + {V_3}^2}}{V_1} \times 100 \text{〔%〕} \tag{2.55}$$

また, ひずみ波電圧の実効値 V_0〔V〕は, 各周波数成分の実効値を 2 乗して和をとった値の平方根なので, 次式で表される.

$$V_0 = \sqrt{{V_1}^2 + {V_2}^2 + {V_3}^2} \text{〔V〕} \tag{2.56}$$

2.6 交流回路のフェーザ表示

■ 交流のフェーザ表示

図 2·20 のように周波数が同じ二つの交流電圧 v_1, v_2 があり, それらの周期は同じで θ〔rad〕の位相差があるとき, これらの関係を図 2·21 の $\dot{V}_1$, $\dot{V}_2$ のように表す方法を**フェーザ表示**と呼び, 矢印の長さと向きで表す図を**ベクトル図**という.

ベクトル図において, 電圧や電流は実効値で表される. 図 2·21 の電圧は図 2·20 の正弦波交流電圧の最大値によって表すと, $|\dot{V}_1| = V_{m1}/\sqrt{2}$, $|\dot{V}_2| = V_{m2}/\sqrt{2}$ となる.

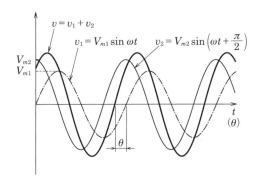

図 2·20　正弦波交流電圧の時間軸表示

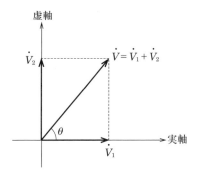

図 2·21　正弦波交流電圧のフェーザ表示

第2章　電気回路

位相の異なる交流電圧の和を求めるときに，三角関数の公式を用いて計算しなくても，ベクトル図によって求めることができる．

v_1，v_2 の記号は瞬時値を，$\dot{V}_1$，$\dot{V}_2$ の記号はベクトルを表す．

2 複素数

正弦波交流の電圧や電流は，電気回路の演算では主に**複素数**で表される．

図2·22のように，複素平面上の点 $\dot{Z}$ は，次式で表すことができる．

$$\dot{Z} = a + jb \tag{2.57}$$

ここで，a を**実数部**，b を**虚数部**という．j は，**虚数単位**と呼び次式で表される．

$$j = \sqrt{-1}$$
$$j^2 = -1$$
$$\frac{1}{j} = \frac{j}{jj} = \frac{j}{-1} = -j$$

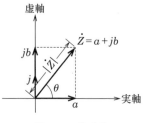

図2·22 複素数

$\dot{Z}$ の大きさを Z で表すと，次式となる．

$$Z = |\dot{Z}|$$
$$= \sqrt{a^2 + b^2} \tag{2.58}$$

図2·22より**偏角**を θ とすると，次式となる．

$$\tan\theta = \frac{b}{a} \quad より \quad \theta = \tan^{-1}\frac{b}{a} \tag{2.59}$$

Point

$\dot{Z}$ は次のように指数関数で表すこともできる．
$$\dot{Z} = |\dot{Z}|e^{j\theta} \tag{2.60}$$
ここで，e は自然対数の底で $e = 2.718\cdots$ であり，$e^{j\theta}$ は，オイラーの公式より次式となる．
$$e^{j\theta} = \cos\theta + j\sin\theta \tag{2.61}$$
$$|e^{j\theta}| = \sqrt{\cos^2\theta + \sin^2\theta} = 1 \tag{2.62}$$

3 抵抗回路

抵抗 R〔Ω〕に瞬時値 $i = I_m \sin\omega t$〔A〕の交流電流が流れているとき，抵抗の端子電圧 v_R は，**図2·23**(a)のように電流と同位相なので，次式で表される．

$$v_R = RI_m \sin\omega t = V_m \sin\omega t \text{〔V〕} \tag{2.63}$$

これを**図2·23**(b)のようにベクトルを用いて表すと，電流 $\dot{I}$〔A〕が流れているとき，抵抗の端子電圧 $\dot{V}_R$〔V〕は，次式で表される．

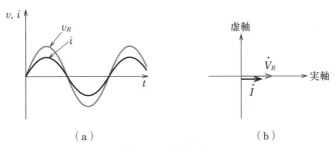

図2·23 抵抗回路

$$\dot{V}_R = R\dot{I} \ \text{(V)} \tag{2.64}$$

４ インダクタンス回路

インダクタンス L〔H〕のコイルの端子電圧 v_L は，**図 2·24**(a)のように電流よりも位相が $\pi/2$〔rad〕進んでいるので，次式で表される．

$$v_L = \omega L I_m \sin\left(\omega t + \frac{\pi}{2}\right) = V_m \cos \omega t \ \text{(V)} \tag{2.65}$$

これを**図 2·24**(b)のようにベクトルを用いて表すと，電流 $\dot{I}$〔A〕が流れているときインダクタンスの端子電圧 $\dot{V}_L$〔V〕は，次式で表される．

$$\dot{V}_L = j\omega L \dot{I} \ \text{(V)} \tag{2.66}$$

ただし，ω〔rad/s〕は，電源の角周波数で次式で表される．

$$\omega = 2\pi f \ \text{(rad/s)}$$

ωL は，抵抗と同じように電流を妨げる値を持ち，これを**リアクタンス**と呼び，$X_L = \omega L$〔Ω〕で表される．また，コイルのリアクタンスを**誘導性リアクタンス**という．

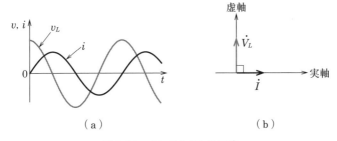

図2·24　インダクタンス回路

---

j は位相が $\pi/2$〔rad〕進んでいることを表す．
式(2.66)において $\dot{I}$ に j をつけた値が $\dot{V}$ だから，$\dot{V}_L$ は $\dot{I}$ より $\pi/2$〔rad〕進む．

第２章　電気回路

インダクタンス L〔H〕に電流 i〔A〕が流れたときの電圧 v_L〔V〕は，ファラデーの法則より，次式で表される．

$$v_L = L\frac{di}{dt} \tag{2.67}$$

交流は指数関数で表すことができるので，次式となる．

$$\dot{I} = |\dot{I}|e^{j\omega t} \tag{2.68}$$

式(2.67)を指数関数で表すと，

$$\dot{V}_L = L\frac{d}{dt}|\dot{I}|e^{j\omega t}$$

$$= j\omega L|\dot{I}|e^{j\omega t} = j\omega L\dot{I} \text{〔V〕} \tag{2.69}$$

Point

瞬時値とベクトルでは

$$\frac{d}{dt} \quad \text{は} \quad j\omega$$

$$\int dt \quad \text{は} \quad \frac{1}{j\omega}$$

に置き換えて計算することができる．

⑤ コンデンサ回路

静電容量 C〔F〕のコンデンサの端子電圧 v_C は，**図 2·25**(a)のように電流よりも位相が $\pi/2$〔rad〕遅れているので，次式で表される．

$$v_C = \frac{1}{\omega C}I_m \sin\left(\omega t - \frac{\pi}{2}\right) = -\frac{1}{\omega C}\cos\omega t \text{〔V〕} \tag{2.70}$$

これを**図 2·25**(b)のようにベクトルを用いて表すと，電流 $\dot{I}$〔A〕が流れているときコンデンサの端子電圧 $\dot{V}_C$〔V〕は，次式で表される．

$$\dot{V}_C = \frac{1}{j\omega C}\dot{I} = -j\frac{1}{\omega C}\dot{I} \text{〔V〕} \tag{2.71}$$

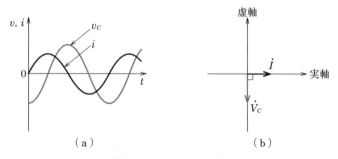

図 2·25　コンデンサ回路

ただし，$1/\omega C$ は，抵抗と同じように電流を妨げる値を持つ．これを**容量性リアクタンス**と呼び，次式で表す．

$$X_C = \frac{1}{\omega C}\ 〔\Omega〕 \tag{2.72}$$

$-j$ は位相が $\pi/2$〔rad〕遅れていることを表す．

6 インピーダンス

図 2･26(a)の RLC 直列回路では，直流回路において抵抗が直列に接続された回路と同じように，次式が成り立つ．

$$\begin{aligned}\dot{V} &= R\dot{I} + jX_L\dot{I} - jX_C\dot{I}\\ &= R\dot{I} + j(X_L - X_C)\dot{I}\\ &= \left\{R + j\left(\omega L - \frac{1}{\omega C}\right)\right\}\dot{I}\\ &= \dot{Z}\dot{I}\end{aligned} \tag{2.73}$$

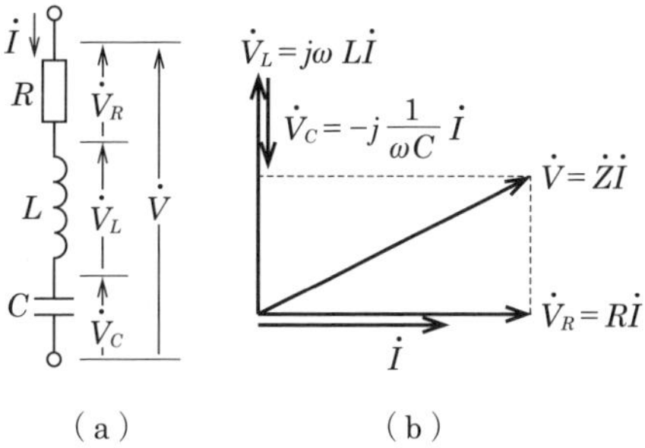

図 2･26

ベクトル図は，**図 2･26**(b)のようになる．

式(2.73)の $\dot{Z}$ は電流を妨げる量を表し，この複素量を**インピーダンス**という．インピーダンスは RLC の合成されたもの，または，RLC 単独でもインピーダンスと呼ぶことがある．

式(2.73)より，$\dot{Z}$ は次式で表すことができる．

$$\dot{Z} = R + j\left(\omega L - \frac{1}{\omega C}\right) \tag{2.74}$$

$\dot{Z}$ の大きさ $Z = |\dot{Z}|$ は，次式となる．

$$Z = \sqrt{R^2 + \left(\omega L - \frac{1}{\omega C}\right)^2} \tag{2.75}$$

7 アドミタンス

インピーダンス $\dot{Z}$〔Ω〕の逆数を**アドミタンス** $\dot{Y}$（単位：ジーメンス〔S〕）といい，次式で表される．

$$\dot{Y} = \frac{1}{\dot{Z}} = G + jB\ 〔\mathrm{S}〕 \tag{2.76}$$

ここで，G は**コンダクタンス**，B は**サセプタンス**と呼び，電流を流しやすい量を表す．

図 2･27(a)の RL 直列回路のアドミタンスを求めると，$\dot{Z} = R + j\omega L$ より，次式となる．

$$\dot{Y} = \frac{1}{\dot{Z}}$$

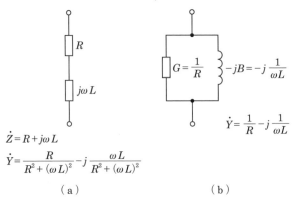

$$\dot{Z} = R + j\omega L$$
$$\dot{Y} = \frac{R}{R^2 + (\omega L)^2} - j\frac{\omega L}{R^2 + (\omega L)^2}$$

（a）　　　　　　　　　　　　　（b）

図2·27　*RL* 回路

$$= \frac{1}{R + j\omega L}$$

$$= \frac{1}{(R + j\omega L)} \times \frac{(R - j\omega L)}{(R - j\omega L)}$$

$$= \frac{R}{R^2 + (\omega L)^2} - \frac{j\omega L}{R^2 + (\omega L)^2} \quad [\mathrm{S}] \tag{2.77}$$

図2·27(b)の *RL* 並列回路のアドミタンスは，各素子のアドミタンスの和で表される．

$$\dot{Y} = \frac{1}{R} - j\frac{1}{\omega L} \quad [\mathrm{S}] \tag{2.78}$$

　回路のインピーダンスとアドミタンスは相互に変換することができる．直列回路の合成アドミタンスを求めるには，式(2.77)のように計算しなければならないが，並列回路の合成アドミタンスはそれぞれの和で求めることができる．

2.7　共振回路

1 直列共振回路

　図2·28のような *RLC* 直列回路の合成インピーダンス $\dot{Z}$ 〔Ω〕は，次式で表される．

$$\dot{Z} = R + j(\omega L - \frac{1}{\omega C}) \quad [\Omega] \tag{2.79}$$

　式(2.79)において，角周波数 ω や L, C の値を変化させて，$\dot{Z}$ の虚数部（リアクタンス）が0となることを**共振**という．共振したときの共振角周波数を ω_r〔rad/s〕，共振周波数を f_r〔Hz〕として，式(2.79)の虚数部を0とすると次式が成り立つ．

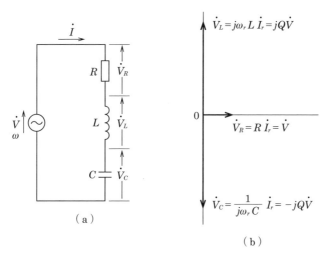

図 2·28　直列共振回路

$$\omega_r L - \frac{1}{\omega_r C} = 0$$

$$\omega_r^2 = \frac{1}{LC}$$

$$\omega_r = 2\pi f_r = \frac{1}{\sqrt{LC}}$$

したがって，

$$f_r = \frac{1}{2\pi\sqrt{LC}} \ \text{〔Hz〕} \tag{2.80}$$

直列共振したとき，回路のインピーダンスは最小となり，このときのインピーダンスを $\dot{Z}_r$〔Ω〕とすると，次式で表される．

$$\dot{Z}_r = R \ \text{〔Ω〕} \tag{2.81}$$

また，回路を流れる電流 $|\dot{I}|$〔A〕は，**図 2·29** のように変化し，共振時に最大となる．このとき，共振時の電流 $\dot{I}_r$〔A〕は次式で表される．

$$\dot{I}_r = \frac{\dot{V}}{R} \ \text{〔A〕} \tag{2.82}$$

式(2.82)より共振時の電流は電圧と同相となることがわかる．

共振時の R，L，C の両端の電圧 $\dot{V}_R$，$\dot{V}_L$，$\dot{V}_C$〔V〕は次式で表される．

$$\dot{V}_R = R\dot{I}_r = \dot{V}$$

$$\dot{V}_L = j\omega_r L\dot{I}_r$$

$$= j\frac{\omega_r L}{R}\dot{V} = jQ\dot{V} \tag{2.83}$$

$$\dot{V}_C = -j\frac{1}{\omega_r C}\dot{I}_r$$

$$= -j\frac{1}{\omega_r CR}\dot{V} = -jQ\dot{V} \tag{2.84}$$

電圧のベクトル図は**図 2・28**(b)のようになる．式
(2.83)，(2.84)は，共振時にリアクタンスの両端の電
圧が回路に加わる電圧の Q 倍になることを表し，Q
を**尖鋭度**あるいは**共振回路の Q** という．Q は次式で
表される．

$$Q = \frac{\omega_r L}{R} = \frac{1}{\omega_r CR} \tag{2.85}$$

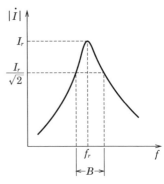

図 2・29　直列共振回路の周波数特性

図 2・29 の周波数特性において，電流 $|\dot{I}|$ が I_r の
$1/\sqrt{2}$ になったときの周波数の幅 B〔Hz〕を**周波数帯幅**と呼び，次式の関係がある．

$$Q = \frac{f_r}{B} \tag{2.86}$$

式(2.83)および式(2.84)において，$+j$ は位相が $\pi/2$〔rad〕（90〔°〕）進むことを表し，
$-j$ は $\pi/2$〔rad〕遅れることを表すので，$\dot{V}_L$ と $\dot{V}_C$ の位相は逆位相（位相差 π〔rad〕）で
ある．

② 並列共振回路

(1)　*RLC* 並列共振回路

　図 2・30(a)のように，*RLC* 並列回路に電圧 $\dot{V}$〔V〕を加えたとき，R，L，C に流れる電
流を $\dot{I}_R$，$\dot{I}_L$，$\dot{I}_C$〔A〕とすると，

$$\dot{I}_R = \frac{\dot{V}}{R} \tag{2.87}$$

$$\dot{I}_L = \frac{\dot{V}}{j\omega L} \tag{2.88}$$

$$\dot{I}_C = j\omega C\dot{V} \tag{2.89}$$

回路を流れる全電流 $\dot{I}$〔A〕は，次式で表される．

$$\dot{I} = \dot{I}_R + \dot{I}_L + \dot{I}_C$$

$$= \frac{\dot{V}}{R} + j\left(\omega C - \frac{1}{\omega L}\right)\dot{V} \tag{2.90}$$

ここで，次式の関係が成り立つときを並列共振という．

$$\omega_r C = \frac{1}{\omega_r L}$$

また，**共振周波数** f_r〔Hz〕は次式で表される．

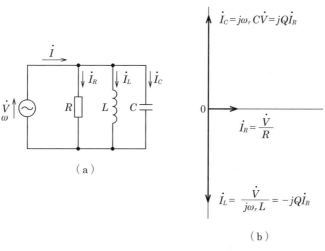

（ a ）

（ b ）

図 2·30　*RLC* 並列共振回路

$$f_r = \frac{1}{2\pi\sqrt{LC}} \ \text{[Hz]} \tag{2.91}$$

　共振したときの電流のベクトル図を**図 2·30**(b)に示す．*RLC* 並列回路の共振時の電流は最小となり，インピーダンスは最大になる．

(2)　*rL* と *C* の並列共振回路

　図 2·31 のような並列共振回路では，回路のアドミタンス $\dot{Y}$〔S〕は次式で表される．

$$\dot{Y} = \frac{1}{r + j\omega L} + j\omega C$$

$$= \frac{r}{r^2 + (\omega L)^2} + j\left(\omega C - \frac{\omega L}{r^2 + (\omega L)^2}\right) \tag{2.92}$$

　$\dot{Y}$ の虚数部（サセプタンス）が 0 となったとき回路を流れる電流は最小となるので，共振角周波数を ω_r〔rad/s〕とすると，次式の関係がある．

$$\omega_r C - \frac{\omega_r L}{r^2 + (\omega_r L)^2} = 0 \tag{2.93}$$

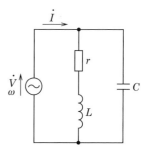

図 2·31　*rL* と *C* の並列共振回路

式(2.93)から ω_r を求めると，

$$\omega_r = \sqrt{\frac{1}{LC} - \frac{r^2}{L^2}} \ \text{[rad/s]}$$

したがって，

$$f_r = \frac{1}{2\pi}\sqrt{\frac{1}{LC} - \frac{r^2}{L^2}} \ \text{[Hz]} \tag{2.94}$$

また，共振時のインピーダンス $\dot{Z}_r$ 〔Ω〕は，次式で表される.

$$\dot{Z}_r = \frac{r^2 + (\omega_r L)^2}{r} \ \text{〔Ω〕} \tag{2.95}$$

$r \ll \omega_r L$ の条件では，$r^2 + (\omega_r L)^2 = (\omega_r L)^2$，$\omega_r C = 1/(\omega_r L)$ となるので，

$$\dot{Z}_r = \frac{(\omega_r L)^2}{r} = \frac{L}{Cr} \ \text{〔Ω〕} \tag{2.96}$$

図2·30の並列共振回路は共振周波数が直列共振回路と同じ式で求めることができるが，図2·31の並列共振回路では共振周波数を求める式が直列共振回路と異なる．実際の部品で並列共振回路を構成するときは，コイルに損失抵抗が含まれるので，一般に(2)の回路で表される共振回路の特性となる.

2.8 ベクトル軌跡

抵抗 R 〔Ω〕，リアクタンスが $j\omega L$ 〔Ω〕の直列回路において，合成インピーダンス $\dot{Z}$ 〔Ω〕は次式で表される.

$$\dot{Z} = R + j\omega L \ \text{〔Ω〕} \tag{2.97}$$

式(2.97)の R または ωL を変化させると，ベクトルの終点（先端）は直線や円の軌跡を描く．これをベクトル軌跡という.

インピーダンス $\dot{Z}$ の虚数部 X が一定で，R が0から $+\infty$ まで変化するときのベクトル軌跡は図2·32のような直線で表される.

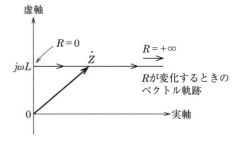

図2·32 R が変化するときの $\dot{Z}$ のベクトル軌跡

インピーダンス $\dot{Z}$ の逆数は次式で表される.

$$\frac{1}{\dot{Z}} = \frac{1}{R + jX}$$
$$= \frac{R}{R^2 + X^2} - j\frac{X}{R^2 + X^2}$$
$$= x + jy \tag{2.98}$$

式(2.98)のとおり実数部，虚数部を x, y と置き，R を変数として式(2.98)を変形すると，次式が成り立つ.

$$x^2 + \left(y + \frac{1}{2X}\right)^2 = \left(\frac{1}{2X}\right)^2 \tag{2.99}$$

式(2.99)は，中心の座標が $x = 0$, $y = -1/(2X)$，半径が $1/(2X)$ の原点0を通る円を表すので，R が0か

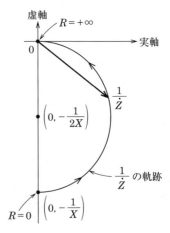

図2·33 R が変化するときの $1/\dot{Z}$ のベクトル軌跡

ら ＋∞ まで変化するときのベクトル軌跡は**図2·33**で表される.

$R \geqq 0$ なので半円となる.

2.9 交流ブリッジ回路

図2·34のような回路を**ブリッジ回路**という.

4辺のインピーダンスが次式の関係にあるとき, $\dot{Z}_5$ には電流が流れなくなる. このとき, ブリッジは**平衡**したという. ブリッジが平衡すると, $\dot{I}_5 = 0$ より, $\dot{I}_1 = \dot{I}_3$, $\dot{I}_2 = \dot{I}_4$ となるので, 4辺の電圧比は,

$$\frac{\dot{V}_1}{\dot{V}_3} = \frac{\dot{V}_2}{\dot{V}_4} \tag{2.100}$$

の関係となるので, インピーダンスの比も同じ関係になるから, 次式が成り立つ.

$$\frac{\dot{Z}_1}{\dot{Z}_3} = \frac{\dot{Z}_2}{\dot{Z}_4} \tag{2.101}$$

または, 次式となる.

$$\dot{Z}_1\dot{Z}_4 = \dot{Z}_2\dot{Z}_3 \tag{2.102}$$

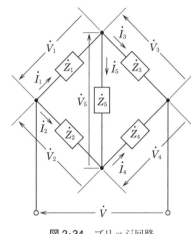

図2·34 ブリッジ回路

式(2.101), (2.102)の関係をブリッジの**平衡条件**と呼ぶ.

ブリッジの平衡がとれた状態の電圧比を求めるときは, $\dot{Z}_5$ を回路からはずしてよいので簡単に求めることができる.

2.10 4端子回路網

■1 Fパラメータ

入力の2端子と出力の2端子で構成された四つの端子を持つ回路網を**4端子回路網**という. 入出力電圧と電流を変数とすると, 回路の特性は四つの定数（パラメータ）で表される. 入出力電圧や電流の向きや4端子回路網を表す式の組合せによって, F パラメータ, Y パラメータ, Z パラメータ, h パラメータなどのパラメータで表される.

図2·35に示す回路において, 4端子定数 $\dot{A}$, $\dot{B}$, $\dot{C}$, $\dot{D}$ を用いると, 次式が成り立つ.

第2章 電気回路

$$\dot{V}_1 = \dot{A}\dot{V}_2 + \dot{B}\dot{I}_2 \qquad (2.103)$$

$$\dot{I}_1 = \dot{C}\dot{V}_2 + \dot{D}\dot{I}_2 \qquad (2.104)$$

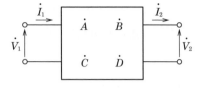

図 2·35　4 端子回路網の F パラメータ

ここで，各定数を **F パラメータ**または**基本パ
ラメータ**という．これらの式は**行列**（マトリク
ス）を用いると，次式で表される．

$$\begin{bmatrix} \dot{V}_1 \\ \dot{I}_1 \end{bmatrix} = \begin{bmatrix} \dot{A} & \dot{B} \\ \dot{C} & \dot{D} \end{bmatrix} \begin{bmatrix} \dot{V}_2 \\ \dot{I}_2 \end{bmatrix} \qquad (2.105)$$

各定数 $\dot{A}$, $\dot{B}$, $\dot{C}$, $\dot{D}$ は，出力回路を短絡（$\dot{V}_2 = 0$）または開放（$\dot{I}_2 = 0$）したときの，
電圧および電流で求めることができ，次式で表される．

$$\dot{A} = \left(\frac{\dot{V}_1}{\dot{V}_2} \right)_{\dot{I}_2=0}$$

$$\dot{B} = \left(\frac{\dot{V}_1}{\dot{I}_2} \right)_{\dot{V}_2=0}$$

$$\dot{C} = \left(\frac{\dot{I}_1}{\dot{V}_2} \right)_{\dot{I}_2=0} \qquad (2.106)$$

$$\dot{D} = \left(\frac{\dot{I}_1}{\dot{I}_2} \right)_{\dot{V}_2=0}$$

各定数 $\dot{A}$, $\dot{B}$, $\dot{C}$, $\dot{D}$ は，全てが独立した変数ではなく，これらの間には次式の関係があ
る．

$$\dot{A}\dot{D} - \dot{B}\dot{C} = 1 \qquad (2.107)$$

❷ F パラメータの縦続接続

図 2·36 に示す F_1 と F_2 を縦
続接続した回路の F パラメー
タを F とすると，次式で表さ
れる．

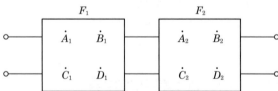

図 2·36　F パラメータの縦続接続

$$\begin{aligned}
[F] &= [F_1][F_2] \\
&= \begin{bmatrix} \dot{A}_1 & \dot{B}_1 \\ \dot{C}_1 & \dot{D}_1 \end{bmatrix} \begin{bmatrix} \dot{A}_2 & \dot{B}_2 \\ \dot{C}_2 & \dot{D}_2 \end{bmatrix} \\
&= \begin{bmatrix} \dot{A}_1\dot{A}_2 + \dot{B}_1\dot{C}_2 & \dot{A}_1\dot{B}_2 + \dot{B}_1\dot{D}_2 \\ \dot{C}_1\dot{A}_2 + \dot{D}_1\dot{C}_2 & \dot{C}_1\dot{B}_2 + \dot{D}_1\dot{D}_2 \end{bmatrix}
\end{aligned} \qquad (2.108)$$

③ 基本回路の F パラメータ

図 2·37 の回路の F パラメータを F_1 とすると，各定数 $\dot{A}_1$, $\dot{B}_1$, $\dot{C}_1$, $\dot{D}_1$ は，次式で表される．

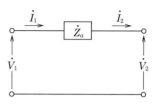

図 2·37　基本回路の F パラメータ

$$\dot{A}_1 = \left(\frac{\dot{V}_1}{\dot{V}_2}\right)_{\dot{I}_2=0} = 1$$

$$\dot{B}_1 = \left(\frac{\dot{V}_1}{\dot{I}_1}\right)_{\dot{V}_2=0} = \dot{Z}_a$$

$$\dot{C}_1 = \left(\frac{\dot{I}_1}{\dot{V}_2}\right)_{\dot{I}_2=0} = 0 \tag{2.109}$$

$$\dot{D}_1 = \left(\frac{\dot{I}_1}{\dot{I}_2}\right)_{\dot{V}_2=0} = 1$$

図 2·38 の回路の F パラメータを F_2 とすると，各定数 $\dot{A}_2$, $\dot{B}_2$, $\dot{C}_2$, $\dot{D}_2$ は，次式で表される．

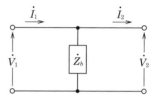

図 2·38　基本回路の F パラメータ

$$\dot{A}_2 = \left(\frac{\dot{V}_1}{\dot{V}_2}\right)_{\dot{I}_2=0} = 1$$

$$\dot{B}_2 = \left(\frac{\dot{V}_1}{\dot{I}_2}\right)_{\dot{V}_2=0} = 0$$

$$\dot{C}_2 = \left(\frac{\dot{I}_1}{\dot{V}_2}\right)_{\dot{I}_2=0} = \frac{1}{\dot{Z}_b} \tag{2.110}$$

$$\dot{D}_2 = \left(\frac{\dot{I}_1}{\dot{I}_2}\right)_{\dot{V}_2=0} = 1$$

図 2·37 や図 2·38 のような入出力側から見たときに対称な回路は，$\dot{A} = \dot{D}$ の関係がある．

図 2·37 と図 2·38 の回路 F_1 と F_2 を縦続接続した図 2·39 の回路の F パラメータを F とすると，次式で表される．

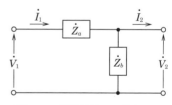

図 2·39　縦続接続した基本回路

$$[F] = [F_1][F_2]$$

$$= \begin{bmatrix} 1 & \dot{Z}_a \\ 0 & 1 \end{bmatrix} \begin{bmatrix} 1 & 0 \\ \dfrac{1}{\dot{Z}_b} & 1 \end{bmatrix}$$

$$= \begin{bmatrix} 1 + \dfrac{\dot{Z}_a}{\dot{Z}_b} & \dot{Z}_a \\ \dfrac{1}{\dot{Z}_b} & 1 \end{bmatrix} \tag{2.111}$$

2.11 交流の電力

1 瞬時電力

図 2·40 (a) のように，抵抗 R 〔Ω〕とインダクタンス L 〔H〕を直列接続した回路の電圧と電流の瞬時値 v 〔V〕，i 〔A〕は，角周波数を $\omega(= 2\pi f)$，電圧と電流の位相差を θ とすると，次式で表される．

（a）　　　　　　　　（b）

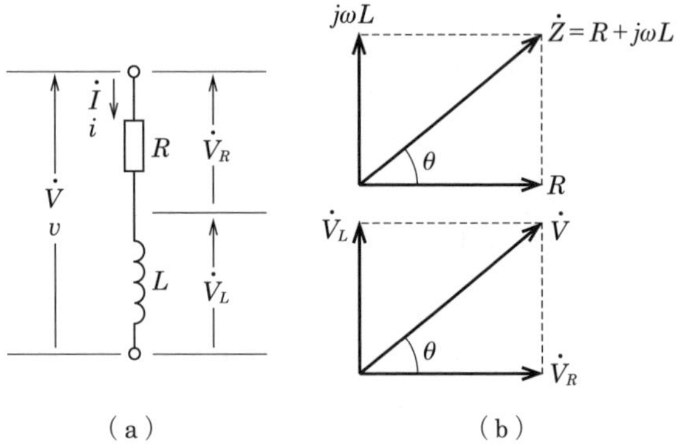

図 2·40　RL 直列回路

$$i = I_m \sin \omega t \text{〔A〕} \tag{2.112}$$

$$v = V_m \sin(\omega t + \theta) \text{〔V〕} \tag{2.113}$$

ここで，$p = vi$ 〔W〕を回路に供給される**瞬時電力**といい，交流電圧，電流の実効値を $V = V_m/\sqrt{2}$ 〔V〕，$I = I_m/\sqrt{2}$ 〔A〕とすると，次式で表される．

$$
\begin{aligned}
p &= vi \\
&= V_m \sin(\omega t + \theta) \times I_m \sin \omega t \\
&= 2VI \{\sin(\omega t + \theta) \times \sin \omega t\} \\
&= VI \{\cos \theta - \cos(2\omega t + \theta)\}
\end{aligned}
\tag{2.114}
$$

式 (2.114) の変換は次の三角関数の公式を用いる．

$$\sin \alpha \sin \beta = \frac{1}{2} \{\cos(\alpha - \beta) - \cos(\alpha + \beta)\}$$

電圧 $\dot{V}$ の電流 $\dot{I}$ に対する位相角 θ 〔rad〕は，回路の定数から次式によって求めることができる．

$$\theta = \tan^{-1} \frac{\omega L}{R} \tag{2.115}$$

2 インピーダンスの電力

インピーダンスで消費される電力は，瞬時電力 p を $0 \sim T$（周期）の区間で積分して，その平均値より求めることができる．

式 (2.114) より，**平均電力** P_a 〔W〕は，次式によって求めることができる

$$P_a = \frac{1}{T} VI \cos\theta \int_0^T 1\,dt - \frac{1}{T} VI \int_0^T \cos(2\omega t + \theta)\,dt \tag{2.116}$$

式(2.116)の第2項の $\cos(2\omega t + \theta)$ は0〜Tの1周期の区間で積分すると0となって，$\cos\theta$ は t の関数ではないので，1を積分すると，次式となる．

$$P_a = \frac{1}{T} VI \cos\theta \int_0^T 1\,dt = \frac{1}{T} VI \cos\theta \big[t\big]_0^T = VI \cos\theta \ \text{〔W〕} \tag{2.117}$$

力率 $\cos\theta$ は，図 2·40(b)のインピーダンスのベクトル図より，次式で表される．

$$\cos\theta = \frac{R}{Z} \tag{2.118}$$

$V = IZ$ だから，式(2.117)は次式となる．

$$P_a = VI \cos\theta = IZ \times I\frac{R}{Z} = I^2R \ \text{〔W〕} \tag{2.119}$$

式(2.119)より，P_a は抵抗で消費される電力を表す．

コイルまたはコンデンサのリアクタンスに流れる電流と電圧の位相差 θ は，$\theta = \pi/2$ または $\theta = -\pi/2$ となるので，式(2.117)において $\cos\theta = 0$ となって，リアクタンスの平均電力は0となる．

平均電力 P_a は，インピーダンスで消費される電力を表し，**有効電力**という．インピーダンス回路の電圧 V，電流 I より見かけの電力 P_s （単位：ボルトアンペア〔VA〕）を求めると，次式で表される．

$$P_s = VI \ \text{〔VA〕} \tag{2.120}$$

P_s は**皮相電力**という．また，皮相電力 P_s，有効電力 P_a より，図 2·41 のようにインピーダンスのベクトル図と同様な図を描くことができる．図において，P_q はリアクタンスに蓄えられる電力を表し，**無効電力**（単位：バール〔var〕）と呼び，次式で表される．

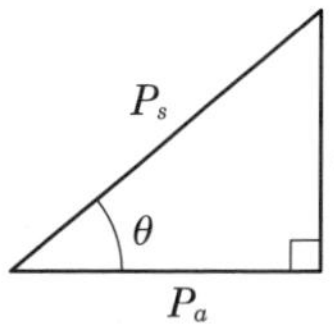

$$P_q = VI \sin\theta \ \text{〔var〕} \tag{2.121}$$

$$= I^2\omega L \ \text{〔var〕} \tag{2.122}$$

図 2·41　交流の電力

リアクタンスが静電容量 C のコンデンサの場合は，次式で表される．

$$P_q = I^2 \frac{1}{\omega C} \ \text{〔var〕} \tag{2.123}$$

$\cos\theta$ は，**力率**と呼び次式で表される．

$$\cos\theta = \frac{P_a}{P_s} = \frac{R}{Z} \tag{2.124}$$

③ 力率の改善

電圧と電流の間の位相差が θ のとき，力率は $\cos\theta$ である．回路が純抵抗であれば $\theta = 0$ なので，力率は1になる．回路にリアクタンスがあれば $\theta \neq 0$ になり，力率は小さくなる．

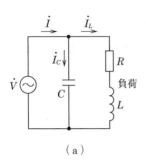 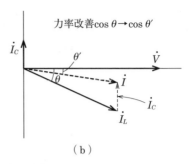

（a）　　　　　　　　　　　　　　　（b）

図 2·42　力率の改善

　力率を改善するには，負荷のリアクタンスと異なる符号のリアクタンスを接続する方法がある．**図 2·42**(a)のインダクタンスを含んだ誘導性負荷の場合は，容量性リアクタンスのコンデンサを接続すると，**図 2·42**(b)のベクトル図のように，コンデンサを流れる電流 $\dot{I}_C$ によって，電流の位相を進めることができるので力率を改善することができる．

> 容量性負荷の場合は，誘導性リアクタンスのコイルを接続して，力率を改善する．
> 　力率 $\cos\theta$ が 1 より小さくなると，有効電力に比較して皮相電力が大きくなる．そのとき，回路を流れる電流も大きくなるので，導線の電圧降下による電力損失が増加する．

　過渡現象

1 RL 直列回路

　図 2·43(a)に示す回路において，時刻 $t = 0$ でスイッチ SW を閉じると，抵抗とコイルの端子電圧の瞬時値 v_R，v_L〔V〕は，次式で表される．

$$E = v_R + v_L$$

$$= Ri + L\frac{di}{dt}\ \text{〔V〕} \tag{2.125}$$

微分方程式の解を求めると，次式で表される．

$$i = \frac{E}{R}(1 - e^{-\frac{R}{L}t})$$

$$= \frac{E}{R}(1 - e^{-\frac{t}{T}})\ \text{〔A〕} \tag{2.126}$$

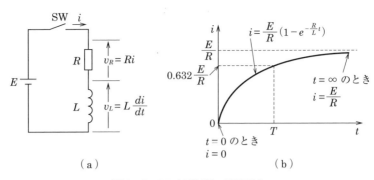

（a）　　　　　　　　　　　　（b）

図 2·43　*RL* 直列回路の過渡現象

　　　ただし，*e* は，自然対数の底（$e = 2.718\cdots$）

　　　　　T は，**時定数**（$T = L/R$〔s〕）

　時間の経過によって変化する電流は，**図 2·43**(b)のように変化する．$t = T$〔s〕のときの電流は，式(2.126)より次式となる．

$$i = \frac{E}{R}(1 - e^{-1}) \doteqdot \frac{E}{R}\left(1 - \frac{1}{2.718}\right) \doteqdot 0.632\frac{E}{R} \text{〔A〕} \tag{2.127}$$

　時間が十分経過して，電流が定常状態の $i = E/R$〔A〕となったときに，**図 2·44**(a)のように *RL* 回路を短絡すると，インダクタンス蓄えられていたエネルギーが抵抗で熱エネルギーとして失われるまで，過渡電流は持続する．このとき流れる電流は**図 2·44**(b)のように変化し，次式によって表される．

$$i = \frac{E}{R}e^{-\frac{R}{L}t} \text{〔A〕} \tag{2.128}$$

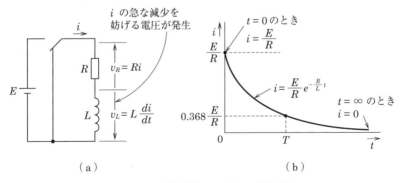

（a）　　　　　　　　　　　　（b）

図 2·44　回路を短絡したときの過渡現象

❷ *RC* 直列回路

図 2·45(a)に示す回路において，時刻 $t = 0$ でスイッチ SW を閉じると，抵抗とコンデンサの端子電圧の瞬時値 v_R, v_C〔V〕は，次式で表される．

$$E = v_R + v_C$$

$$= Ri + \frac{1}{C}\int idt \tag{2.129}$$

または，電荷の瞬時値を q とすると，

$$E = R\frac{dq}{dt} + \frac{1}{C}q \tag{2.130}$$

微分方程式の解を求めると，次式で表される．

$$q = CE\left(1 - e^{-\frac{t}{CR}}\right)$$

$$i = \frac{dq}{dt} = \frac{E}{R}e^{-\frac{t}{CR}}$$

$$= \frac{E}{R}e^{-\frac{t}{T}} \ \text{〔A〕} \tag{2.131}$$

ただし，T は**時定数**（$T = CR$〔s〕）

時間の経過によって変化する電流は，**図 2·45**(b)のように表される．$t = T$〔s〕のときの電流は，式(2.131)より次式となる．

$$i = \frac{E}{R}e^{-1} \fallingdotseq \frac{E}{R} \times \frac{1}{2.718} \fallingdotseq 0.368\frac{E}{R} \ \text{〔A〕} \tag{2.132}$$

時間が十分経過して，電流が定常状態の $i = 0$〔A〕となったときに，**図 2·46**(a)のように *RC* 回路を短絡すると，コンデンサに蓄えられていた電荷のエネルギーが抵抗で熱エネルギーとして失われるまで，過渡電流が流れる．このとき流れる電流は**図 2·46**(a)に示す i とは逆方向に流れて，**図 2·46**(b)のように変化し，次式によって表される．

$$i = -\frac{E}{R}e^{-\frac{t}{CR}} \ \text{〔A〕} \tag{2.133}$$

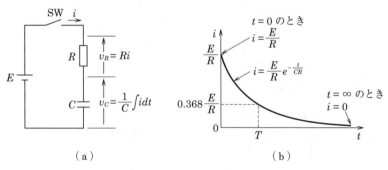

（a） （b）

図 2·45 *RC* 直列回路の過渡現象

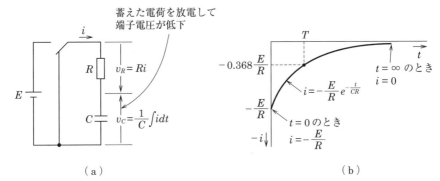

（a）　　　　　　　　　　　　　　　（b）

図 2·46　回路を短絡したときの過渡現象

コイルやコンデンサなどの回路の電圧や電流は，SW を入れた瞬間から時間 t の経過とともに $e^{-t/T}$ の式で過渡的に変化する．

Point

コイルに流れる電流の瞬時値を i 〔A〕とすると，コイルの端子電圧 v_L 〔V〕はファラデーの法則より，次式で表される．

$$v_L = L\frac{di}{dt} \text{〔V〕} \tag{2.134}$$

コンデンサの端子電圧 v_C 〔V〕は，電荷の瞬時値を q 〔C〕とすると，次式で表される．

$$v_C = \frac{1}{C}q = \frac{1}{C}\int idt \text{〔V〕} \tag{2.135}$$

基本問題練習

問 1

1陸技

導線の抵抗の値を温度 T_1 〔℃〕および T_2 〔℃〕で測定したとき，表のような結果が得られた．このときの温度差 $(T_2 - T_1)$ の値として，最も近いものを下の番号から選べ．ただし，T_1 〔℃〕のときの導線の抵抗の温度係数 α を $\alpha = 1/235$ 〔℃$^{-1}$〕とする．

1　73.6 〔℃〕　　　　2　61.3 〔℃〕　　　　3　58.8 〔℃〕

4　47.6 〔℃〕　　　　5　29.4 〔℃〕

T_1 〔℃〕	T_2 〔℃〕
0.128 〔Ω〕	0.144 〔Ω〕

▶▶▶▶▶ p.50

解説　T_1〔℃〕の抵抗の値を R_1〔Ω〕とすると，T_2〔℃〕の抵抗値 R_2〔Ω〕は，次式で表される．

$$R_2 = \{1+\alpha(T_2-T_1)\}\, R_1 = R_1+\alpha(T_2-T_1)R_1$$

よって，次式となる．

$$T_2-T_1 = \frac{1}{\alpha}\times\frac{R_2-R_1}{R_1}$$

$$= 235\times\frac{0.144-0.128}{0.128} \fallingdotseq 29.4 \ 〔℃〕$$

問2　　　　　　　　　　　　　　　　　　　　　　　　2陸技

図に示す抵抗 R_1，R_2，R_3 および R_4〔Ω〕からなる回路において，抵抗 R_2 および R_4 に流れる電流 I_2 および I_4 の値の大きさの組合せとして，正しいものを下の番号から選べ．ただし，回路の各部には図の矢印で示す方向と大きさの直流電流が流れているものとする．

	I_2	I_4
1	3〔A〕	6〔A〕
2	3〔A〕	4〔A〕
3	3〔A〕	2〔A〕
4	2〔A〕	6〔A〕
5	2〔A〕	4〔A〕

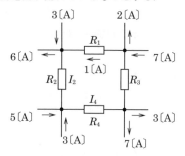

▶▶▶▶▶ p. 51

解説　図 2·47 のように電流を定めて，三つの電流の値がわかっている点 a において，次式が成り立つ．

$$I_2 = I_{a2}-I_1-I_{a1} = 6-1-3 = 2 \ 〔A〕 \tag{1}$$

図 2·47 と式(1)より，I_4〔A〕を求めると，次式で表される．

$$I_4 = I_{b1}+I_{b2}-I_2 = 5+3-2 = 6 \ 〔A〕$$

図 2·47

解答

問1-5　　**問2**-4

問3 　　　　　　　　　　　　　　　　　　　　　1陸技類題 2陸技

図に示す抵抗 $R = 50$ 〔Ω〕で作られた回路において，端子 ab 間の合成抵抗 R_{ab} 〔Ω〕の値として，正しいものを下の番号から選べ．

1　25
2　30
3　45
4　75
5　100

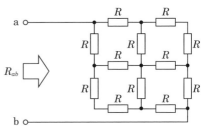

▶▶▶▶▶ p. 53

解説　端子 ab から見た抵抗は対称回路となる．二つの同じ値の抵抗 R を並列接続すると，$R/2$ となるので，**図 2·48** のように二つに分けたときの合成抵抗を求めて，1/2 とすればよいので，次式が成り立つ．

$$R_{ab} = \frac{1}{2} \times \left(R + \frac{R+R}{2} + R \right) = \frac{3R}{2}$$

$$= \frac{3 \times 50}{2} = 75 \ 〔Ω〕$$

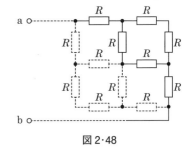

図 2·48

第2章　電気回路

問4 　　　　　　　　　　　　　　　　　　　　　　　　1陸技

図に示すように，R_1 と R_2 の抵抗が無限に接続されている回路において，端子 ab 間から見た合成抵抗 R_{ab} の値として，正しいものを下の番号から選べ．ただし，$R_1 = 200$ 〔Ω〕，$R_2 = 150$ 〔Ω〕とする．

1　220 〔Ω〕
2　240 〔Ω〕
3　260 〔Ω〕
4　280 〔Ω〕
5　300 〔Ω〕

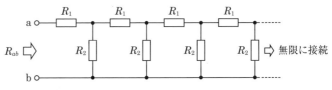

▶▶▶▶▶ p. 53

解説　この問題は抵抗が無限に接続されているので，単純に合成抵抗を計算しても求めるこ

解答

問3-4

とができない．問題図の回路は，R_1
とR_2の二つの抵抗で構成された「
形回路の抵抗が無限に接続されている
ので，図2·49のように端子 ab 間に
もう1段 R_1 と R_2 の「形回路の抵抗
を付けて端子 cd としても合成抵抗は
変わらない．

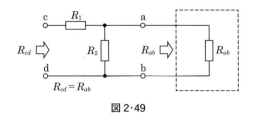

図2·49

このとき図2·49の端子 cd から右の回路を見た合成抵抗 R_{cd} は R_{ab} と等しくなるので，$R_{cd} = R_{ab}$ とすると次式が成り立つ．

$$R_{ab} = R_1 + \frac{R_2 R_{ab}}{R_2 + R_{ab}} \tag{1}$$

$$R_{ab}(R_2 + R_{ab}) - R_1(R_2 + R_{ab}) - R_2 R_{ab} = 0$$

$$R_{ab}{}^2 - R_1 R_{ab} - R_1 R_2 = 0 \tag{2}$$

式(2)は二次方程式となるので，解の公式を使って R_{ab} を求めることができる．

$$R_{ab} = \frac{-(-R_1) \pm \sqrt{R_1{}^2 - (-4 R_1 R_2)}}{2} \tag{3}$$

式(3)の根は二つあるが，抵抗値は正の値を持つので次式が得られる．

$$R_{ab} = \frac{R_1 + \sqrt{R_1{}^2 + 4 R_1 R_2}}{2} = \frac{200 + \sqrt{200^2 + 4 \times 200 \times 150}}{2}$$

$$= \frac{200 + \sqrt{100^2 \times (2^2 + 12)}}{2} = \frac{200 + 400}{2} = 300 \ (\Omega)$$

問5 ▰▰▰▰▰▰▰▰▰▰▰▰▰▰▰▰ 1陸技

次の記述は，図1に示すブリッジ回路によって，抵抗 R_X を求める過程について述べたものである．▢内に入れるべき字句の正しい組合せを下の番号から選べ．ただし，回路は平衡しているものとする．

(1) 抵抗 R_1，R_2 および R_3 の部分を，△-Y 変換した回路を図2とすると，図2の抵抗 R_a
および R_b は，それぞれ

   $R_a = \boxed{\text{A}} \ (\Omega)$，$R_b = \boxed{\text{B}} \ (\Omega)$ となる．

(2) 図2の回路が平衡しているので R_X は，

   $R_X = \boxed{\text{C}} \ (\Omega)$ となる．

●解答●

問4 -5

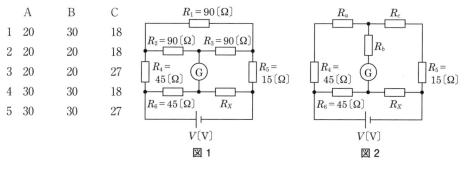

	A	B	C
1	20	30	18
2	20	20	18
3	20	20	27
4	30	30	18
5	30	30	27

図1　　　　　　図2

V：直流電圧
G：検流計
R_4, R_5, R_6, R_c：抵抗〔Ω〕

▶▶▶▶▶ p. 54

解説　図 2·50 において，端子 c を切り離したとき，端子 ab 間の△接続回路とＹ接続回路のそれぞれの合成抵抗より，次式が成り立つ.

$$R_a+R_b = \frac{R_2(R_1+R_3)}{R_2+R_1+R_3} = \frac{90\times(90+90)}{90+90+90} = 60 \text{ 〔Ω〕} \tag{1}$$

対称回路なので，端子 a を切り離したとき端子 bc 間，端子 b を切り離したとき端子 ca 間より，次式が成り立つ.

$$R_b+R_c = 60 \text{ 〔Ω〕} \tag{2}$$

$$R_c+R_a = 60 \text{ 〔Ω〕} \tag{3}$$

式(1)＋式(2)＋式(3)－2×式(2)

$2R_a = 60+60+60-2\times60 = 60$ 〔Ω〕　　したがって，$R_a = 30$ 〔Ω〕

対称回路なので，$R_a = R_b = R_c = 30$ 〔Ω〕であり，$(45+R_a)$ 〔Ω〕，$(15+R_c)$ 〔Ω〕，R_6 〔Ω〕，R_X 〔Ω〕の四つの抵抗で構成されたブリッジ回路なので，平衡しているとき

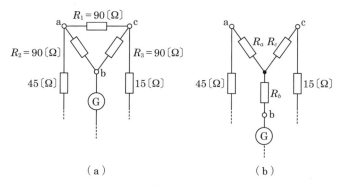

図 2·50

は次式が成り立つ.

$$(45 + R_a) R_X = (15 + R_c) R_6$$

$$R_X = \frac{15 + R_c}{45 + R_a} \times R_6 = \frac{45}{75} \times 45 = 27 \ [\Omega]$$

なお，△—Y変換の公式を使ってY接続回路の抵抗値を求めることもできる.

問6　　　　　　　　　　　　　　　　　　　　　　1陸技　2陸技類題

次の記述は，図1に示す回路の抵抗 R_0 〔Ω〕に流れる電流 I_0 〔A〕を求める方法について述べたものである．□□内に入れるべき字句を下の番号から選べ．ただし，直流電源 V_1 および V_2 〔V〕の内部抵抗は零とする.

(1)　図2に示すように，端子 ab 間を開放したときの ab 間の電圧を V_{ab} 〔V〕，ab から左側を見た抵抗を R_{ab} 〔Ω〕とすると電流 I_0 は，│ ア │の定理により，次式で表される.

$$I_0 = \boxed{ \ イ \ } \ [A] \ \cdots\cdots\cdots\cdots\cdots\cdots\cdots\cdots\cdots\cdots\cdots\cdots ①$$

(2)　V_{ab} は，抵抗 R_2 〔Ω〕の電圧を V_{R2} 〔V〕とすると，$V_{ab} = V_{R2} + \boxed{ \ ウ \ }$ 〔V〕で表される.

　　ここで V_{R2} は，$V_{R2} = \dfrac{(V_1 - V_2) R_2}{R_1 + R_2}$ 〔V〕である.

(3)　R_{ab} は，$R_{ab} = \boxed{ \ エ \ }$ 〔Ω〕で表される.

(4)　したがって，式①は，次式で表される.

$$I_0 = \boxed{ \ オ \ } \ [A]$$

1　テブナン	2　$\dfrac{V_{ab}}{R_{ab}}$	3　$V_2 - V_1$	4　$\dfrac{R_1 R_2}{R_1 + R_2}$	5　$R_1 + R_2$
6　相反	7　$\dfrac{V_{ab}}{R_{ab} + R_0}$	8　V_2	9　$R_1 R_0 + R_2 R_0$	10　$\dfrac{V_1 R_2 + V_2 R_1}{R_1 R_2 + R_1 R_0 + R_2 R_0}$

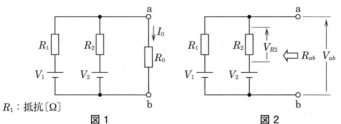

　　　　　図1　　　　　　　　　　　　　　　　　図2

▶▶▶▶▶ p. 56

解説　電圧源 V_1，V_2 〔V〕の内部抵抗は 0 〔Ω〕だから，抵抗 R_0 〔Ω〕から電源側を見た合

● 解答 ●

問5-5

成抵抗 R_{ab} 〔Ω〕は R_1 と R_2 の並列接続となるので，次式で表される．

$$R_{ab} = \frac{R_1 R_2}{R_1 + R_2} \text{ 〔Ω〕}$$

問7 1陸技 2陸技類題

図1に示す回路の端子 ab から左を電圧電源と考えたとき，図2に示す等価電流電源の抵抗 R_0 および定電流 I_0 の値の組合せとして，正しいものを下の番号から選べ．

	R_0		I_0
1	12 〔Ω〕		2 〔A〕
2	12 〔Ω〕		3 〔A〕
3	12 〔Ω〕		4 〔A〕
4	24 〔Ω〕		3 〔A〕
5	24 〔Ω〕		4 〔A〕

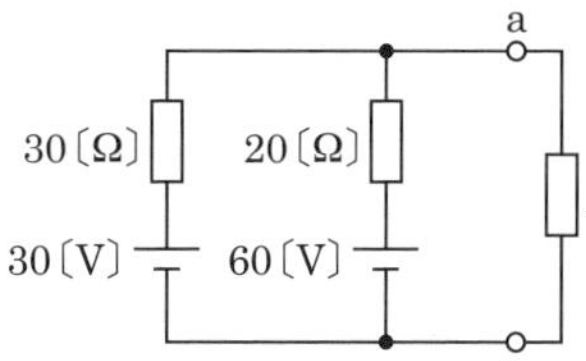

図1 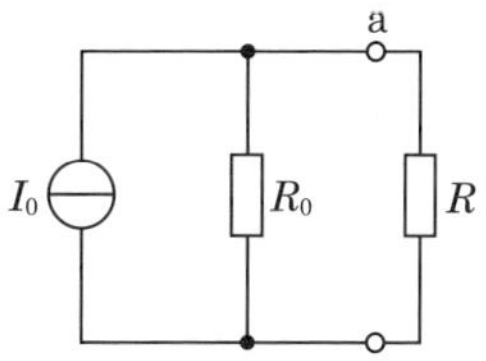　R：抵抗〔Ω〕　図2

▶▶▶▶▶ p. 56

解説　電圧電源を $V_1 = 30$ 〔V〕，$V_2 = 60$ 〔V〕，それらの直列抵抗を $R_1 = 30$ 〔Ω〕，$R_2 = 20$ 〔Ω〕とすると，電圧電源の内部抵抗は 0 〔Ω〕だから，抵抗 R 〔Ω〕から電源側を見た合成抵抗 R_0 〔Ω〕は R_1 と R_2 の並列接続となるので，次式で表される．

$$R_0 = \frac{R_1 R_2}{R_1 + R_2} = \frac{30 \times 20}{30 + 20} = 12 \text{ 〔Ω〕}$$

等価電流電源は V_1 と R_1，V_2 と R_2 の回路を短絡したときの電流となるので，二つの電流電源の定電流 I_0 〔A〕は，次式で表される．

$$I_0 = \frac{V_1}{R_1} + \frac{V_2}{R_2} = \frac{30}{30} + \frac{60}{20} = 4 \text{ 〔A〕}$$

問8 1陸技

図1に示す内部抵抗が r 〔Ω〕で起電力が V 〔V〕の同一規格の電池 C を，図2に示すように，直列に5個接続したものを並列に6個接続したとき，端子 ab から得られる最大出力電力の値として，正しいものを下の番号から選べ．

1　$\dfrac{15 V^2}{2r}$ 〔W〕　　　2　$\dfrac{20 V^2}{r}$ 〔W〕　　　3　$\dfrac{25 V^2}{2r}$ 〔W〕

4　$\dfrac{30 V^2}{r}$ 〔W〕　　　5　$\dfrac{35 V^2}{2r}$ 〔W〕

解答

問6 ア-1　イ-7　ウ-8　エ-4　オ-10　　**問7** -3

第2章　電気回路

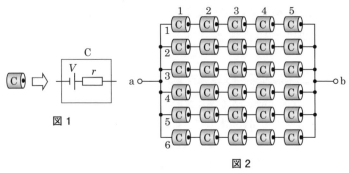

図1

図2

▶▶▶▶ p. 57

解説 電池を $m = 5$ 個直列に，$n = 6$ 個並列に接続したときの合成抵抗 r_0〔Ω〕は，次式で表される．

$$r_0 = \frac{mr}{n} = \frac{5r}{6} \ \text{〔Ω〕}$$

最大出力電力 P_m〔W〕が得られるのは，合成抵抗と同じ大きさの負荷 r_0〔Ω〕を接続したときである．ab 間の開放電圧 $V_{ab} = mV = 5V$〔V〕は，r_0 の負荷を接続すると 1/2 になるので，P_m を求めると，次式で表される．

$$P_m = \left(\frac{V_{ab}}{2}\right)^2 \times \frac{1}{r_0} = \frac{(5V)^2}{4} \times \frac{6}{5r} = \frac{15V^2}{2r} \ \text{〔W〕}$$

問9 2陸技

次の記述は，正弦波交流電圧 v_1，v_2 および v_3 の合成について述べたものである．□内に入れるべき字句を下の番号から選べ．ただし，v_1，v_2 および v_3 は次式で表されるものとし，その最大値を V_m〔V〕，角周波数を ω〔rad/s〕，時間を t〔s〕とする．

$$v_1 = V_m \sin \omega t \ \text{〔V〕}, \quad v_2 = V_m \sin\left(\omega t + \frac{2\pi}{3}\right) \text{〔V〕}, \quad v_3 = V_m \sin\left(\omega t - \frac{2\pi}{3}\right) \text{〔V〕}$$

(1) $v_{23} = v_2 + v_3$〔V〕とすると，v_{23} の角周波数は，□ア□〔rad/s〕である．

(2) v_{23} の最大値は □イ□〔V〕であり，位相は v_2 よりも □ウ□〔rad〕進んでいる．

(3) よって，v_1 と v_{23} の位相差は □エ□〔rad〕である．

(4) したがって，$v_0 = v_1 + v_2 + v_3$ とすると，v_0 の瞬時値は □オ□〔V〕となる．

1 ω	2 $2V_m$	3 $\dfrac{\pi}{3}$	4 π	5 $\dfrac{V_m}{2}$
6 2ω	7 V_m	8 $\dfrac{\pi}{6}$	9 $\dfrac{2\pi}{3}$	10 0

解答

問8 -1

▶▶▶▶▶ p. 59

問10　　　　　　　　　　　　　　　　　　　　　　　　　　1陸技

次の記述は，図に示す最大値が V_a〔V〕の正弦波交流を半波整流した電圧 v のフーリエ級数による展開について述べたものである．□内に入れるべき字句の正しい組合せを下の番号から選べ．

(1)　v は，n を 1，2，3…∞ の整数とすると，角度 θ〔rad〕の関数として，次式のフーリエ級数で表される．

$$v(\theta) = a_0 + \sum_{n=1}^{\infty} (a_n \cos n\theta + b_n \sin n\theta) \ \text{〔V〕}$$

a_0，a_n および b_n は次式で表される．

$$a_0 = \frac{1}{2\pi} \times \int_0^{2\pi} v d\theta \ \text{〔V〕}, \quad a_n = \frac{1}{\pi} \times \int_0^{2\pi} v \cos n\theta d\theta \ \text{〔V〕}, \quad b_n = \frac{1}{\pi} \times \int_0^{2\pi} v \sin n\theta d\theta \ \text{〔V〕}$$

(2)　a_0 は，v の直流分であり，$a_0 = \boxed{\text{A}}$〔V〕となる．

(3)　a_n は，n の奇数のとき $a_n = 0$〔V〕であり，偶数のとき次式で表される．

$$a_n = -\left(\frac{2V_a}{\pi}\right) \times \boxed{\text{B}} \ \text{〔V〕}$$

(4)　b_n は，$n \neq 1$ のとき，$b_n = 0$〔V〕であり，$n = 1$ のとき，$b_n = \boxed{\text{C}}$〔V〕となる．

(5)　したがって，v は直流分，基本波分および偶数次の高調波からなる電圧である．

	A	B	C
1	$\dfrac{V_a}{\pi}$	$\dfrac{1}{(n-1)(n+1)}$	$\dfrac{V_a}{3}$
2	$\dfrac{V_a}{\pi}$	$\dfrac{1}{n(n+1)}$	$\dfrac{V_a}{3}$
3	$\dfrac{V_a}{\pi}$	$\dfrac{1}{(n-1)(n+1)}$	$\dfrac{V_a}{2}$
4	$\dfrac{2V_a}{\pi}$	$\dfrac{1}{(n-1)(n+1)}$	$\dfrac{V_a}{2}$
5	$\dfrac{2V_a}{\pi}$	$\dfrac{1}{n(n+1)}$	$\dfrac{V_a}{3}$

▶▶▶▶▶ p. 62

解答

 問9 ア-1　イ-7　ウ-3　エ-4　オ-10

第２章　電気回路

解説 $\theta = 0 \sim \pi$〔rad〕の区間においては $v = V_a \sin \theta$, $\theta = \pi \sim 2\pi$〔rad〕の区間では $v = 0$ だから，平均値 a_0 は次式で表される．

$$a_0 = \frac{1}{2\pi} \int_0^\pi v d\theta = \frac{1}{2\pi} \int_0^\pi V_a \sin \theta d\theta$$

$$= \frac{V_a}{2\pi} (-1) \times [\cos \theta]_0^\pi = \frac{V_a}{2\pi} (-1) \times (\cos \pi - \cos 0) = \frac{V_a}{\pi} \text{〔V〕}$$

問題で与えられた式より a_n を求めると

$$a_n = \frac{1}{\pi} \int_0^\pi V_a \sin \theta \cos n\theta d\theta$$

$$= \frac{1}{\pi} \times \frac{V_a}{2} \int_0^\pi \{\sin(n\theta + \theta) - \sin(n\theta - \theta)\} d\theta$$

$$= -\frac{V_a}{2\pi} \left[\frac{\cos(n+1)\theta}{n+1} - \frac{\cos(n-1)\theta}{n-1} \right]_0^\pi \tag{1}$$

n が奇数のときは，$n+1$ および $n-1$ は偶数となるので，$n = 3$ として 4θ と 2θ とすると，

$$[\cos 4\theta]_0^\pi = \cos 4\pi - \cos 0 = 1 - 1 = 0$$

$$[\cos 2\theta]_0^\pi = \cos 2\pi - \cos 0 = 1 - 1 = 0$$

となるので，n が奇数のときは，$a_n = 0$ である．

n が偶数のときは，$n+1$ および $n-1$ は奇数となるので，$n = 2$ として 3θ と θ とすると，

$$[\cos 3\theta]_0^\pi = \cos 3\pi - \cos 0 = -1 - 1 = -2$$

$$[\cos \theta]_0^\pi = \cos \pi - \cos 0 = -1 - 1 = -2$$

となるので，式(1)は次式となる．

$$a_n = -\frac{V_a}{2\pi} \left(\frac{-2}{n+1} - \frac{-2}{n-1} \right) = -\frac{V_a}{2\pi} \times \frac{-2 \times (n-1) + 2 \times (n+1)}{(n+1)(n-1)}$$

$$= -\frac{2V_a}{\pi} \times \frac{1}{(n+1)(n-1)} \text{〔V〕}$$

問題で与えられた式より $n = 1$ のときの b_n を求めると，次式となる．

$$b_n = \frac{1}{\pi} \int_0^\pi V_a \sin \theta \sin \theta d\theta$$

$$= \frac{1}{\pi} \times \frac{V_a}{2} \int_0^\pi (1 - \cos 2\theta) d\theta$$

$$= \frac{V_a}{2\pi} \left\{ [\theta]_0^\pi - \left[\frac{\sin 2\theta}{2} \right]_0^\pi \right\}$$

$$= \frac{V_a}{2\pi} \left\{ (\pi - 0) - \left(\frac{\sin 2\pi - \sin 0}{2} \right) \right\} = \frac{V_a}{2} \text{〔V〕}$$

数学の公式（積分定数は省略）

$$\cos A \times \sin B = \frac{1}{2} \times \{\sin(A+B) - \sin(A-B)\}$$

$$\sin^2 \theta = \frac{1}{2} \times (1 - \cos 2\theta)$$

$$\int \sin n\theta d\theta = -\frac{\cos n\theta}{n}$$

$$\int \cos 2\theta d\theta = \frac{\sin 2\theta}{2}$$

問 11 ▬▬▬▬▬▬▬▬▬ 1陸技

　図に示す最大値がそれぞれ V_m〔V〕で等しい三つの波形の電圧 v_a, v_b および v_c を同じ抵抗値の抵抗 R に加えたとき，R で消費されるそれぞれの電力 P_a, P_b および P_c の大きさの関係を表す式として，正しいものを下の番号から選べ．ただし，のこぎり波，方形波および正弦波の波高率をそれぞれ $\sqrt{3}$，1 および $\sqrt{2}$ とし，各波形の角周波数を ω〔rad/s〕，時間を t〔s〕とする．

1　$P_b > P_c > P_a$

2　$P_a > P_b > P_c$

3　$P_a > P_c > P_b$

4　$P_c > P_b > P_a$

5　$P_b > P_a > P_c$

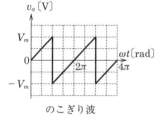

のこぎり波

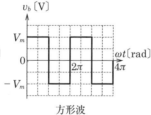

方形波

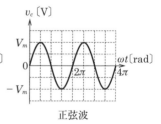

正弦波

▶▶▶▶▶ p. 61

解説　最大値 V_m〔V〕が同じのこぎり波，方形波，正弦波の実効値 $V_a = V_m/\sqrt{3}$，$V_b = V_m$，$V_c = V_m/\sqrt{2}$〔V〕だから，それぞれの電力 P_a, P_b, P_c〔W〕は，次式で表される．

$$P_a = \frac{V_a^2}{R} = \left(\frac{V_m}{\sqrt{3}}\right)^2 \times \frac{1}{R} = \frac{V_m^2}{3R} \text{〔W〕}$$

● 解答 ●

問 10 －3

第2章　電気回路

$$P_b = \frac{V_b{}^2}{R} = \frac{V_m{}^2}{R} \ \text{(W)}$$

$$P_c = \frac{V_c{}^2}{R} = \left(\frac{V_m}{\sqrt{2}}\right)^2 \times \frac{1}{R} = \frac{V_m{}^2}{2R} \ \text{(W)}$$

よって，$P_b > P_c > P_a$ となる．

問 12 2陸技

次の記述は，図に示す交流回路について述べたものである．□内に入れるべき字句を下の番号から選べ．

(1)　L の両端電圧 $\dot{V}_L$ は，回路に流れる電流を $\dot{I}$ 〔A〕とすると，次式で表される．

$$\dot{V}_L = \dot{I} \times \boxed{\ ア\ } \ \text{(V)} \ \cdots\cdots\cdots\cdots\cdots\cdots\cdots\cdots① $$

(2)　同様に，R の両端電圧 $\dot{V}_R$ は，次式で表される．

$$\dot{V}_R = \dot{I} \times \boxed{\ イ\ } \ \text{(V)} \ \cdots\cdots\cdots\cdots\cdots\cdots\cdots\cdots②$$

(3)　$|\dot{V}_L| = |\dot{V}_R|$ となる $\dot{V}$ の周波数 f は，式①および式②より，次式で表される．

$$f = \boxed{\ ウ\ } \ \text{(Hz)} \ \cdots\cdots\cdots\cdots\cdots\cdots\cdots\cdots③$$

(4)　式③の周波数では，$|\dot{V}_L| / |\dot{V}|$ は，

$$\frac{|\dot{V}_L|}{|\dot{V}|} = \boxed{\ エ\ } \ となる．$$

(5)　式③の周波数では，$\dot{V}$ と $\dot{V}_L$ の位相差は，$\boxed{\ オ\ }$ 〔rad〕となる．

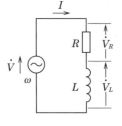

R：抵抗〔Ω〕
L：自己インダクタンス〔H〕
$\dot{V}$：交流電圧〔V〕
ω：角周波数〔rad/s〕

1	$\dfrac{1}{j\omega L}$	2　R	3　$\dfrac{1}{2\pi RL}$	4　$\dfrac{1}{\sqrt{3}}$	5　$\dfrac{\pi}{4}$
6	$j\omega L$	7　$\dfrac{1}{R}$	8　$\dfrac{R}{2\pi L}$	9　$\dfrac{1}{\sqrt{2}}$	10　$\dfrac{\pi}{2}$

▶▶▶▶▶ p. 67

解説

(4)　$|\dot{V}_L| = |\dot{V}_R|$ のとき，$|\dot{V}|$ 〔V〕は次式で表される．

$$|\dot{V}| = \sqrt{|\dot{V}_L|^2 + |\dot{V}_R|^2} = \sqrt{2}\,|\dot{V}_L|$$

よって，次式となる．

$$\frac{|\dot{V}_L|}{|\dot{V}|} = \frac{|\dot{V}_L|}{\sqrt{2}\,|\dot{V}_L|} = \frac{1}{\sqrt{2}}$$

解答

問 11 -1　　問 12 ア-6　イ-2　ウ-8　エ-9　オ-5

問 13　

次の記述は，図に示す抵抗 R〔Ω〕，容量リアクタンス X_C〔Ω〕および誘導リアクタンス X_L〔Ω〕の直列回路について述べたものである．このうち誤っているものを下の番号から選べ．ただし，回路は共振状態にあるものとする．

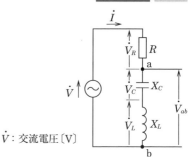

$\dot{V}$：交流電圧〔V〕

1　回路に流れる電流は $\dot{I}$ は，$\dot{V}/R$〔A〕である．

2　X_L の電圧 $\dot{V}_L$〔V〕の大きさは，$\dot{V}$ の大きさの X_L/R 倍である．

3　X_C の電圧 $\dot{V}_C$〔V〕と X_L の電圧 $\dot{V}_L$ との位相差は，π〔rad〕である．

4　回路の点 ab 間の電圧 $\dot{V}_{ab}$ は，$\dot{V}$〔V〕である．

5　R の電圧 $\dot{V}_R$〔V〕と X_C の電圧 $\dot{V}_C$ の位相差は，$\pi/2$〔rad〕である．

▶▶▶▶▶ p. 68

解説　誤っている選択肢は，正しくは次のようになる．

4　回路の点 ab 間の電圧 $\dot{V}_{ab}$ は，**0**〔V〕である．

共振状態では，容量リアクタンスの端子電圧 $\dot{V}_C$ と誘導リアクタンスの端子電圧 $\dot{V}_L$ は，同じ大きさで位相が π〔rad〕（180〔°〕）異なるので問題図の電圧 $\dot{V}_{ab}$ は，それらの和となるから $\dot{V}_{ab}=0$〔V〕である．

問 14　

次の記述は，図に示す直列共振回路とその周波数特性について述べたものである．□内に入れるべき値の組合せとして，正しいものを下の番号から選べ．ただし，交流電圧 V を 20〔V〕，共振周波数 f_0 を $100/\pi$〔kHz〕とする．

(1)　回路の尖鋭度 Q は，$Q=\boxed{A}$ である．

(2)　共振周波数 f_0 における回路の電流を I_0〔A〕，$I_0/\sqrt{2}$〔A〕になる周波数を f_1〔kHz〕（$f_1<f_2$）とすると，

　　　$\triangle f=f_2-f_1=\boxed{B}$〔kHz〕である．

(3)　f_1 のときに抵抗 R で消費される電力は，$\boxed{C}$〔W〕である．

● **解答** ●

問 13 -4

（第2章　電気回路）

	A	B	C
1	20	$\dfrac{2}{\pi}$	10
2	50	$\dfrac{2}{\pi}$	10
3	50	$\dfrac{2}{\pi}$	20
4	70	$\dfrac{5}{\pi}$	20
5	70	$\dfrac{5}{\pi}$	40

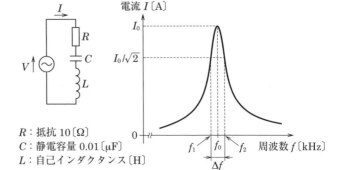

R：抵抗 10〔Ω〕
C：静電容量 0.01〔μF〕
L：自己インダクタンス〔H〕

▶▶▶▶▶ p. 68

解説

(1) 尖鋭度 Q は，次式で表される．

$$Q = \frac{1}{2\pi f_0 CR} = \frac{\pi}{2\pi \times 100 \times 10^3 \times 0.01 \times 10^{-6} \times 10} = 50$$

(2) 電流が共振時の電流の $1/\sqrt{2}$ となる周波数半値幅 Δf〔kHz〕は，次式で表される．

$$\Delta f = \frac{f_r}{Q} = \frac{100}{\pi \times 50} = \frac{2}{\pi} \ \text{〔kHz〕}$$

(3) 共振時はリアクタンスが 0〔Ω〕となるので，共振時の電流 I_0〔A〕は，次式で表される．

$$I_0 = \frac{V}{R} = \frac{20}{10} = 2 \ \text{〔A〕}$$

f_1 のときの電力 P_1〔W〕は，次式となる．

$$P_1 = \left(\frac{I_0}{\sqrt{2}}\right)^2 R = \left(\frac{2}{\sqrt{2}}\right)^2 \times 10 = 20 \ \text{〔W〕}$$

問 15 ２陸技

図に示す回路において，交流電源から見たインピーダンスが純抵抗になったときのインピーダンスの値として，正し
いものを下の番号から選べ．

1 5〔Ω〕

2 10〔Ω〕

3 20〔Ω〕

R：抵抗 20〔kΩ〕
L：自己インダクタンス 30〔mH〕
C：静電容量 0.05〔μF〕
V：交流電源〔V〕

解答

 問 14 -3

4 30〔Ω〕

5 50〔Ω〕

▶▶▶▶▶ p. 68

解説 回路のインピーダンス $\dot{Z}$〔Ω〕は，次式で表される．

$$\dot{Z} = -j\frac{1}{\omega C} + \frac{R \times j\omega L}{R + j\omega L}$$

$$= \frac{R\omega^2 L^2}{R^2 + \omega^2 L^2} + j\left(\frac{R^2 \omega L}{R^2 + \omega^2 L^2} - \frac{1}{\omega C}\right) \tag{1}$$

$\dot{Z}$ が純抵抗となるのは，式(1)の虚数部が0のときだから，次式の関係がある．

$$\frac{R^2 \omega L}{R^2 + \omega^2 L^2} = \frac{1}{\omega C}$$

$$\frac{R\omega^2 L^2}{R^2 + \omega^2 L^2} = \frac{L}{CR} \tag{2}$$

式(1)の虚数部を0とした式に，式(2)と題意の数値を代入して計算すると，次式となる．

$$\dot{Z} = \frac{R\omega^2 L^2}{R^2 + \omega^2 L^2} = \frac{L}{CR} = \frac{30 \times 10^{-3}}{0.05 \times 10^{-6} \times 20 \times 10^3} = 30 \ \text{〔Ω〕}$$

問 16
2陸技

図に示す交流回路において，スイッチ SW を断（OFF）にしたとき，可変静電容量 C_V が 200〔pF〕で回路は共振した．次に SW を接（ON）にして C_V を 150〔pF〕としたところ，回路は同じ周波数で共振した．このときの静電容量 C_X の値として，正しいものを下の番号から選べ．

1 350〔pF〕

2 400〔pF〕

3 600〔pF〕

4 700〔pF〕

5 800〔pF〕

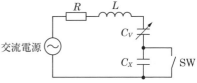

交流電源

R：抵抗〔Ω〕

L：自己インダクタンス〔H〕

▶▶▶▶▶ p. 68

解説 インダクタンスを L〔H〕，静電容量を C〔F〕とすると，共振周波数 f_r〔Hz〕は，次式で表される．

$$f_r = \frac{1}{2\pi\sqrt{LC}} \ \text{〔Hz〕} \tag{1}$$

● 解答 ●

問 15 -4

第2章　電気回路

SW が断のときの静電容量 C_V の値を C_1〔pF〕，接のときの C_V の値を C_2〔pF〕とすると，C_1 と C_X の直列接続と C_2 の値が同じときに，共振周波数は同じ値となるので，次式が成り立つ．

$$\frac{1}{C_1}+\frac{1}{C_X}=\frac{1}{C_2}$$

$$\frac{1}{C_X}=\frac{1}{C_2}-\frac{1}{C_1}=\frac{1}{150}-\frac{1}{200}=\frac{4}{600}-\frac{3}{600}=\frac{1}{600}$$

よって，$C_X=600$〔pF〕となる．

問 17 ▮▮▮▮▮▮▮▮▮▮▮▮▮▮▮▮▮▮▮▮▮▮▮ 1陸技類題 2陸技

次の記述は，図に示す RC 直列回路について述べたものである．□ 内に入れるべき字句の正しい組合せを下の番号から選べ．

(1) 抵抗 R〔Ω〕の両端の電圧を $\dot{V}_R$〔V〕とすると，$\dot{V}_R/\dot{V}=1/(\boxed{A})$ である．

(2) $|\dot{V}_R/\dot{V}|=1/\sqrt{2}$ となる角周波数を ω_1 とすると，$\omega_1=\boxed{B}$〔rad/s〕である．

(3) 回路は，$\boxed{C}$ として働く．

	A	B	C
1	$1-\dfrac{j}{\omega CR}$	CR	低域フィルタ（LPF）
2	$1-\dfrac{j}{\omega CR}$	CR	高域フィルタ（HPF）
3	$1+\dfrac{j\omega C}{R}$	CR	低域フィルタ（LPF）
4	$1+\dfrac{j\omega C}{R}$	$\dfrac{1}{CR}$	高域フィルタ（HPF）
5	$1-\dfrac{j}{\omega CR}$	$\dfrac{1}{CR}$	高域フィルタ（HPF）

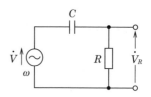

R：抵抗〔Ω〕
C：静電容量〔F〕
$\dot{V}$：交流電圧〔V〕
ω：角周波数〔rad/s〕

▶▶▶▶▶ p. 72

問 18 ▮▮▮▮▮▮▮▮▮▮▮▮▮▮▮▮▮▮▮▮▮▮▮▮▮▮▮▮▮▮ 2陸技

次の記述は，図に示すような変成器 T を用いた回路のインピーダンス整合について述べたものである．□ 内に入れるべき字句の正しい組合せを下の番号から選べ．

(1) T の 2 次側に，R_L〔Ω〕の負荷抵抗を接続したとき，1 次側の端子 ab から負荷側を見た抵抗 R_{ab} は，$R_{ab}=\boxed{A}$〔Ω〕となる．

● 解答 ●

問 16 -3　　問 17 -5

(2) 交流電源の内部抵抗を R_G 〔Ω〕としたとき，R_L に最大電力を供給するには，$R_{ab} =$ $\boxed{\text{B}}$ 〔Ω〕でなければならない．

(3) (2)のとき，R_L で消費する最大電力の値 P_m は，$P_m = \boxed{\text{C}}$ 〔W〕である．

	A	B	C
1	$\left(\dfrac{N_2}{N_1}\right)R_L$	R_G	$\dfrac{V^2}{4R_G}$
2	$\left(\dfrac{N_1}{N_2}\right)R_L$	$2R_G$	$\dfrac{V^2}{2R_G}$
3	$\left(\dfrac{N_1}{N_2}\right)^2 R_L$	R_G	$\dfrac{V^2}{4R_G}$
4	$\left(\dfrac{N_1}{N_2}\right)^2 R_L$	$2R_G$	$\dfrac{V^2}{2R_G}$
5	$\left(\dfrac{N_2}{N_1}\right)^2 R_L$	R_G	$\dfrac{V^2}{4R_G}$

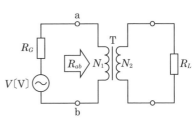

V：交流電源電圧
N_1：Tの1次側の巻数
N_2：Tの2次側の巻数

▶▶▶▶▶ p. 150

解説 1次側の端子 ab から負荷側を見た抵抗 R_{ab} 〔Ω〕は，次式で表される．

$$R_{ab} = \left(\frac{N_1}{N_2}\right)^2 R_L \ \text{〔Ω〕} \tag{1}$$

最大電力が供給される条件は，電源側の内部抵抗 R_G 〔Ω〕と負荷抵抗 R_{ab} 〔Ω〕が同じときだから，次式で表される．

$$R_G = R_{ab} \ \text{〔Ω〕} \tag{2}$$

このとき，端子 ab 間の電圧は $V/2$ 〔V〕となるので，端子 ab から負荷側を見た抵抗 $R_{ab} = R_G$ で消費される電力が，R_L で消費される電力となるので，P_m 〔W〕は次式で表される．

$$P_m = \left(\frac{V}{2}\right)^2 \times \frac{1}{R_{ab}} = \frac{V^2}{4R_G} \ \text{〔W〕}$$

問19　　　　　　　　　　　　　　　1陸技

図に示す抵抗 R 〔Ω〕および静電容量 C 〔F〕の並列回路において，角周波数 ω 〔rad/s〕を零(0)から無限大 (∞) まで変化させたとき，端子 ab 間のインピーダンス $\dot{Z}$ 〔Ω〕のベクトル軌跡として，最も近いものを下の番号から選べ．

● 解答 ●

問18-3

第2章　電気回路

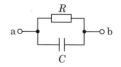

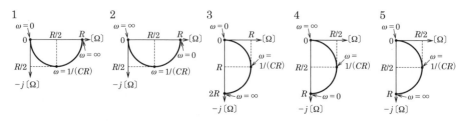

▶▶▶▶▶ p. 72

解説　$X_C = 1/(\omega C)$ とすると，ab 間のインピーダンス $\dot{Z}_{ab}$ 〔Ω〕は，次式で表される．

$$\dot{Z}_{ab} = \frac{R \times (-jX_C)}{R + (-jX_C)} \tag{1}$$

$$= \frac{-jRX_C}{R - jX_C} \times \frac{R + jX_C}{R + jX_C}$$

$$= \frac{RX_C{}^2}{R^2 + X_C{}^2} - j\frac{R^2 X_C}{R^2 + X_C{}^2} \text{ 〔Ω〕} \tag{2}$$

式(2)の $\dot{Z}_{ab}$ のとり得る値は実軸が＋，虚軸が－の第4象限となる．ω が変化して，$\omega = \infty$ のときは，$\omega C = \infty$，$X_C = 0$ となるので，$\dot{Z}_{ab} = 0$ となる．

式(1)の分子と分母を $-jX_C$ で割ると

$$\dot{Z}_{ab} = \frac{R}{\dfrac{R}{-jX_C} + 1} \text{ 〔Ω〕} \tag{3}$$

$\omega = 0$ のときは，$X_C = \infty$ となるので，式(3)より，$\dot{Z}_{ab} = R$ 〔Ω〕となる．

問20　　　　　　　　　　　　　　　　　1陸技

図に示す交流ブリッジ回路が平衡しているとき，交流電源の周波数 f の値として，正しいものを下の番号から選べ．ただし，抵抗 R は 2 〔kΩ〕，静電容量 C は $1/(10\pi)$ 〔μF〕とする．

1　500 〔Hz〕
2　1,000 〔Hz〕

● 解答 ●

問19 －2

3 1,500〔Hz〕

4 2,000〔Hz〕

5 2,500〔Hz〕

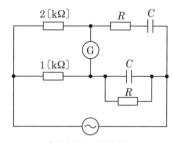

交流電源　周波数 f

▶▶▶▶▶ p. 73

解説　問題図の回路において，$\dot{Z}_1 = R_1 = 2$〔kΩ〕，$\dot{Z}_3 = R - j\dfrac{1}{\omega C}$，$\dot{Z}_2 = R_2 = 1$〔kΩ〕，

$\dfrac{1}{\dot{Z}_4} = \dfrac{1}{R} + j\omega C$ とすると，ブリッジが平衡しているときは次式が成り立つ.

$$\dot{Z}_1\dot{Z}_4 = \dot{Z}_2\dot{Z}_3$$

$$\frac{R_1}{\dfrac{1}{R} + j\omega C} = RR_2 - j\frac{R_2}{\omega C}$$

$$R_1 = \left(RR_2 - j\frac{R_2}{\omega C}\right)\left(\frac{1}{R} + j\omega C\right)$$

$$R_1 = R_2 + R_2 + j\omega CRR_2 - j\frac{R_2}{\omega CR} \tag{1}$$

式(1)の虚数部より次式が成り立つ.

$$\omega CRR_2 - \frac{R_2}{\omega CR} = 0$$

$$\omega^2 = \frac{1}{(CR)^2} \quad \text{よって，} \quad \omega = \frac{1}{CR} \text{ となる.}$$

周波数 f〔Hz〕を求めると，次式で表される.

$$f = \frac{1}{2\pi} \times \frac{1}{C} \times \frac{1}{R} = \frac{1}{2\pi} \times 10\pi \times 10^6 \times \frac{1}{2 \times 10^3} = 2,500 \text{〔Hz〕}$$

問 21 ━━━━━━━━━━━━━━━━━━━━━━ │2陸技│

図に示す4端子回路網において，4端子定数 $(\dot{A},\ \dot{B},\ \dot{C},\ \dot{D})$ の値の組合せとして，正しいものを下の番号から選べ. ただし，各定数と電圧電流の関係式は，図に併記したとおりとする.

● **解答** ●

 -5

	$\dot{A}$	$\dot{B}$	$\dot{C}$	$\dot{D}$
1	1	0 [Ω]	$j\omega C_0$ [S]	1
2	0	0 [Ω]	$j\omega C_0$ [S]	1
3	0	$j\omega C_0$ [Ω]	0 [S]	1
4	1	0 [Ω]	$j\omega C_0$ [S]	0
5	1	$j\omega C_0$ [Ω]	0 [S]	0

$\dot{V}_1 : \dot{A}\dot{V}_2 + \dot{B}\dot{I}_2$
$\dot{I}_1 : \dot{C}\dot{V}_2 + \dot{D}\dot{I}_2$

$\dot{V}_1$：入力電圧〔V〕
$\dot{V}_2$：出力電圧〔V〕
$\dot{I}_1$：入力電流〔A〕
$\dot{I}_2$：出力電流〔A〕
ω：角周波数〔rad/s〕

C_0：静電容量〔F〕

▶▶▶▶▶ p.73

解説 問題で与えられた式より，

$$\dot{V}_1 = \dot{A}\dot{V}_2 + \dot{B}\dot{I}_2 \tag{1}$$

$$\dot{I}_1 = \dot{C}\dot{V}_2 + \dot{D}\dot{I}_2 \tag{2}$$

$\dot{Z} = 1/(j\omega C_0)$ とすると，回路網から次式が成り立つ．

$$\dot{V}_1 = \dot{V}_2 \tag{3}$$

$$\dot{I}_1 = \frac{\dot{V}_2}{\dot{Z}} + \dot{I}_2 \tag{4}$$

式(1)と式(3)より4端子定数の $\dot{A}$，$\dot{B}$ を求めると，次式で表される．

$$\dot{A} = 1$$

$$\dot{B} = 0 \text{〔Ω〕}$$

式(2)と式(4)より4端子定数の $\dot{C}$，$\dot{D}$ を求めると，次式で表される．

$$\dot{C} = \frac{1}{\dot{Z}} = j\omega C_0 \text{〔S〕}$$

$$\dot{D} = 1$$

問22　　　　　　　　　　　　　　　　　　　　1陸技

図に示す4端子回路網において，各定数 $(\dot{A}, \dot{B}, \dot{C}, \dot{D})$ の値の組合せとして，正しいものを下の番号から選べ．ただし，各定数と電圧電流の関係式は，次に示したとおりとする．

	$\dot{A}$	$\dot{B}$	$\dot{C}$	$\dot{D}$
1	$1+j2$	$j30$ 〔Ω〕	$\dfrac{1}{20}$ 〔S〕	1

● 解答 ●

問21 -1

2	$1+j2$	$j60$ 〔Ω〕	$\dfrac{1}{30}$ 〔S〕	1	
3	$1+j2$	$j30$ 〔Ω〕	$\dfrac{1}{30}$ 〔S〕	3	
4	$2+j1$	$j30$ 〔Ω〕	$\dfrac{1}{20}$ 〔S〕	1	
5	$2+j1$	$j60$ 〔Ω〕	$\dfrac{1}{30}$ 〔S〕	3	

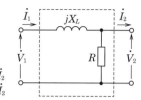

$\dot{V}_1 : \dot{A}\dot{V}_2 + \dot{B}\dot{I}_2$
$\dot{I}_1 : \dot{C}\dot{V}_2 + \dot{D}\dot{I}_2$

$\dot{V}_1$：入力電圧〔V〕　　抵抗
$\dot{V}_2$：出力電圧〔V〕　　$R = 30$〔Ω〕
$\dot{I}_1$：入力電流〔A〕　　誘導リアクタンス
$\dot{I}_2$：出力電流〔A〕　　$X_L = 60$〔Ω〕

▶▶▶▶▶ p. 73

解説　出力端子を開放すると，$\dot{I}_2 = 0$ となるので電圧比は jX_L と R の比より求めることができるので，定数 $\dot{A}$ は次式で表される．

$$\dot{A} = \frac{\dot{V}_1}{\dot{V}_2} = \frac{jX_L + R}{R} = \frac{j60 + 30}{30} = 1 + j2$$

出力端子を短絡すると，$\dot{V}_2 = 0$，$\dot{I}_1 = \dot{I}_2$ となるので定数 $\dot{B}$ は次式で表される．

$$\dot{B} = \frac{\dot{V}_1}{\dot{I}_2} = \frac{\dot{V}_1}{\dot{I}_1} = jX_L = -j60 \text{〔Ω〕}$$

出力端子を開放すると，$\dot{I}_2 = 0$ となるので定数 $\dot{C}$ は次式で表される．

$$\dot{C} = \frac{\dot{I}_1}{\dot{V}_2} = \frac{\dot{I}_1}{R\dot{I}_1} = \frac{1}{R} = \frac{1}{30} \text{〔S〕}$$

出力端子を短絡すると，$\dot{V}_2 = 0$，$\dot{I}_1 = \dot{I}_2$ となるので定数 $\dot{D}$ は次式で表される．

$$\dot{D} = \frac{\dot{I}_1}{\dot{I}_2} = 1$$

問23　　　　　　　　　　　　　　　　　　　　1陸技

　図に示す回路において，電圧および電流の瞬時値 v および i がそれぞれ次式で表されるとき，v と i の間の位相差 θ および回路の消費電力（有効電力）P の値の組合せとして，正しいものを下の番号から選べ．ただし，角速度を ω 〔rad/s〕，時間を t 〔s〕とする．

$$v = 100\cos(\omega t - \pi/6) \text{〔V〕}，\quad i = 10\sin(\omega t + \pi/6) \text{〔A〕}$$

θ　　　　　　　　P

1　$\dfrac{\pi}{6}$ 〔rad〕　　　$125\sqrt{3}$ 〔W〕

解答

問22 -2

第2章　電気回路

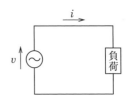

2 $\dfrac{\pi}{6}$ 〔rad〕 $250\sqrt{3}$ 〔W〕

3 $\dfrac{\pi}{6}$ 〔rad〕 $500\sqrt{3}$ 〔W〕

4 $\dfrac{\pi}{3}$ 〔rad〕 $125\sqrt{3}$ 〔W〕

5 $\dfrac{\pi}{3}$ 〔rad〕 $250\sqrt{3}$ 〔W〕

▶▶▶▶▶ p. 76

解説 電圧は cos 関数で表されているので，$\sin(\theta + \pi/2) = \cos\theta$ の公式より，sin 関数にすると次式となる.

$$v = 100 \cos\left(\omega t - \frac{\pi}{6}\right) = 100 \sin\left(\omega t - \frac{\pi}{6} + \frac{\pi}{2}\right) = 100 \sin\left(\omega t + \frac{2\pi}{6}\right)$$

電圧と電流の位相差 θ を求めると

$$\theta = \frac{2\pi}{6} - \frac{\pi}{6} = \frac{\pi}{6} \ \text{〔rad〕}$$

よって，力率 $\cos\theta = \cos(\pi/6)$ となり，電圧と電流の最大値 $V_m = 100$ 〔V〕，$I_m = 10$ 〔A〕より，実効値は $V = 100/\sqrt{2}$ 〔V〕，$I = 10/\sqrt{2}$ 〔A〕なので，有効電力 P 〔W〕は次式で表される.

$$P = VI \cos\theta = \frac{100}{\sqrt{2}} \times \frac{10}{\sqrt{2}} \times \frac{\sqrt{3}}{2} = 250\sqrt{3} \ \text{〔W〕}$$

問24   2陸技

次の記述は，図に示す交流回路の電力について述べたものである. ☐ 内に入れるべき字句を下の番号から選べ. ただし，交流電源電圧 $\dot{V}$ 〔V〕の大きさを V 〔V〕，回路に流れる電流 $\dot{I}$ 〔A〕の大きさを I 〔A〕とする. また，$\dot{V}$ と $\dot{I}$ の位相差を θ 〔rad〕とする.

(1) 皮相電力 P_s は，$P_s = \boxed{\text{ア}}$ 〔VA〕で表される.

(2) 有効電力（消費電力）P は，$P = VI \times \boxed{\text{イ}}$ 〔W〕で表される.

(3) 無効電力 P_q は，$P_q = VI \times \boxed{\text{ウ}}$ 〔var〕で表される.

(4) θ は，R と X_L で表すと，$\theta = \tan^{-1}(\boxed{\text{エ}})$ で表される.

(5) 力率 $\cos\theta$ は，$\cos\theta = \boxed{\text{オ}}/\sqrt{R^2 + X_L{}^2}$ で表される.

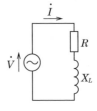

R：抵抗〔Ω〕
X_L：誘導リアクタンス〔Ω〕

解答

問23 -2

1	VI	2	$\tan\theta$	3	$\sin\theta$	4	$\dfrac{R}{X_L}$	5	R
6	V^2I	7	$\cos\theta$	8	$\cos^2\theta$	9	$\dfrac{X_L}{R}$	10	X_L

▶▶▶▶▶ p.76

問25 1陸技 2陸技類題

　図に示すように，交流電圧 $\dot{V}=100$〔V〕に誘導性負荷 $\dot{Z}_1$ および $\dot{Z}_2$〔Ω〕を接続したとき，回路全体の皮相電力および力率の値の組合せとして，正しいものを下の番号から選べ．ただし，$\dot{Z}_1$ および $\dot{Z}_2$ の有効電力および力率は表の値とする．

　　　皮相電力　　　　　力率

1　$1{,}800\sqrt{2}$〔VA〕　$\dfrac{1}{\sqrt{2}}$

2　$1{,}800\sqrt{2}$〔VA〕　$\dfrac{1}{\sqrt{3}}$

3　$1{,}400\sqrt{2}$〔VA〕　$\dfrac{1}{\sqrt{2}}$

4　$1{,}400\sqrt{2}$〔VA〕　$\dfrac{1}{\sqrt{3}}$

5　$1{,}400\sqrt{2}$〔VA〕　$\dfrac{2}{\sqrt{5}}$

負荷	負荷の性質	有効電力	力率
$\dot{Z}_1$	誘導性	600〔W〕	0.6
$\dot{Z}_2$	誘導性	800〔W〕	0.8

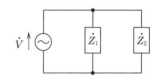

▶▶▶▶▶ p.76

解説　交流電源電圧の大きさを $V=100$〔V〕，$\dot{Z}_1$，$\dot{Z}_2$〔Ω〕を流れる電流の大きさを I_1，I_2〔A〕，力率を $\cos\theta_1=0.6$，$\cos\theta_2=0.8$，有効電力を $P_1=600$〔W〕，$P_2=800$〔W〕とすると，次式が成り立つ．

$$I_1=\frac{P_1}{V\cos\theta_1}=\frac{600}{100\times0.6}=10\text{〔A〕}$$

$$I_2=\frac{P_2}{V\cos\theta_2}=\frac{800}{100\times0.8}=10\text{〔A〕}$$

　$\dot{Z}_1$，$\dot{Z}_2$ を流れる電流の実数部成分 I_{e1}，I_{e2} は次式で表される．

$$I_{e1}=I_1\cos\theta_1=10\times0.6=6\text{〔A〕}$$

$$I_{e2}=I_2\cos\theta_2=10\times0.8=8\text{〔A〕}$$

　$\dot{Z}_1$，$\dot{Z}_2$ を流れる電流の虚数部成分 I_{q1}，I_{q2} は次式で表される．

● 解答 ●

問24　ア-1　イ-7　ウ-3　エ-9　オ-5

第2章　電気回路

$$I_{q1} = I_1 \sin\theta_1 = I_1\sqrt{1-\cos^2\theta_1} = 10\sqrt{1-0.6^2} = 8 \,\text{[A]}$$

$$I_{q2} = I_2 \sin\theta_2 = I_2\sqrt{1-\cos^2\theta_2} = 10\sqrt{1-0.8^2} = 6 \,\text{[A]}$$

$\dot{Z}_1$，$\dot{Z}_2$ は二つとも誘導性負荷だから，回路全体を流れる電流の虚数部成分はそれらの和で表されるので，回路全体の皮相電力 P_s〔VA〕は，次式で表される．

$$P_s = V\sqrt{(I_{e1}+I_{e2})^2 + (I_{q1}+I_{q2})^2}$$
$$= 100\sqrt{(6+8)^2 + (8+6)^2}$$
$$= 100\sqrt{2\times14^2} = 1{,}400\sqrt{2} \,\text{[VA]}$$

力率 $\cos\theta$ は，次式となる．

$$\cos\theta = \frac{I_{e1}+I_{e2}}{\sqrt{(I_{e1}+I_{e2})^2+(I_{q1}+I_{q2})^2}} = \frac{14}{14\sqrt{2}} = \frac{1}{\sqrt{2}}$$

問26 2陸技

図に示す交流回路において，スイッチ SW を断(OFF)から接(ON)にしたとき，回路の力率が 0.8 から 0.6 に変化した．このときの抵抗 R および誘導リアクタンス X_L の値の組合せとして，正しいものを下の番号から選べ．

	R	X_L
1	14〔Ω〕	24〔Ω〕
2	16〔Ω〕	24〔Ω〕
3	16〔Ω〕	12〔Ω〕
4	18〔Ω〕	24〔Ω〕
5	18〔Ω〕	12〔Ω〕

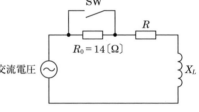

R_0：抵抗

▶▶▶▶▶ p. 76

解説 スイッチを断にしたときの抵抗を $R+R_0$，力率を $\cos\theta_1 = 0.8$，接にしたときの抵抗を R，力率を $\cos\theta_2 = 0.6$ とすると，それぞれのときの抵抗と誘導リアクタンス X_L の比 $\tan\theta_1$，$\tan\theta_2$ は，次式で表される．

$$\tan\theta_1 = \frac{X_L}{R+R_0} = \frac{X_L}{R+14} \tag{1}$$

$$\tan\theta_2 = \frac{X_L}{R} \tag{2}$$

三角関数の公式より，次式が成り立つ．

$$\tan\theta_1 = \frac{\sin\theta_1}{\cos\theta_1} = \frac{\sqrt{1-\cos^2\theta_1}}{\cos\theta_1} = \frac{\sqrt{1-0.8^2}}{0.8} = \frac{0.6}{0.8} = \frac{3}{4} \tag{3}$$

● 解答 ●

問25 -3

$$\tan\theta_2 = \frac{\sin\theta_2}{\cos\theta_2} = \frac{\sqrt{1-\cos^2\theta_2}}{\cos\theta_2} = \frac{\sqrt{1-0.6^2}}{0.6} = \frac{0.8}{0.6} = \frac{4}{3} \tag{4}$$

また，これらの値は，三角形を描いて図より求めてもよい．

式(1)と式(3)より，次式が成り立つ．

$$3\times(R+14) = 4X_L$$
$$3R+42 = 4X_L \tag{5}$$

式(2)と式(4)より，次式が成り立つ．

$$4R = 3X_L \tag{6}$$

式(5)×4−式(6)×3より，次式となる．

$$12R+168 = 16X_L$$
$$-)\;12R = 9X_L$$
$$168 = 7X_L$$

よって，X_L と R を求めると次式で表される．

$$X_L = \frac{168}{7} = 24\ (\Omega)$$

X_L の値を式(6)に代入すると，次式となる．

$$R = \frac{3}{4}X_L = \frac{3\times24}{4} = 18\ (\Omega)$$

問 27
2陸技

次の記述は，図に示す回路の過渡現象について述べたものである．□ 内に入れるべき字句を下の番号から選べ．ただし，静電容量 C 〔F〕の初期電荷は零とする．また，自然対数の底を e としたとき，$1/e = 0.37$ とする．

(1) SW を a に入れた直後，抵抗 R_1〔Ω〕に流れる電流は，□ ア □〔A〕である．

(2) SW を a に入れてから十分に時間が経過し定常状態になったとき，C〔F〕の電圧は，□ イ □〔V〕である．

(3) (2)の後，SW を b に切り替えた直後，抵抗 R_2〔Ω〕に流れる電流は，□ ウ □〔A〕である．

(4) SW を b に切り替えた直後から CR_2〔s〕後に R_2 に流れる電流は，約 □ エ □〔A〕である．

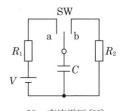

V：直流電圧〔V〕
SW：スイッチ

解答

問 26 -4

(5) SW を b に切り替えてから十分に時間が経過し定常状態になったとき，R_2 の両端の電圧は，$\boxed{\text{オ}}$〔V〕である．

$$1 \quad \frac{V}{R_1} \qquad 2 \quad V \qquad 3 \quad \frac{R_1}{R_2} \times V \qquad 4 \quad 0.37 \times \frac{V}{R_2} \qquad 5 \quad 0(零)$$

$$6 \quad \frac{V}{R_1+R_2} \qquad 7 \quad \frac{V}{2} \qquad 8 \quad \frac{V}{R_2} \qquad 9 \quad 0.63 \times \frac{V}{R_2} \qquad 10 \quad \frac{R_2}{R_1} \times V$$

▶▶▶▶▶ p. 78

解説

(4) SW を b に切り替えてから t〔s〕後に R_2 に流れる電流 i〔A〕は次式で表される．

$$i = \frac{V}{R_2}e^{-\frac{t}{CR_2}} \ 〔A〕 \tag{1}$$

$t = CR_2$〔s〕後に R_2 に流れる電流 i は，次式となる．

$$i = \frac{V}{R_2}e^{-1} = 0.37 \times \frac{V}{R_2} \ 〔A〕 \tag{2}$$

(5) SW を b に切り替えてから十分に時間が経過すると，$t = \infty$ となるので，これを式(3)に代入すると次式となる．

$$i = \frac{V}{R_2}e^{-\infty} = 0 \ 〔A〕 \tag{3}$$

問 28 ▬▬▬▬▬▬▬▬▬▬▬▬▬▬▬▬▬ 1陸技

次の記述は，図に示す回路の過渡現象について述べたものである．$\boxed{}$ 内に入れるべき字句を下の番号から選べ．ただし，初期状態で C の電荷は零とし，時間 t はスイッチ SW を接(ON)にしたときを $t = 0$〔s〕とする．また，自然対数の底を e とする．

(1) t〔s〕後に C に流れる電流 i_C は，$i_C = \dfrac{V}{R} \times \boxed{\text{ア}}$〔A〕である．

(2) t〔s〕後に L に流れる電流 i_L は，$i_L = \dfrac{V}{R} \times \boxed{\text{イ}}$〔A〕である．

(3) したがって，t〔s〕後に V から流れる電流 i は，次式で表される．

$$i = \frac{V}{R} \times \boxed{\text{ウ}} \ 〔A〕$$

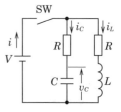

R：抵抗〔Ω〕
C：静電容量〔F〕
L：自己インダクタンス〔H〕
V：直流電圧〔V〕

◉ 解答 ◉

問 27 ア-1　イ-2　ウ-8　エ-4　オ-5

(4) t が十分に経過し定常状態になったとき，C の両端の電圧 v_C は $\boxed{\text{エ}}$ 〔V〕である．

(5) また，$R = \sqrt{\dfrac{L}{C}}$ のときは，i は，$\boxed{\text{オ}}$ 〔A〕である．

1　$e^{-\frac{R}{L}t}$　　　　2　$\left(1-e^{-\frac{R}{L}t}\right)$　　　　3　$\left(1+e^{-\frac{t}{RC}}-e^{-\frac{R}{L}t}\right)$　　　4　$2V$　　　5　$\dfrac{V}{2R}$

6　$e^{-\frac{t}{RC}}$　　　　7　$\left(1-e^{-\frac{t}{RC}}\right)$　　　　8　$\left(1-e^{-\frac{t}{RC}}+e^{-\frac{R}{L}t}\right)$　　　9　V　　　10　$\dfrac{V}{R}$

▶▶▶▷▷ p. 78

解説　i_C と i_L は次式で表される．

$$i_C = \frac{V}{R}e^{-\frac{t}{RC}} \ \text{〔A〕} \tag{1}$$

$$i_L = \frac{V}{R}\left(1-e^{-\frac{R}{L}t}\right) \ \text{〔A〕} \tag{2}$$

式(1)，(2)より i を求めると，次式で表される．

$$i = i_C + i_L = \frac{V}{R}\left(1+e^{-\frac{t}{RC}}-e^{-\frac{R}{L}t}\right) \tag{3}$$

$R = \sqrt{L/C}$ の条件より，次式となる．

$$\frac{1}{CR} = \frac{1}{C}\sqrt{\frac{C}{L}} = \frac{1}{\sqrt{CL}}$$

$$\frac{R}{L} = \frac{1}{L}\sqrt{\frac{L}{C}} = \frac{1}{\sqrt{CL}}$$

よって，式(3)は，$i = \dfrac{V}{R}$ 〔A〕となる．

第2章　電気回路

● 解答 ●

問28　ア-6　イ-2　ウ-3　エ-9　オ-10

3 半導体・電子管

3.1 半導体

◪ 真性半導体

半導体は導体と絶縁体の中間の抵抗率を持ち，電気素子として用いられている半導体には，シリコン（Si）やゲルマニウム（Ge）などの単元素半導体（**真性半導体**）と，ガリウム・ヒ素（GaAs）やガリウム・リン（GaP）などの2種類の元素を混ぜた化合物半導体がある.

一般に金属の電気抵抗の温度係数は正であるが，半導体の温度係数は負なので温度が上昇すると電気抵抗が小さくなる.

4価の**シリコン**や**ゲルマニウム**は，図3·1(a)のように各原子の最も外に四つの**価電子**を持ち，周りの原子と**共有結合**している. 温度が上昇すると，図3·1(b)のエネルギーバンド図において，**充満帯**の価電子はエネルギーギャップを超えて**伝導帯**に移動する. 電子の抜けた**正孔（ホール）**が発生するので，電気伝導は電子および正孔によって行われる. 電子と正孔のことを**キャリア**と呼び，これらの電荷量は同じ値である.

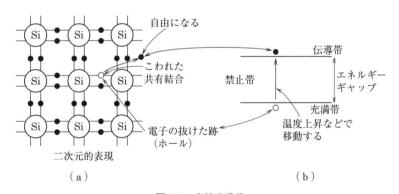

図3·1 真性半導体

◲ 不純物半導体

4価の真性半導体に5価のリン（P）などをごく少量混入したものを**n形半導体**，3価の

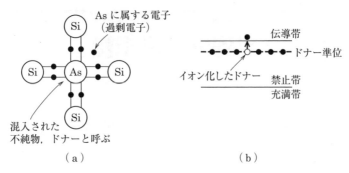

図 3·2　n 形半導体

ホウ素などを混入したものを **p 形半導体**という．図 3·2 の n 形半導体では電子が余分にあり，図 3·3 の p 形半導体では正孔が余分にあるので真性半導体よりも少ないエネルギーで電気伝導が行われる．余分にあるキャリアを**多数キャリア**，少ないキャリアを**小数キャリア**という．

　n 形半導体の多数キャリアは電子，p 形半導体の多数キャリアは正孔である．

　n 形半導体の不純物となる V 族の元素には，5 個の価電子がある．このうち 4 個は充満帯に入り，残り 1 個の電子は図 3·2(b)のように，伝導帯のすぐ下に入る．この準位（レベル）を**ドナー準位**という．ドナー準位の電子は，常温ではほとんど全部が伝導帯に移り自由電子になる．

　p 形半導体の不純物となる元素の 3 個の価電子は，共有結合となる．残りの一つのホールに電子が入ることのできる状態にある．ホールは電界により伝導正孔となる．この電子の入る**準位をアクセプタ準位**と呼び，図 3·3(b)のように，禁止帯の中の充満帯のすぐ上にある．常温ではこのアクセプタ準位は充満帯の電子ですべて埋め尽くされ，充満帯にその分のホールができる．

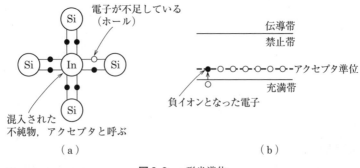

図 3·3　p 形半導体

Point

半導体関係の元素（元素番号と記号）
3価：ホウ素（5B），アルミニウム（13Al），ガリウム（31Ga），インジウム（49In），タリウム
　　　（81Tl）
4価：シリコン（14Si），ゲルマニウム（32Ge），スズ（50Sn），鉛（82Pb）
5価：リン（15P），ヒ素（33As），アンチモン（51Sb），ビスマス（83Bi）

③ pn 接合半導体

　図 **3·4**(a)のように，p 形半導体と n 形半導体を接合すると，接合部では自由電子と正孔が拡散によって中和して，接合部にはキャリアの少ない**空乏層**ができる．接合部にできた電位差 φ を電位障壁という．エネルギーバンドは**図 3·4**(b)のようになる．p 形に＋，n 形に－の順方向電圧を加えると，それぞれの半導体間のエネルギーギャップは下がり，接合部の電位差も下がるので，電流が流れる．逆方向電圧では，電位差が大きくなるので電流が流れない．このことにより，片方向に電流を流す整流作用を持つ．

　フェルミ準位 E_F は，電子の占有確率が 1/2 となるエネルギー準位である．フェルミ準位は電子の存在確率の平均値を表し，真性半導体では，禁止帯の中央の準位である．n 形半導体は伝導帯の近くにドナー準位があり，ドナーから伝導帯に電子が放出されるので，フェルミ準位は伝導帯に近い位置となる．p 形半導体では充満帯からアクセプタ準位へ電子が放出されて，充満帯のホールを形成している状態なので，フェルミ準位はアクセプタ準位の近くで充満帯に近づく位置となる．

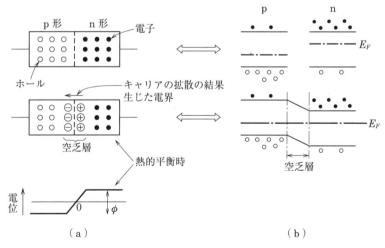

図 3·4 pn 接合半導体

◢ 移動度

半導体の電気伝導は，自由電子と正孔によって行われる．これらのキャリアの移動には，濃度勾配による拡散と外部電界によるドリフトがある．

キャリアを自由電子として，**図3·5**のような長さ l 〔m〕の区間を時間 t 〔s〕で移動する自由電子の移動速度 v_n 〔m/s〕は，次式で表される．

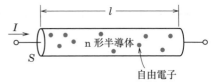

図3·5 半導体内の自由電子の移動

$$v_n = \frac{l}{t} \ \text{〔m/s〕} \tag{3.1}$$

半導体に加わる電圧を V 〔V〕とすると，半導体内の電界 E 〔V/m〕は次式で表される．

$$E = \frac{V}{l} \ \text{〔V/m〕} \tag{3.2}$$

また，移動速度を v_n 〔m/s〕，電界を E 〔V/m〕とすると，これらは比例するので，比例定数として電子の**移動度**を μ_n 〔m²/(V·s)〕とすると，式(3.2)を使って次式が成り立つ．

$$v_n = \mu_n E = \frac{\mu_n V}{l} \ \text{〔m/s〕} \tag{3.3}$$

半導体の断面積を S 〔m²〕，流れる電流を I 〔A〕とすると，半導体内の電流密度 J_n 〔A/m²〕は，次式となる．

$$J_n = \frac{I}{S} \ \text{〔A/m²〕} \tag{3.4}$$

また，自由電子の電荷を e 〔C〕，電子密度を n_n 〔個/m³〕とすると，体積 $X = Sl$ 〔m³〕の半導体内部に存在する電荷の量 Q 〔C〕は，次式で表される．

$$Q = X n_n e = S l n_n e \ \text{〔C〕} \tag{3.5}$$

長さ l 〔m〕の半導体を自由電子が移動するときの時間 t 〔s〕は $t = l/v_n$ で表されるので，電流 I 〔A〕は，次式となる．

$$I = \frac{Q}{t} = \frac{S l n_n e}{t} = S n_n v_n e \ \text{〔A〕} \tag{3.6}$$

自由電子の電流密度 J_n は，次式で表される．

$$J_n = e n_n v_n = e n_n \mu_n E \ \text{〔A/m²〕} \tag{3.7}$$

自由電子による導電率を σ_n 〔S/m〕とすると，次式が成り立つ．

$$J_n = \sigma_n E \ \text{〔A/m²〕} \tag{3.8}$$

ここで，導電率 σ_n は次式で表される．

$$\sigma_n = e n_n \mu_n \ \text{〔S/m〕} \tag{3.9}$$

半導体の自由電子および正孔の移動度を μ_n, μ_p，密度を n_n, n_p，電子の電荷を e 〔C〕とすると，導電率 σ は次式で表される．

$$\sigma = e\ (n_n\mu_n + n_p\mu_p)\quad〔S/m〕\tag{3.10}$$

また，真性半導体では，$n_n = n_p$ となる．

電流 I〔A〕は単位時間〔s〕当たりに電荷〔C〕が移動した電気量を表す．

 導電率 $\sigma =$ 電荷 q × 電子密度 n × 移動度 μ

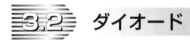

ダイオード

■ ダイオード

(1)　ツェナーダイオード

逆方向電圧を次第に上げていくと，ある電圧で急に大電流が流れるようになり，それ以上に逆方向電圧が上がらない定電圧特性を持つ．この特性を**降伏特性**と呼び，そのときの電圧を**降伏電圧**または**ツェナー電圧**という．**定電圧電源回路**などに用いられている．

(2)　フォト（ホト）ダイオード

pn 接合に逆方向電圧を加え，pn 接合部付近に光を照射すると，共有結合をしている電子が光エネルギーを受け取って，電子と正孔の対が発生することによってそれらがキャリアとなり電流が増加する．これを**光起電力効果**という．流れる電流は光量が大きくなると増加するが，加える電圧にはあまり関係しない．フォトダイオードは，逆方向電圧を加えて用いるので光の照射がない場合は抵抗値が大きく，極性を考慮する必要がある．

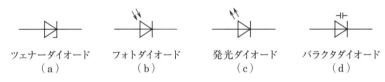

ツェナーダイオード　　　フォトダイオード　　　発光ダイオード　　　バラクタダイオード
（a）　　　　　　　　（b）　　　　　　　　（c）　　　　　　　　（d）

図3·6　ダイオードの図記号

(3)　フォトトランジスタ

ベースの半導体に光を当てると光が空乏層に吸収され，電子と正孔を作ってそれらがキャリアとなりベース電流が増加する（**光起電力効果**）．ベース電流は電流増幅率倍されてコレクタ電流となるので，トランジスタに接続した負荷抵抗による電圧降下を取り出せば大きな出力電圧を得ることができる．

(4)　発光ダイオード

pn 接合素子に順方向のバイアス電流を流したとき，接合部から光を発するエネルギー変換素子である．

(5) レーザダイオード

pn 接合素子に順方向電圧を加えると，伝導帯と充満帯の間の遷移による電子とホールが再結合するときに発光する現象を利用した素子で，発光ダイオードの一種である．

(6) バラクタダイオード（varactor：variable reactance diode）

空乏層の特性を利用した可変リアクタンス素子である．可変静電容量として用いられる場合は，**可変容量ダイオード**や**バリキャップダイオード**ともいう．加える電圧によって，静電容量を変化させることができる．マイクロ波の周波数逓倍にも用いられる．

pn 接合部付近において，p 形の部分にある正孔は拡散によって n 形の部分に移動し，n 形の部分にある電子は同様にして p 形の部分に移動する．電子や正孔が移動した結果として，n 形の部分は p 形の部分に対して正の電位を持つことになり，これを障壁電位 V_D という．

n を真性半導体のキャリア密度，N_A を p 形半導体のアクセプタ密度，N_D を n 形半導体のドナー密度，e を電子の電荷，k をボルツマン定数，T を絶対温度とすると，障壁電位 V_D は次式で表される．

$$V_D = \frac{kT}{e} \log_e\left(\frac{N_A N_D}{n^2}\right) \tag{3.11}$$

pn 接合部の状態を**図3·7**に示す．接合部の付近では正負の電荷密度が対向して，正負に帯電した電気二重層を構成するので，等価的なコンデンサとして動作する．

空乏層の厚さ d は，p 形部分の厚さ d_p と n 形部分の厚さ d_n の和で表される．pn 接合に逆方向電圧 V を加えると，d は，次式で表される．

$$d = \left\{\frac{2\varepsilon}{e}\left(\frac{1}{N_A} + \frac{1}{N_D}\right)(V_D + V)\right\}^{\frac{1}{2}}$$

ただし，ε は，半導体の誘電率である．

ダイオードに加える逆方向電圧を増加させると空乏層の厚さが厚くなり，静電容量は減少する．

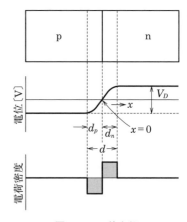

図3·7 pn 接合部

Point

平行平板コンデンサの静電容量

平行平板電極の面積を S 〔m²〕，極板の間隔を d 〔m〕，誘電率を ε とすると，コンデンサの静電容量 C 〔F〕は，次式で表される．

$$C = \varepsilon\frac{S}{d} \ \text{〔F〕} \tag{3.12}$$

静電容量 C は，極板の間隔 d に反比例する．

---

(7) トンネルダイオード（エサキダイオード）

pn 接合ダイオードの不純物濃度を高くしたダイオードである．順方向電圧を加えると**負性抵抗特性**を持つ．負性抵抗特性は**図 3·8**の b～c の曲線で表されるような順方向電圧を大きくすると電流が減少する特性である．負性抵抗特性を利用して，マイクロ波の増幅回路または発振回路に用いられる．

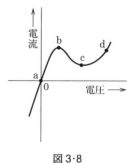

図 3·8

トンネルダイオードは，次の特徴がある．

① 直流からマイクロ波までの増幅・発振ができる．

② 高速動作に適する．

③ 低雑音で消費電力が少ない．

負性抵抗特性を利用すると増幅回路を構成することができる．

(8) ガンダイオード

pn 接合を持たない構造で，ガリウム・ヒ素（GaAs）などの金属化合物結晶に強い直流電界を加えたときに生じる電子遷移効果による負性抵抗特性を持つ．マイクロ波の発振，変調，復調用に用いられる．

ガンダイオードは，次の特徴がある．

① 発振回路が簡単である．

② 発振周波数の範囲が広い．

③ 低雑音である．

④ 動作電圧が低い．

(9) インパットダイオード（IMPATT : impact avalanche and transit time diode）

pn 接合に逆方向電圧を加え，電子のなだれ現象と電子走行時間効果によって得られる負性抵抗特性を利用して，マイクロ波の発振回路に用いられる．ガンダイオードより発振出力が大きいが，雑音も大きい特性がある．

インパットダイオードは，次の特徴がある．

① マイクロ波およびミリ波において，発振や増幅が可能である．

② 雑音が多い．

③ 10〔GHz〕以上で高出力が得られる．

④ 大きな熱損失を生じる．

(10) アバランシダイオード

pn 接合に逆方向電圧を加えると，電子のなだれ現象が発生して電流が急増する特性を利用したダイオードのことで，インパットダイオードなどの総称である．

(11) ショットキーダイオード

半導体に金属を蒸着した接触部に生ずる**ショットキー障壁**（電位障壁）を利用して整流作

第3章　半導体・電子管

用を持つ．マイクロ波の発振，変調，復調用に用いられる．

> エサキ（江崎），ショットキーは人名である．
> マイクロ波で発振素子として用いられるダイオードは，トンネルダイオード，ガンダイオード，アバランシダイオード，インパットダイオード．

(12) マグネットダイオード（磁気ダイオード）

素子内部に注入されたキャリアの再結合速度を磁界によって変化させ電流を制御する素子である．

② 半導体素子

次の素子は半導体であるが，ダイオードではないので極性はない．

(1) CdS セル

CdS セルは，光エネルギーによって，物質の電気伝導度が変化することを利用した素子である．この現象を光導電効果という．図 3·9 のようにジグザグに曲がって対向した電極間に多結晶 CdS（硫化カドミウム）を塗布した構造である．電流容量が大きく，波長特性もかなり広いが応答時間が遅い特徴がある．光を照射すると抵抗値が減少する．

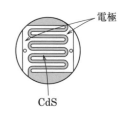

電極

CdS

図 3·9 CdS セルの構造

(2) サーミスタ（thermistor：thermal sensitive resistor（温度抵抗素子））

温度により抵抗値が大きく変化する．また，負の温度特性を持つ．

サーミスタは，ダイオードには分類されないが半導体素子の一種である．マンガン，ニッケル，コバルト，鉄などの酸化物の混合体を焼き固めた半導体素子で，温度の変化に対して電気抵抗が大きく変化する素子である．温度の測定や温度制御回路，トランジスタ回路の温度補償用などに用いられる．

(3) バリスタ（varistor：variable resistor（非直線性抵抗素子））

バリスタは，端子間の電圧が低い場合は電気抵抗が高いが，ある程度以上に電圧が高くなると急激に電気抵抗が低くなる性質を持つ素子である．リレーなどの火花消去回路や過電圧保護回路などに用いられる．

(4) ホール素子（Hall：人名）

図 3·10 に示すように，平面状の金属や半導体の面に垂直な方向に電流を流し，電流と垂直な方向に磁界を加えると，電流と磁界の両方に垂直な方向に起電力が発生する．これを**ホール効果**と呼びこれを応用したホール素子は，磁界のセンサなどに用い

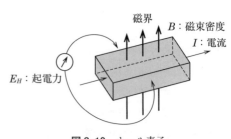

磁界

B：磁束密度

I：電流

E_H：起電力

図 3·10 ホール素子

られる．また，起電力の向きは，金属や半導体の種類によって異なる．ホール素子 S の y 方向の長さを t 〔m〕，素子に流れる直流電流を I 〔A〕，磁束密度を B 〔T〕，ホール係数を R_H とすると，起電力 E_H 〔V〕は次式で表される．

$$E_H = \frac{R_H I B}{t} \text{ 〔V〕}$$

(3.13)

③ pn 接合ダイオードの特性

pn 接合ダイオードは，順方向に電流を流し，逆方向には電流を流さない特性がある．pn 接合ダイオードの順方向の電圧 V_F—電流 I_F 特性を**図 3·11** に示す．順方向電圧が 0.5 〔V〕程度の**スレッショルド電圧** V_T 〔V〕を超えると順方向電流 I_F 〔A〕が流れ始める．順方向特性曲線において，順方向電圧の変化 ΔV_F 〔V〕と順方向電流の変化 ΔI_F 〔A〕の比を順方向抵抗 r_F 〔Ω〕と呼び，次式で表される．

$$r_F = \frac{\Delta V_F}{\Delta I_F} \text{ 〔Ω〕}$$

(3.14)

図 3·12(a)のように電源電圧 E 〔V〕と負荷抵抗 R 〔Ω〕を接続したときに回路を流れる電流は，ダイオードの順方向特性より求めることができる．このとき，ダイオードの特性曲線上の点を動作点と呼ぶ．図 3·12(b)の理想的な特性曲線の変化は直線だから，図 3·12(a)より電流 I_D 〔A〕は，次式で表される．

$$I_D = (V_D - V_T) \times \frac{\Delta I_F}{\Delta V_F} = \frac{V_D - V_T}{r_F} \text{ 〔A〕}$$

(3.15)

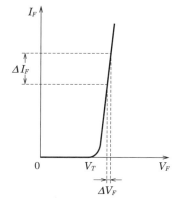

図 3·11 順方向の電圧—電流特性

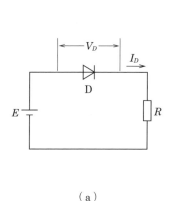

(a)

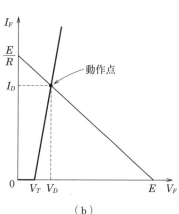

(b)

図 3·12 ダイオードの動作点

ここで，r_F〔Ω〕は順方向抵抗である．閉回路より次式が成り立つ．

$$V_D = E - RI_D \tag{3.16}$$

式(3.16)を式(3.15)に代入すると，次式で表される．

$$I_D = \frac{E}{r_F} - \frac{RI_D}{r_F} - \frac{V_T}{r_F}$$

よって，次式となる．

$$I_D = \left(\frac{E}{r_F} - \frac{V_T}{r_F}\right) \Big/ \left(1 + \frac{R}{r_F}\right) \tag{3.17}$$

そのときのダイオードの電圧 V_D〔V〕は，式(3.16)に I_D の値を代入すれば求めることができる．

また，V_D が電源電圧の E〔V〕の横軸の点から，$V_D = 0$〔V〕のときの電流 E/R〔A〕を表す縦軸の点を結ぶ負荷線を引くと，ダイオードの特性曲線との交点がダイオードの動作点を表す．

トランジスタ

■ トランジスタ

n 形半導体に薄い p 形半導体を挟んだ構造の半導体素子を **npn トランジスタ**といい，p 形半導体に薄い n 形半導体を挟んだ素子を **pnp トランジスタ**という．一般にエミッタとベース間に順方向の電圧を加え，コレクタとベース間に逆方向の電圧を加えて使用する．ベース電流が変化すると，コレクタ電流が大きく変化する電流増幅作用がある．

■ 電流増幅率

トランジスタは**図3·13**に示す向きに電流が流れ，**エミッタ電流 I_E，ベース電流 I_B，コレクタ電流 I_C** の間には，次式の関係がある．

$$I_E = I_B + I_C \tag{3.18}$$

ベースを共通電極として（ベース接地），エミッタ電流 I_E を微小量 $\varDelta I_E$ 変化させた

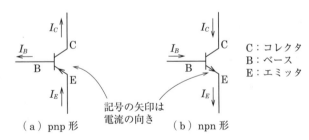

C：コレクタ
B：ベース
E：エミッタ

（a）pnp 形　　記号の矢印は電流の向き　　（b）npn 形

図3·13　トランジスタを流れる電流

とき，コレクタ電流が $\varDelta I_C$ 変化したとすると，**電流増幅率** α は，次式で表される．

$$\alpha = \frac{\Delta I_C}{\Delta I_E} \tag{3.19}$$

エミッタを共通電極として（エミッタ接地），ベース電流を ΔI_B 変化させたとき，コレクタ電流の変化を ΔI_C とすると，**電流増幅率** β は，次式で表される．

$$\beta = \frac{\Delta I_C}{\Delta I_B} \tag{3.20}$$

α と β には次式の関係がある．

$$\beta = \frac{\Delta I_C}{\Delta I_B} = \frac{\dfrac{\Delta I_C}{\Delta I_E}}{\dfrac{\Delta I_E - \Delta I_C}{\Delta I_E}} = \frac{\alpha}{1-\alpha} \tag{3.21}$$

一般に α は 0.99 くらいの値を持ち，β は 100 くらいの値を持つ．

❸ h パラメータ

入出力回路を構成するときに共通する電極を接地という．**図 3·14**(a)のトランジスタのエミッタ接地増幅回路を**図 3·14**(b)のような 4 端子回路で表したときの 4 端子定数を **h パラメータ**（hybrid parameter）という．入力電圧と出力電流は h パラメータを用いて次式で

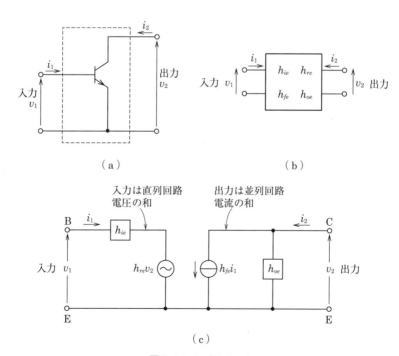

図 3·14　h パラメータ

表される.

$$v_1 = h_{ie}i_1 + h_{re}v_2 \tag{3.22}$$

$$i_2 = h_{fe}i_1 + h_{oe}v_2 \tag{3.23}$$

式(3.22)の $h_{re}v_2$ は電圧源を表し，式(3.23)の $h_{fe}i_1$ は電流源を表す.

h パラメータによるエミッタ接地増幅回路の等価回路を**図3·14**(c)に示す.

h パラメータの各要素は，入出力の電圧または電流のどれかを0として求める.入力端子を開放すると $i_1 = 0$ となるので，式(3.22)より入力端開放**電圧帰還率** h_{re} は次式で表される.

$$h_{re} = \frac{v_1}{v_2} \tag{3.24}$$

式(3.23)より，入力端開放**出力アドミタンス** h_{oe} 〔S〕は次式で表される.

$$h_{oe} = \frac{i_2}{v_2} \text{ 〔S〕} \tag{3.25}$$

出力端子を短絡すると $v_2 = 0$ となるので，式(3.22)より出力端短絡**入力インピーダンス** h_{ie} 〔Ω〕は次式で表される.

$$h_{ie} = \frac{v_1}{i_1} \text{ 〔Ω〕} \tag{3.26}$$

式(3.23)より，出力端短絡**電流増幅率** h_{fe} は次式で表される.

$$h_{fe} = \frac{i_2}{i_1} \tag{3.27}$$

各記号の添え字のうち，e は emitter（エミッタ），i は input（入力），r は reverse（逆方向），f は forward（順方向），o は output（出力）を表す.

h パラメータの h_{oe}, h_{ie}, h_{fe} と電極間の電圧と電流の相互特性を**図3·15**に示す.

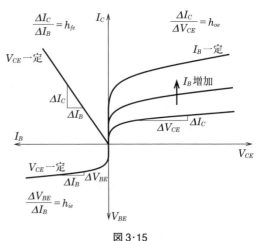

図3·15

4 ダーリントン接続

二つのトランジスタ Tr₁, Tr₂ を**図3·16**のように接続して，等価的に一つのトランジスタ Tr として用いる接続方法を**ダーリントン接続**と呼び，次の特徴がある.

① Tr の h_{fe} は，ほぼ，$h_{fe1} \times h_{fe2}$ となり大きくなる.

② Trの許容されるコレクタ電流は，Tr₂の許容されるコレクタ電流にほぼ等しい.

③ Trの耐圧は，Tr₁とTr₂の小さい方の耐圧となる.

④ Trの入力インピーダンスは大きくなり，出力インピーダンスは小さくなる.

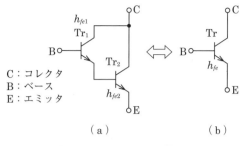

C：コレクタ
B：ベース
E：エミッタ

（a） （b）

図3·16 ダーリントン接続

FET，サイリスタ

■ FET（電界効果トランジスタ）

電流が流れるチャネル構造の半導体にチャネルを電界で制御するための電極を接合した構造のトランジスタである．チャネルの種類によって，nチャネル接合形 FET，pチャネル**接合形 FET** がある．**図3·17** にnチャネル接合形 FET の構造図，記号，$V_{GS}-I_D$ 特性を示す．**図3·17**(a)のように，p形半導体のゲートとn形半導体が pn 接合構造である．ドレイン-ソース間は1種類の半導体なので，ゲートにバイアス電圧を加えないときはドレイン電流 I_D が流れる．ゲートに負の電圧を加えると，空乏層によってn形半導体のチャネルが狭められドレイン電流が減少する.

図3·18 のように，チャネルの半導体（Si）に**絶縁膜**として**酸化膜**（SiO_2）を挟んで制御

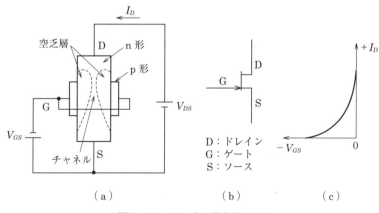

D：ドレイン
G：ゲート
S：ソース

（a） （b） （c）

図3·17 nチャネル接合形FET

第3章 半導体・電子管

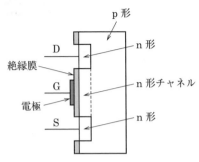

図3·18 nチャネルMOS形FET

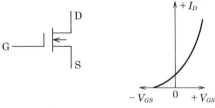

（a）nチャネルデプレッション

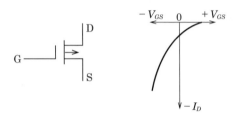

（b）pチャネルデプレッション

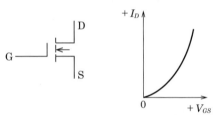

（c）nチャネルエンハンスメント

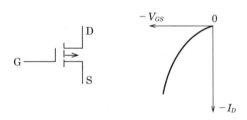

（d）pチャネルエンハンスメント

図3·19　MOS形FETの図記号と特性

電極を取り付けた構造の電界効果トランジスタを **MOS形FET** という．MOS形FETは，ゲートが絶縁膜によって絶縁されているので，接合形FETと比較して，次の特徴がある．

① ゲート電流はほとんど流れない．
② 入力インピーダンスが大きい．
③ 高周波特性がよい．
④ 静電気によってゲートが絶縁破壊しやすい．

図3·19 にMOS形FETの図記号と $V_{GS}-I_D$ 特性を示す．**図3·19**(a)のnチャネルデプレッション形FETでは，ドレインDに正（＋），ソースSに負（－）の極性の電圧を加えて動作させる．

図3·19(a)，(b)の**デプレッション**（depletion：減少）形は，あらかじめドレイン-ソース間に電流が流れるチャネルが形成されている．デプレッション形は，バイアス電圧を加えなくてもチャネルを形成しているのでドレイン電流が流れる．デプレッション形はバイアス電圧を大きくするとドレイン電流が減少する．

図3·19(c)，(d)の**エンハンスメント**（enhancement：増大）形は，バイアス電圧を加えなければチャネルを形成しないので電流が流れない．ゲート電圧を加えることによって，ドレイン-ソース間に反転層が生じてチャネルを形成する．エンハンスメント形はバイアス電

圧を大きくすると電流が増加する.

FET の特徴
　FET はトランジスタに比較して，次の特徴がある.
　① キャリアが電子か正孔の 1 種類のユニポーラ形.
　② 入力インピーダンスが極めて大きい.
　③ 利得が小さい.

② サイリスタ

　電源の制御用素子として用いられている半導体素子にサイリスタがある．3 端子サイリスタ（SCR），ゲートターンオフサイリスタ（GTO サイリスタ），3 端子双方向サイリスタ（TRIAC），2 極双方向サイリスタ（SSS）の種類がある.

　図 3·20 に p ゲート逆阻止 3 端子サイリスタを示す.

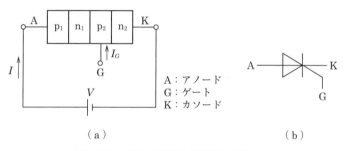

図 3·20　p ゲート逆阻止 3 端子サイリスタ

　ゲート–カソード間において，ゲートに正の順方向電圧を加えてゲート電流が流れると，サイリスタは導通状態となる．アノード–カソード間電圧 V を増加させると図 3·21 のような特性となる．V_F を越えると，n_1 と p_2 間の空乏層ではアバランシ（なだれ）が生じ，急激に電流が流れ始めて導通状態（ターンオン）となる．導通状態になると，ゲート入力がなくなっても導通状態を続けて，サイリスタに加える電圧 V を V_H 以下に下げなければ継続する．このとき V_F を**ブレークオーバ電圧**，V_H を**保持電圧**，逆方向電流が流れ始める電圧 V_B をブレー

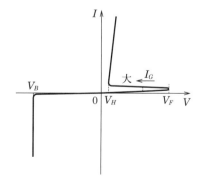

図 3·21　サイリスタの電圧―電流特性

クダウン電圧という.

　V_F まで電圧を上げなくても p2-n2 間にゲート G から電流 I_G を流せばターンオンにすることができる. このとき, I_G を大きくすると V_F は低下する.

3.5 トランジスタの特性

■1 トランジスタのコレクタ損失

　トランジスタのコレクタ-エミッタ間電圧 V_{CE} 〔V〕とコレクタ電流 I_C 〔A〕の特性曲線を**図3·22**に示す. **コレクタ損失** P_C 〔W〕は, 次式で表される.

$$P_C = V_{CE}I_C \ \text{〔W〕} \tag{3.28}$$

　最大コレクタ損失 $P_{C\max}$ 〔W〕は, **図3·22**の曲線で表すことができる. また, トランジスタは, コレクタ-エミッタ間電圧とコレクタ電流の最大定格 $V_{CE\max}$, $I_{C\max}$ の範囲で使用しなければならないので, **図3·22**の斜線で表された範囲内で動作させなければならない.

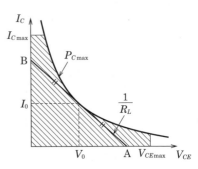

図3·22　トランジスタのコレクタ特性

　図3·22において, V_0, I_0 は, 動作点のコレクタ電圧, 電流を表し, R_L は負荷抵抗, $1/R_L$ の傾斜を持つ直線 AB は負荷線を表す.

■2 トランジスタの熱特性

　トランジスタの消費電力が P 〔W〕, 接合部の温度上昇が ΔT 〔℃〕であるとき, 接合部から周囲までの**熱抵抗** R_{th} 〔℃/W〕は次式で表される.

$$R_{th} = \frac{\Delta T}{P} \ \text{〔℃/W〕} \tag{3.29}$$

　熱抵抗は消費電力当たりの温度上昇を表す. トランジスタに放熱板を取り付けると, コレクタの接合部温度を低下させ, 熱抵抗を小さくすることができる.

　トランジスタの接合部の最大温度を $T_{j\max}$ 〔℃〕, 周囲温度を T 〔℃〕とすると, 最大コレクタ損失 $P_{C\max}$ 〔W〕は次式で表される.

$$P_{C\max} = \frac{T_{j\max} - T}{R_{th}} \ \text{〔W〕} \tag{3.30}$$

電力用トランジスタは，高電圧，大電流の使用条件で用いられる．このとき，電流増幅率，周波数特性，逆耐電圧特性，放熱などを考慮しなければならない．一般に，次の条件を満足することが必要である．
- ① 電流増幅率が大きい．
- ② 遮断周波数が高い．
- ③ 逆耐電圧が高い．
- ④ 大電流が流せる．
- ⑤ 放熱効果が良好である．

③ 高周波特性

トランジスタ増幅回路は，トランジスタの電極間容量やリード線の高周波損失抵抗などの影響で，使用周波数が高くなると増幅度が低下する．トランジスタの電流増幅率を β とすると，β の値が低周波のときの値 β_0 に対して $1/\sqrt{2}$ となる周波数を**遮断周波数**といい f_β〔Hz〕で表す．周波数 f〔Hz〕のときの β および β の大きさは，次式で表される．

$$\beta = \frac{\beta_0}{1+j\dfrac{f}{f_\beta}} \qquad (3.31)$$

$$|\beta| = \frac{\beta_0}{\sqrt{1+\left(\dfrac{f}{f_\beta}\right)^2}} \qquad (3.32)$$

また，β の大きさが 1 になる周波数を**トランジション周波数** f_T〔Hz〕といい，**図 3·23** のように表される．

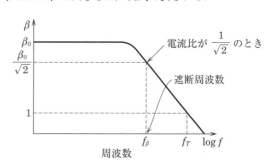

図 3·23 トランジスタの高周波特性

第 3 章 半導体・電子管

④ 雑音

ダイオードやトランジスタで発生する雑音を次に示す．

① **フリッカ雑音**：低域で発生し周波数に反比例する．周波数 f に反比例するので **1/f 雑音**と呼ばれる．

② **散弾（ショット）雑音**：電子とホールの再結合によって発生する．周波数に関係しない．

③ **分配雑音**：エミッタからのキャリアがベースとコレクタに分配するときに発生する．周波数の 2 乗に比例して発生する．

④ **白色雑音**：トランジスタに電流が流れるときに発生する散弾雑音およびベース抵抗が主な発生源となる熱雑音．周波数に関係しない．

⑤ **熱雑音**：周囲温度 T〔K〕の抵抗体 R〔Ω〕の端子には，観測する周波数帯域幅を B

〔Hz〕，ボルツマン定数を $k \fallingdotseq 1.38 \times 10^{-23}$〔J/K〕とすると，次式で表される雑音電圧 e〔V〕が発生する．

$$e = \sqrt{4kTBR} \quad 〔V〕$$

雑音はキャリア（電子）のランダムな熱運動が源になっている．抵抗体以外の共振回路のインピーダンスでも，その見かけの抵抗分に対する雑音が発生する．

雑音の周波数特性を**図 3·24** に示す．低域では，周波数が低くなるほど雑音電力が大きく，$1/f$ 雑音が大きくなる．中域では，広い周波数帯域にわたり一様に分布する散弾雑音や白色雑音が支配的になる．高域では，周波数が高くなるほど雑音電力が大きくなる分配雑音の影響が大きくなる．

> 熱雑音は，物質中における自由電子が熱によって不規則に運動するために生じるもので，温度が高くなるほど雑音電力は大きくなる．

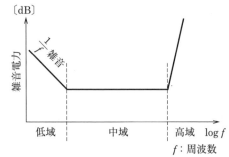

図 3·24 雑音の周波数特性

3.6 電子管

① 電子管

電子管は，真空状態の管内にあるカソード電極を加熱すると，管内の空間に電子が放出されて電流が流れ，それを電界や磁界で制御する．

（1） 進行波管（TWT）

図 3·25 のように，電子銃，入力結合回路，**ヘリックス**と呼ばれる**ら旋状導体**，出力結合回路，コレクタ，電子流集束用磁石（またはコイル）を持った構造である．

導波管から入力されたマイクロ波電界は，結合回路で結合された金属導線のら旋上を進行すると同時に，ら旋の内部に軸方向の進行波電界を作る．ら旋の内部では，マイクロ波によって半波長ごとに向きの異なる電界が発生しているので，その中を通る電子流は，マイクロ波の半波長ごとに速度の加速される部分と減速される部分が生じて粗密が生じる．減速電界中の電子流を減速するエネルギーは電界に与えられ，逆に加速電界中では電界のエネルギーが電子に与えられる．全体としては，電子は減速電界中に多く集まるので，電子のエネルギーが電界に与えられることになる．

ら旋の直径を D〔m〕，ピッチを P（$< \pi D$）〔m〕，自由空間のマイクロ波の速度を c

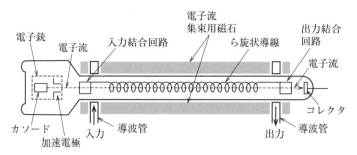

図3·25 進行波管

〔m/s〕とすると，マイクロ波が，ら旋の軸方向に進む位相速度 v_p〔m/s〕は，次式となる.

$$v_p = \frac{P}{\pi D} c \ \text{〔m/s〕} \tag{3.33}$$

直線で進行するよりも経路が長い，ら旋を伝搬することで速度が遅くなる．ら旋内の電子流の速度 v_e を電界の速度 v_p より少し速くすると，v_e と v_p の速度差により，マイクロ波は，ら旋を進むにつれて増幅される.

進行波管は，マイクロ波で雑音の少ない広帯域の増幅ができるので，大容量多重通信や衛星通信の増幅回路などに用いられる.

進行波管は，次の特徴がある.

① **広帯域性**に優れている.

② 利得×周波数帯域幅が大きい.

③ 雑音の発生が少ない.

④ 電子流集束用の磁石やコイルを必要とする.

⑤ 動作電圧範囲が狭い.

(2) クライストロン（速度変調管）

直進形クライストロンは，電子銃，入力**空洞共振器**，ドリフト空間，出力空洞共振器を持った構造である．電子銃から放出された電子は，入力空洞の入力電界によって速度変調を受け，ドリフト空間を通過する間に密度変調となって出力される．このとき，電子密度が増えることによって増幅が行われる.

反射形クライストロンは，**図3·26** のようなカソード，空洞共振器，反射電極（リ

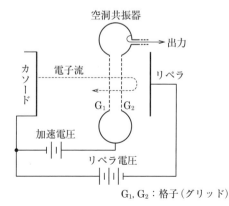

G_1, G_2：格子（グリッド）

図3·26 反射形クライストロン

ペラ）を持った構造である．反射電極で反射した電子流が密度変調を持ち，空洞共振器の格子間に電位差を発生させ，空洞にエネルギーを与えるので空洞共振器の共振周波数で発振する．

反射形クライストロンは，次の特徴がある．

① 小形で調整が容易である．

② 動作周波数帯域は比較的狭く，直線性もよくない．

③ 効率が悪く，大出力管には適さない．

④ 負荷の影響を受けやすい．

> **Point**
>
> **電界による電子の加速**
>
> 電子の電荷を $e \fallingdotseq 1.6 \times 10^{-19}$〔C〕，質量を $m \fallingdotseq 9.11 \times 10^{-31}$〔kg〕，加速される真空中の空間の電位を V〔V〕とすると，電位（電界）によって与えられた電子の速度 v〔m/s〕は，運動エネルギーと電気エネルギーを等しいとすると求めることができるので，次式で表される．
>
> $$v = \sqrt{\frac{2eV}{m}} \ \text{〔m/s〕} \tag{3.34}$$
>
> ただし，相対性原理によって v が光速に近づくと式 (3.34) は成り立たなくなる．v は自由空間中の電波の速度（光速）を超えることはない．

(3) マグネトロン

マグネトロンの構造を図 3・27 に示す．中心に円柱形の陰極，作用空間を挟んで，陰極を取り囲む形状の陽極を持つ．陽極は，いくつかの空洞共振器で構成されている．

永久磁石により外部から円柱の軸方向に磁界を加えると，陰極から放出された電子は，磁石 (magnet) の磁界によって作用空間内を回転する．電子が空洞共振器を通過するときに空洞にエネルギーを与えて発振する．

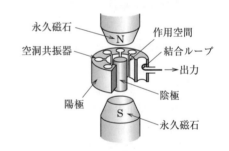

図 3・27 マグネトロン

マグネトロンは，他の電子管や半導体素子と比べて大きな発振出力が得られるので，レーダや電子レンジなどのマイクロ波の発振に用いられる．

マグネトロンは，次の特徴がある．

① マイクロ波のパルス発振に適している．

② 大出力のマイクロ波を能率よく出力することができる．

③ 発振周波数を広範囲に変化させることが難しい．

④ 強い磁界を発生させる磁石を必要とする．

(4) ブラウン管

ブラウン管は陰極線管や CRT とも呼ばれる．図3·28 に静電偏向形のブラウン管の構造を示す．真空容器の中に，電子の放出と集束および加速して電子ビームとするための電子銃，電子ビームの方向を制御するための偏向電極，蛍光面を持っている．偏

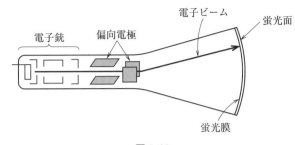

図3·28

向方式には，静電偏向と電磁偏向とがあるが，**オシロスコープ**などの測定器では偏向の直線性と周波数特性がよい静電偏向が用いられていた．

電子の量の変化で蛍光面の明るさが変化し，偏向電極に加えた交流電圧によって，蛍光面の輝点が移動するので，交流波形などを描くことができる．

> オシロスコープの原理的な動作は，ブラウン管の動作原理に基づいている．

第3章 半導体・電子管

基本問題練習

問1 ▰▰▰▰▰▰▰▰▰▰▰▰▰▰▰▰▰▰ ②陸技

次の記述は，半導体とその性質について述べたものである．このうち誤っているものを下の番号から選べ．

1 シリコンやゲルマニウムは，代表的な真性半導体であり，その原子価は4価である．
2 p形半導体を作るために真性半導体に入れる不純物をアクセプタという．
3 真性半導体は，常温付近では温度が上がると，抵抗率が低くなる．
4 不純物の濃度を濃くすると，抵抗率が高くなる．
5 n形半導体の多数キャリアは自由電子である．

◀▶▶▶▶▶ p. 108

解説 誤っている選択肢は，正しくは次のようになる．

　　4 不純物の濃度を濃くすると，抵抗率が**低くなる**．

● **解答** ●

問1-4

問2 ▮▮▮▮▮▮▮▮▮▮▮▮▮▮▮▮▮▮ 2陸技

次の記述は，半導体のキャリアについて述べたものである．□□内に入れるべき字句の正しい組合せを下の番号から選べ．

(1)　真性半導体では，ホール（正孔）と電子の密度は　$\boxed{\text{A}}$　．

(2)　一般に電子の移動度は，ホール（正孔）の移動度よりも　$\boxed{\text{B}}$　．

(3)　多数キャリアがホール（正孔）の半導体は，　$\boxed{\text{C}}$　半導体である．

	A	B	C
1	異なる	大きい	n 形
2	異なる	小さい	p 形
3	等しい	小さい	n 形
4	等しい	大きい	n 形
5	等しい	大きい	p 形

▶▶▶▶▶ p. 108

問3 ▮▮▮▮▮▮▮▮▮▮▮▮▮▮▮▮▮▮ 1陸技

図に示すn形半導体の両端に 8〔V〕の直流電圧を加えたときに流れる電流 I の値として最も近いものを下の番号から選べ．ただし，電流 I は自由電子の移動によってのみ生ずるものとする．また，自由電子の定数およびn形半導体の形状は表に示す値とする．

1　16.0〔mA〕

2　25.6〔mA〕

3　38.4〔mA〕

4　51.2〔mA〕

5　64.0〔mA〕

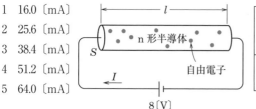

自由電子の定数	密　度 $\rho = 1 \times 10^{21}$〔個/m³〕
	電　荷 $e = -1.6 \times 10^{-19}$〔C〕
	移動度 $\mu = 0.2$〔m²/(V·s)〕
n形半導体の形状	断面積 $S = 2 \times 10^{-6}$〔m²〕
	長　さ $l = 2 \times 10^{-2}$〔m〕

▶▶▶▶▶ p. 111

解説　半導体内部の体積 $X = Sl$〔m³〕内に存在する電荷の量 Q〔C〕は，次式で表される．

$$Q = X\rho e = Sl\rho e \ \text{〔C〕} \tag{1}$$

半導体に加えた電圧を V〔V〕とすると，半導体内の電界の強さ E〔V/m〕は $E = V/l$ となるから，自由電子の移動度 μ〔m²/(V·s)〕より自由電子の速度を求めると，次式で表される．

$$v = \mu E = \frac{\mu V}{l} \ \text{〔m/s〕} \tag{2}$$

● 解答 ●

問2 -5

長さ l〔m〕の半導体を自由電子が移動するときの時間 t〔s〕は $t = l/v$ で表されるので，電流 I〔A〕は式(1)，(2)より，次式となる.

$$I = \frac{Q}{t} = \frac{Sl\rho e}{t} = S\rho v e$$

$$= \frac{S\mu\rho e V}{l}$$

$$= \frac{2\times10^{-6}\times0.2\times1\times10^{21}\times1.6\times10^{-19}\times8}{2\times10^{-2}}$$

$$= 0.2\times1.6\times8\times10^{-6+21-19-(-2)}$$

$$= 2.56\times10^{-2} \text{〔A〕} = 25.6 \text{〔mA〕}$$

問4　　　　　　　　　　　　　　　　　　　　　　1陸技

次の記述は，フォトダイオードについて述べたものである. ☐内に入れるべき字句の正しい組合せを下の番号から選べ.

(1)　光電変換には，☐A☐ を利用している.

(2)　一般に，☐B☐ 電圧を加えて使用し，受光面に当てる光の強さが強くなると電流の大きさの値は☐C☐ なる.

	A	B	C
1	光導電効果	順方向	小さく
2	光導電効果	逆方向	小さく
3	光導電効果	順方向	大きく
4	光起電力効果	逆方向	大きく
5	光起電力効果	順方向	大きく

▶▶▶▶ p. 112

問5　　　　　　　　　　　　　　　　　　　　　　1陸技

次の記述は，可変容量ダイオード D_c について述べたものである. ☐内に入れるべき字句の正しい組合せを下の番号から選べ.

(1)　可変容量ダイオードは，pn接合を持つダイオードであり，☐A☐ ダイオードとも呼ばれている.

(2)　図に示すように，D_c に加える☐B☐ 電圧の大きさ V〔V〕を大きくしていくと，pn接合の空乏層が厚くなる.

解答

問3-2　　**問4**-4

第3章　基本問題練習

第3章　半導体・電子管

(3) 空乏層が厚くなると，D_C の電極間の静電容量 C_d〔F〕は □C□ なる．

	A	B	C
1	ツェナー	順方向	大きく
2	ツェナー	逆方向	小さく
3	バラクタ	逆方向	大きく
4	バラクタ	逆方向	小さく
5	バラクタ	順方向	大きく

V：直流電圧
n：n 形半導体
p：p 形半導体

▶▶▶▶▶ p. 112

問6 ［1陸技］［2陸技類題］

次の記述は，各種半導体素子について述べたものである．□□内に入れるべき字句を下の番号から選べ．

(1) トンネルダイオードは，□ア□電圧電流特性で，負性抵抗特性が現れる素子である．

(2) フォトダイオードは，□イ□を電気エネルギーに変換する素子である．

(3) サイリスタは，□ウ□の安定状態を持つスイッチング素子である．

(4) サーミスタは，温度によって□エ□が変化する素子である．

(5) バリスタは，□オ□によって電気抵抗が変化する素子である．

1	電圧	2	静電容量	3	二つ	4	光エネルギー	5	順方向の
6	自己インダクタンス	7	電気抵抗	8	四つ	9	長さ	10	逆方向の

▶▶▶▶▶ p. 112

問7 ［2陸技］

次の記述は，半導体素子の一般的な働きまたは用途について述べたものである．□□内に入れるべき字句の正しい組合せを下の番号から選べ．

(1) バラクタダイオードは，□A□として用いられる．

(2) ツェナーダイオードは，主に□B□を加えたときの定電圧特性を利用する．

(3) ガンダイオードは，負性抵抗特性が□C□ことから，マイクロ波の発振に利用できる．

	A	B	C
1	可変静電容量素子	順方向電圧	ない
2	可変静電容量素子	逆方向電圧	ある
3	可変静電容量素子	逆方向電圧	ない

● 解答 ●

問5 -4　　問6 ア-5　イ-4　ウ-3　エ-7　オ-1

4　可変抵抗素子　　　　　順方向電圧　　　ある

5　可変抵抗素子　　　　　逆方向電圧　　　ない

▶▶▶▶▶ **p. 112**

問8　　　　　　　　　　　　　　　　　　　　　　　　　2陸技

　次の記述は，電子素子の主な用途について述べたものである．□内に入れるべき字句を下の番号から選べ．

(1)　定電圧電源などの基準電圧として用いるのは，ア である．

(2)　ボロメータ電力計の温度検出素子として用いるのは，バレッタ（白金線）や イ である．

(3)　磁束計などの磁気検出素子として用いるのは，ウ である．

(4)　同調回路などの可変静電容量素子として用いるのは，エ である．

(5)　光感知器などの受光素子として用いるのは，オ である．

1　フォトダイオード　　　2　アバランシダイオード　　　3　ホール素子

4　サーミスタ　　　　　　5　バリスタ　　　　　　　　　6　発光ダイオード

7　バラクタダイオード　　8　サイリスタ　　　　　　　　9　ストレインゲージ

10　ツェナーダイオード

▶▶▶▶▶ **p. 112**

問9　　　　　　　　　　　　　　　　　　　　　　　　　2陸技

　次の図は，半導体素子名と図記号の組合せを示したものである．このうち誤っているものを下の番号から選べ．

1　　　　　　　　　2　　　　　　　　　3　　　　　　　　　4　　　　　　　　　5

npnトランジスタ　　nチャネル接合形　　発光ダイオード　　pゲート逆阻止　　nチャネル絶縁ゲート形
　　　　　　　　　　電界効果トランジスタ　　　　　　　　　3端子サイリスタ　　エンハンスメント形
　　　　　　　　　　　　　　　　　　　　　　　　　　　　　　　　　　　　　　電界効果トランジスタ

▶▶▶▶▶ **p. 117**

解説　誤っている選択肢は，正しくは次のようになる．

　　1　pnpトランジスタ

解答

問7 -2　　**問8** ア-10　イ-4　ウ-3　エ-7　オ-1　　**問9** -1

第3章　半導体・電子管

問 10

　図1に示すダイオードDと抵抗Rを用いた回路に流れる電流I_DおよびDの両端の電圧V_Dの値の組合せとして，最も近いものを下の番号から選べ．ただし，ダイオードDの順方向特性は，図2に示す折れ線で近似するものとする．

	I_D	V_D
1	0.4〔A〕	0.7〔V〕
2	0.4〔A〕	0.9〔V〕
3	0.3〔A〕	0.6〔V〕
4	0.2〔A〕	0.7〔V〕
5	0.2〔A〕	0.9〔V〕

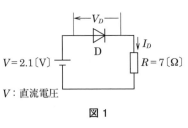

図 1

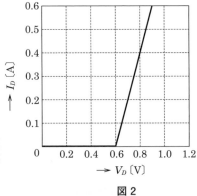

V_D：順方向電圧
I_D：順方向電流

図 2

▶▶▶▶▶ p. 116

解説　問題の図よりダイオードの特性曲線の変化は直線だから，電圧V_Dが$0.6 \sim 0.8$〔V〕に変化したとき電流I_Dは$0 \sim 0.4$〔A〕となるので，電流が流れているときのI_Dを表す式は次式となる．

$$I_D = (V_D - 0.6) \times \frac{400}{0.8 - 0.6} \times 10^{-3} = 2V_D - 1.2 \text{〔A〕} \tag{1}$$

閉回路より次式が成り立つ．

$$V_D + RI_D = V$$
$$V_D + 7I_D = 2.1 \tag{2}$$

式(2)のV_Dを式(1)に代入すると，次式が成り立つ．

$$I_D = 2 \times (2.1 - 7I_D) - 1.2 = 4.2 - 14I_D - 1.2$$
$$15I_D = 3 \quad \text{よって，} \quad I_D = 0.2 \text{〔A〕} \tag{3}$$

式(3)を式(2)に代入すると，次式となる．

$$V_D = 2.1 - 7I_D = 2.1 - 7 \times 0.2 = 0.7 \text{〔V〕}$$

　また，V_D の横軸を直流電源電圧の 2.1〔V〕まで伸ばして，$V_D = 0$〔V〕のときの縦軸の電流 $V_D/R = 0.3$〔A〕と，横軸の 2.1〔V〕を結ぶ負荷線を引くと，ダイオードの特性曲線との交点からダイオードの動作点を求めることもできる．

問 11 　　　　　　　　　　　　　　　　　　　　　　　　1陸技 2陸技類題

　次の記述は，理想的なダイオード D および 2〔kΩ〕の抵抗 R を組み合わせた回路の電圧電流特性について述べたものである．□□内に入れるべき字句の正しい組合せを下の番号から選べ．ただし，回路に加える直流電圧および電流をそれぞれ V および I とする．

(1)　図1に示す回路の V–I 特性のグラフは，□A□である．

(2)　図2に示す回路の V–I 特性のグラフは，□B□である．

(3)　図3に示す回路の V–I 特性のグラフは，□C□である．

	A	B	C
1	ア	オ	イ
2	イ	ア	オ
3	ウ	エ	イ
4	イ	エ	ア
5	エ	ア	ウ

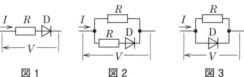

図 1　　　　　図 2　　　　　図 3

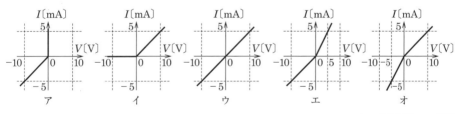

ア　　　　イ　　　　ウ　　　　エ　　　　オ

▶▶▶▶▶ p. 116

● 解答 ●

問 10 －4

第3章　半導体・電子管

解説

(1) 順方向は 2〔kΩ〕の抵抗により 10〔V〕, 5〔mA〕を通る直線となる. 逆方向は, 電流が流れないので電圧軸方向の直線となる.

(2) 順方向は 2〔kΩ〕の二つの抵抗が並列接続となるので合成抵抗は 1〔kΩ〕だから, 5〔V〕, 5〔mA〕を通る直線となる. 逆方向は 2〔kΩ〕の抵抗により −10〔V〕, −5〔mA〕を通る直線となる.

(3) 順方向はダイオードの順方向抵抗が 0〔Ω〕なので, 電流軸方向の直線となる. 逆方向は 2〔kΩ〕の抵抗により −10〔V〕, −5〔mA〕を通る直線となる.

問 12 ▰▰▰▰▰▰▰▰▰▰ 2陸技

図 1 に示すトランジスタ（Tr）回路で, コレクタ電流 I_C が 4.95〔mA〕変化したときのエミッタ電流 I_E の変化が 5.00〔mA〕であった. 同じ Tr を用いて図 2 の回路を作り, ベース電流 I_B を 20〔μA〕変化させたときのコレクタ電流 I_C〔mA〕の変化の値として, 最も近いものを下の番号から選べ. ただし, トランジスタの電極間の電圧は, 図 1 および図 2 で同じ値とする.

1 0.25〔mA〕

2 0.50〔mA〕

3 0.99〔mA〕

4 1.50〔mA〕

5 1.98〔mA〕

C：コレクタ
E：エミッタ
B：ベース
R：抵抗〔Ω〕
V_1, V_2：直流電源電圧〔V〕

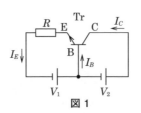

図 1

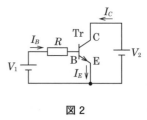

図 2

▶▶▶▶▶ p. 117

解説　問題図 1 において, コレクタ電流の変化を ΔI_C, エミッタ電流の変化を ΔI_E とすると, ベース接地電流増幅率 α は, 次式で表される.

$$\alpha = \frac{\Delta I_C}{\Delta I_E} = \frac{4.95}{5.00} = 0.99 \tag{1}$$

● 解答 ●

問 11 −4

ベース電流の変化を ΔI_B とすると，エミッタ接地電流増幅率 β は，式(1)より次式で表される．

$$\beta = \frac{\Delta I_C}{\Delta I_B} = \frac{\alpha}{1-\alpha} = \frac{0.99}{1-0.99} = 99 \tag{2}$$

式(2)を用いて，ベース電流の変化 ΔI_B より，コレクタ電流の変化 ΔI_C を求めると，次式で表される．

$$\Delta I_C = \beta \Delta I_B = 99 \times 20 \times 10^{-6} = 1.980 \times 10^{-3} \,[\text{A}] \;= 1.98 \,[\text{mA}] \tag{3}$$

問13

図に示すように，二つのトランジスタ Tr_1 および Tr_2 で構成した回路の電流増幅率 $A_i = I_o/I_i$ および入力抵抗 $R_i = V_i/I_i$ の値の組合せとして，最も近いものを下の番号から選べ．ただし，Tr_1 および Tr_2 の h 定数は表の値とし，h_{re} および h_{oe} [S] は無視するものとする．

h 定数の名称	記号	Tr_1	Tr_2
入力インピーダンス	h_{ie}	3[kΩ]	2[kΩ]
電流増幅率	h_{fe}	120	50

	A_i	R_i
1	4,150	245 [kΩ]
2	4,150	285 [kΩ]
3	6,170	245 [kΩ]
4	6,170	285 [kΩ]
5	8,350	460 [kΩ]

C：コレクタ
E：エミッタ
B：ベース

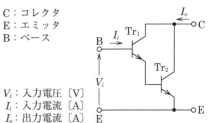

V_i：入力電圧 [V]
I_i：入力電流 [A]
I_o：出力電流 [A]

▶▶▶▶▷ p. 119

解説 等価回路は**図3·29**のようになる．入力電圧 V_i は，**図3·29**より次式で表される．

$$\begin{aligned}
V_i &= V_{be1} + V_{be2} \\
&= h_{ie1}I_{b1} + h_{ie2}I_{b2} \\
&= h_{ie1}I_{b1} + h_{ie2}(I_{b1} + h_{fe1}I_{b1})
\end{aligned} \tag{1}$$

出力電流 I_o は，次式で表される．

$$\begin{aligned}
I_o &= I_{c1} + I_{c2} \\
&= h_{fe1}I_{b1} + h_{fe2}I_{b2} \\
&= h_{fe1}I_{b1} + h_{fe2}(I_{b1} + h_{fe1}I_{b1})
\end{aligned} \tag{2}$$

式(2)より，電流増幅率 A_i は次式となる．

解答

問12 -5

$$A_i = \frac{I_o}{I_{b1}}$$

$$= h_{fe1} + h_{fe2} + h_{fe1}h_{fe2}$$

$$= 120 + 50 + 120 \times 50 = 6{,}170$$

式(1)より，入力抵抗 R_i〔kΩ〕を，数値を〔kΩ〕のまま計算して求めると次式となる．

$$R_i = \frac{V_i}{I_{b1}}$$

$$= h_{ie1} + h_{ie2} + h_{fe1}h_{ie2}$$

$$= 3 + 2 + 120 \times 2 = 245 \text{ 〔kΩ〕}$$

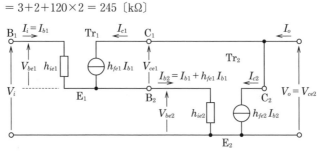

図 3·29

問 14

2陸技

図 1 に示すように，トランジスタ Tr_1 および Tr_2 をダーリントン接続した回路を，図 2 に示すように一つのトランジスタ Tr_0 とみなしたとき，Tr_0 のエミッタ接地直流電流増幅率 h_{FE0} を表す近似式として，正しいものを下の番号から選べ．ただし，Tr_1 および Tr_2 のエミッタ接地直流電流増幅率をそれぞれ h_{FE1} および h_{FE2} とし，$h_{FE1} \gg 1$，$h_{FE2} \gg 1$ とする．

1 $h_{FE0} \fallingdotseq h_{FE1}{}^2 + h_{FE2}$

2 $h_{FE0} \fallingdotseq h_{FE1} + h_{FE2}{}^2$

3 $h_{FE0} \fallingdotseq 2h_{FE1}{}^2 h_{FE2}$

4 $h_{FE0} \fallingdotseq 2h_{FE1} h_{FE2}{}^2$

5 $h_{FE0} \fallingdotseq h_{FE1} h_{FE2}$

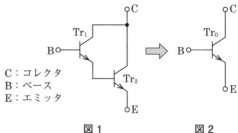

C：コレクタ
B：ベース
E：エミッタ

図 1　　　　　図 2

▶▶▶▶▶ p. 119

解答

問 13 -3

解説 $\mathrm{Tr_0}$ の電流増幅率 h_{FE0} は，次式で表される．

$$h_{FE0} = h_{FE1} + h_{FE2} + h_{FE1}h_{FE2} \tag{1}$$

題意の条件の $h_{FE1} \gg 1$，$h_{FE2} \gg 1$ より，$h_{FE1}h_{FE2} \gg h_{FE1}$，$h_{FE1}h_{FE2} \gg h_{FE2}$ となるから，式(1)は次式となる．

$$h_{FE0} \fallingdotseq h_{FE1}h_{FE2}$$

問 15 1陸技類題 2陸技

次の記述は，図1に示す図記号および図2に示す原理的な構造の電界効果トランジスタ(FET)について述べたものである．このうち誤っているものを下の番号から選べ．ただし，電極のドレイン，ゲートおよびソースをそれぞれD，GおよびSで表す．

1　FETの構造は，接合形である．

2　チャネルは，p形である．

3　チャネルに流れる多数キャリアは，自由電子である．

4　一般に，D-S間には，Dに正($+$)，Sに負($-$)の電圧を加えて使う．

5　一般に，G-S間には，Gに負($-$)，Sに正($+$)の電圧を加えて使う．

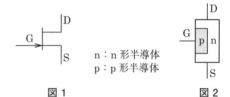

n：n形半導体
p：p形半導体

図1　　図2

▶▶▶▶▶ p. 120

解説　誤っている選択肢は，正しくは次のようになる．

2　チャネルは，n形である．

問 16 1陸技類題 2陸技

次の記述は，エンハンスメント形のnチャネル絶縁ゲート形電界効果トランジスタ(FET)について述べたものである．このうち誤っているものを下の番号から選べ．ただし，電極のドレイン，ゲートおよびソースをそれぞれD，GおよびSとする．

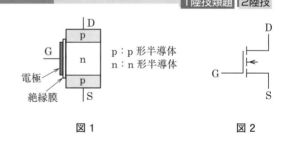

p：p形半導体
n：n形半導体

電極
絶縁膜

図1　　図2

● **解答** ●

問 14 -5　　**問 15** -2

第3章　半導体・電子管

1 原理的な内部構造は，図1である．

2 図記号は，図2である．

3 D-S 間に流れる電流のキャリアは，主に自由電子である．

4 一般に D-S 間に加える電圧は，D が正（＋）で S が負（−）である．

5 D-S 間に電圧を加えて，G-S 間の電圧を 0〔V〕にしたとき，D に電流は流れない．

▶▶▶▶▶ **p. 120**

解説 **図 3·30** に内部構造を示す．n チャネル絶縁ゲート形電界効果ト
ランジスタは，ゲート電圧を加えることによって，p 形半導体のド
レイン-ソース間に反転層が生じてチャネルを形成して，電流が流
れる．

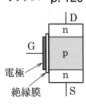

図 3·30

問 17

次の図は，電界効果トランジスタ(FET)の図記号と伝達特性の概略図の組合せを示した
ものである．このうち誤っているものを下の番号から選べ．ただし，伝達特性は，ゲート
(G)-ソース(S)間電圧 V_{GS}〔V〕とドレイン(D)電流 I_D〔A〕間の特性である．また，V_{GS} お
よび I_D は図の矢印で示した方向を正(＋)とする．

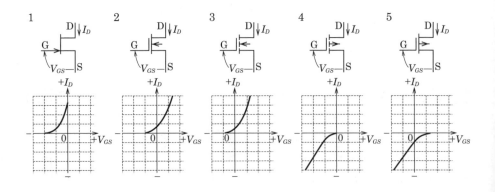

▶▶▶▶▶ **p. 120**

解答

問 16 -1

解説 選択肢3の正しい伝達特性の概略図を**図3・31**に示す.

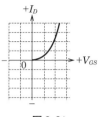

図3・31

問18 1陸技 2陸技類題

次の記述は,図1に示す図記号のサイリスタについて述べたものである. 内に入れるべき字句の正しい組合せを下の番号から選べ. ただし,電極のアノード,ゲートおよびカソードをそれぞれA,GおよびKとする.

(1) 名称は, A 逆阻止3端子サイリスタである.

(2) 等価回路をトランジスタで表すと,図2の B である.

(3) 図3に示す回路に図4に示すG-K間電圧 v_{GK} 〔V〕を加えてサイリスタをONさせたとき抵抗Rには,ほぼ t_1 〔s〕から C 〔s〕の時間だけ電流が流れる.

	A	B	C
1	nゲート	ア	t_2
2	nゲート	イ	t_3
3	pゲート	ア	t_2
4	pゲート	ア	t_3
5	pゲート	イ	t_3

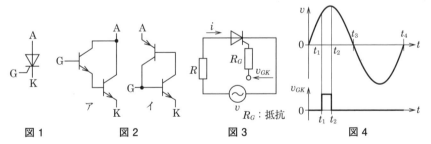

図1   図2   図3   図4

R_G:抵抗

▶▶▶▶▶ p. 122

解説 問題の図4のようにG-K間にトリガ電圧 V_{GK} を加えると,アノードから急激に電流 i が流れ始めて導通状態(ターンオン)となる. 次にアノード-カソード間電圧 v が保持

●解答●

問17-3

電圧以下になるまで電流は流れ続けるので，問題の図 4 の t_1 から t_3 の間に電流 i が流れる．

問 19 1 陸技

次の記述は，トランジスタの最大コレクタ損失 P_{Cmax} について述べたものである．　　内に入れるべき字句の正しい組合せを下の番号から選べ．

(1) 動作時に $\boxed{\text{A}}$ において連続的に消費し得る電力の最大許容値をいう．

(2) 周囲温度が高くなると，$\boxed{\text{B}}$ なる．

(3) $P_{Cmax} = 5$ 〔W〕のトランジスタでは，コレクタ-エミッタ間の電圧 V_{CE} を 40 〔V〕で連続使用するとき，流し得る最大のコレクタ電流 I_C は，$\boxed{\text{C}}$ 〔mA〕である．

	A	B	C
1	コレクタ接合	小さく	625
2	コレクタ接合	大きく	125
3	コレクタ接合	小さく	125
4	エミッタ接合	小さく	625
5	エミッタ接合	大きく	125

▶▶▶▶▶ p. 123

解説　流し得る最大のコレクタ電流 I_C 〔A〕は，次式で表される．

$$I_C = \frac{P_{Cmax}}{V_{CE}} = \frac{5}{40} = 0.125 \text{〔A〕} = 125 \text{〔mA〕}$$

問 20 1 陸技

低周波領域におけるエミッタ接地電流増幅率 h_{fe0} が 320 で，トランジション周波数 f_T が 80 〔MHz〕のトランジスタのエミッタ接地電流増幅率 h_{fe} の遮断周波数 f_C の値として，最も近いものを下の番号から選べ．ただし，高周波領域の周波数 f 〔Hz〕における h_{fe} は，$h_{fe} = h_{fe0}/\{1+j(f/f_C)\}$ で表せるものとする．また，f_C は $h_{fe} = h_{fe0}/\sqrt{2}$ になる周波数であり，f_T は $h_{fe} = 1$ になる周波数である．

1　1.25 〔MHz〕　　　2　1.00 〔MHz〕　　　3　0.75 〔MHz〕

4　0.50 〔MHz〕　　　5　0.25 〔MHz〕

▶▶▶▶▶ p. 124

解答

問 18 -5　　　**問 19** -3

解説 題意の式より，h_{fe} の大きさは次式で表される.

$$h_{fe} = \frac{h_{fe0}}{\sqrt{1+\left(\dfrac{f}{f_C}\right)^2}} \tag{1}$$

トランジション周波数 f_T〔MHz〕のときに h_{fe} の大きさが1となるので，この関係を式(1)に代入して遮断周波数 f_C〔MHz〕を求めると，次式となる.

$$1 = \frac{h_{fe0}}{\sqrt{1+\left(\dfrac{f_T}{f_C}\right)^2}}$$

$$1+\left(\frac{f_T}{f_C}\right)^2 = h_{fe0}{}^2$$

$$f_C = \frac{f_T}{\sqrt{h_{fe0}{}^2-1}} = \frac{80}{\sqrt{320^2-1}}$$

$$\fallingdotseq \frac{80}{320} = 0.25 \ \text{〔MHz〕}$$

問21　　　　　　　　　　　　　　　　　　　　　1陸技

次の記述は，ダイオードまたはトランジスタから発生する雑音について述べたものである．☐内に入れるべき字句の正しい組合せを下の番号から選べ．

(1) 周波数特性の高域で観測され，エミッタ電流がベース電流とコレクタ電流に分配される比率のゆらぎによって生ずる雑音は，☐A☐である．

(2) 周波数特性の中域で観測され，電界を加えて電流を流すとき，キャリアの数やドリフト速度のゆらぎによって生ずる雑音は，☐B☐である．

(3) 周波数特性の低域で観測され，周波数 f に反比例する特性があることから $1/f$ 雑音ともいわれる雑音は，☐C☐である．

	A	B	C
1	フリッカ雑音	分配雑音	ホワイト雑音
2	フリッカ雑音	散弾雑音	熱雑音
3	散弾雑音	フリッカ雑音	熱雑音
4	分配雑音	散弾雑音	フリッカ雑音
5	分配雑音	フリッカ雑音	ホワイト雑音

▶▶▶▶▶ p. 124

● 解答 ●

問20 -5　　**問21** -4

第
3
章
　
半
導
体
・
電
子
管

次の記述は，図1に示す進行波管（TWT）について述べたものである．□□内に入れるべき字句を下の番号から選べ．ただし，図2は，ら旋の部分のみを示したものである．

(1) 電子銃からの電子流は，コイルで ア され，マイクロ波の通路であるら旋の中心を貫き，コレクタに達する．

(2) 導波管 W_1 から入力されたマイクロ波は，ら旋上を進行すると同時に，ら旋の イ に軸方向の進行波電界を作る．

(3) ら旋の直径が D〔m〕，ピッチが P〔m〕のとき，マイクロ波のら旋の軸方向の位相速度 v_p は，光速 c〔m/s〕の約 ウ 倍になる．

(4) 電子の速度 v_e を v_p より少し速くすると，マイクロ波の大きさは，v_e と v_p の速度差により，ら旋を進むにつれて エ される．

(5) 進行波管は，空洞共振器などの同調回路がないので，オ 信号の増幅が可能である．

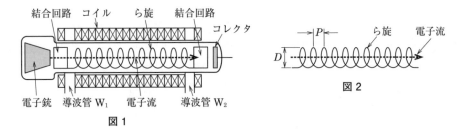

図1

図2

1	狭帯域の	2	増幅	3	$\dfrac{P}{\pi D}$	4	外部	5	集束
6	広帯域の	7	減衰	8	$\dfrac{\pi D}{P}$	9	内部	10	発散

▶▶▶▶▶ p. 125

解説 ら旋の円周は $l = \pi D$〔m〕で表される．進行方向にピッチ P〔m〕移動するときに，ら旋上の電界は l〔m〕の経路を通る．真空中の電波の速度は，光速 c〔m/s〕なので，ら旋上の電界の位相速度 v_p〔m/s〕は次式で表される．

$$v_p = c \times \frac{P}{l} = c \times \frac{P}{\pi D} \ \text{〔m/s〕}$$

よって，c の $P/\pi D$ 倍になる．

● 解答 ●

問 22 ア-5 イ-9 ウ-3 エ-2 オ-6

問23

次の記述は，図に示す原理的な構造のマグネトロンについて述べたものである． □内に入れるべき字句を下の番号から選べ．

(1) 電極の数による分類では，│ ア │である．

(2) 陽極-陰極間には│ イ │を加える．

(3) 作用空間では，電界と磁界の方向は互いに│ ウ │．

(4) 発振周波数を決める主な要素は，│ エ │である．

(5) │ オ │や調理用電子レンジなどの高周波発振用として広く用いられている．

図中ラベル：永久磁石，N，作用空間，空洞共振器，結合ループ，出力，陰極，陽極，S，永久磁石

1 4極管 2 直流電圧 3 直交している 4 空洞共振器 5 レーダ
6 2極管 7 交流電圧 8 平行である 9 陰極 10 AMラジオ放送

▶▶▶▶▶ p. 127

問24

次の記述は，マイクロ波電子管について述べたものである．このうち正しいものを1，誤っているものを2として解答せよ．

ア マグネトロンは，電界と磁界の作用で電子流を制御する．

イ マグネトロンは，レーダ用送信管として用いることができない．

ウ 進行波管は，広帯域の周波数の増幅を行うことができる．

エ 進行波管には，使用周波数を決める空洞共振器がある．

オ 進行波管は，通信・放送衛星などに利用できる．

▶▶▶▶▶ p. 125

解説 誤っている選択肢は，正しくは次のようになる．

イ マグネトロンは，レーダ用送信管として**用いることができる**．

エ 進行波管には，使用周波数を決める空洞共振器が**ない**．

解答

問23 ア-6 イ-2 ウ-3 エ-4 オ-5 **問24** ア-1 イ-2 ウ-1 エ-2 オ-1

第3章 半導体・電子管

電子回路

  トランジスタ増幅回路

▌接地方式

　トランジスタを**増幅回路**に用いるときにどの電極を入力と出力で共通にするかによって，**エミッタ接地**，**ベース接地**，**コレクタ接地**増幅回路がある．コレクタ接地増幅回路は，エミッタホロワ増幅回路とも呼ばれる．各接地方式の回路を**図4・1**に示す．各接地方式は**表4.1**の特徴がある．

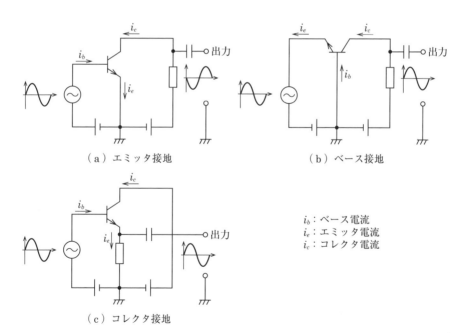

（a）エミッタ接地　　　　　　　　　　　（b）ベース接地

（c）コレクタ接地

i_b：ベース電流
i_e：エミッタ電流
i_c：コレクタ電流

図4・1　トランジスタの接地方式

　直流電圧源自体のインピーダンスは$0〔Ω〕$なので，直流電圧源を短絡しているものとすれば，図4・1(c)はコレクタが接地された増幅回路となる．

表4·1　各接地方式の特徴

	エミッタ接地	ベース接地	コレクタ接地
電圧利得	大きい	中位	1以下（ほぼ1）
電流利得	大きい	1以下（ほぼ1）	大きい
電力利得	大きい	中位	小さい
入力インピーダンス	数百～数千〔Ω〕	数十～数百〔Ω〕	数十〔kΩ〕以上
出力インピーダンス	数十～数百〔Ω〕	数百〔kΩ〕	数十～数百〔Ω〕
入出力の位相関係	逆位相	同位相	同位相
周波数特性	悪い	良い	良い

　トランジスタは，一般に低周波や高周波の交流の増幅回路として用いられるので，接地方式の特徴も増幅回路として用いたときの特徴である.

② バイアス回路

　トランジスタは，一方の向きにしか電流が流れないので，正負に変化する交流信号の増幅回路として使用するためには，入力信号に適当な直流電圧を加えて，入力電流の振幅よりも大きな直流入力電流を流さなければならない. この電流の値を動作点といい電流を流すための回路を**バイアス回路**という.

　エミッタ接地増幅回路では，ベース側とコレクタ側に電源が必要となるが，**図4·2**のように，入力と出力に独立した電源を用いる2電源方式と一つの電源でコレクタおよびベースにバイアス電圧を加える1電源方式がある.

　1電源方式のバイアス回路を次に示す. トランジスタの特性のばらつきや周囲温度の変化

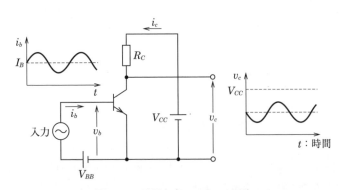

図4·2　2電源方式のバイアス回路

により，トランジスタを流れる電流が変動すると，動作点が変動し所要の動作が行われなくなる．バイアス回路の構成によって安定度が異なる．

(1) 固定バイアス回路

回路図を**図 4・3**(a)に示す．トランジスタを働かせるためには基本的には 2 電源が必要であるが，1 電源の場合はベースバイアス電流 I_B を決める抵抗 R_B を電源電圧 V_{CC} に接続してある．この回路は，電源電圧が比較的低い場合に用いられる．

固定バイアス回路は，次の特徴がある．

① 回路が簡単である．

② 温度変化やトランジスタの特性のばらつきにより，動作点のずれが大きい．

③ 他の回路に比べて安定度がよくない．

(2) 自己バイアス回路

回路図を**図 4・3**(b)に示す．ベースバイアス電流を決めるための抵抗をコレクタに接続し，これによって負帰還作用が働くようにしてある．コレクタ−エミッタ間電圧 V_{CE} を R_B で降圧して，バイアス電圧 V_{BE} を得る回路である．

自己バイアス回路は，次の特徴がある．

① 回路が簡単である．

② 負帰還作用によってコレクタ電流の値が安定する．

③ 負帰還作用によって利得が小さい．

④ 入力インピーダンスが低い．

⑤ 温度に対する安定度やコレクタ電流の変動が，電流帰還バイアス回路に比べると悪い．

第4章 電子回路

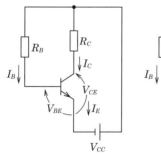
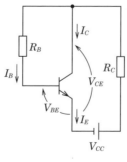
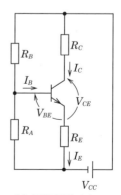

(a) 固定バイアス　　　　(b) 自己バイアス　　　　(c) 電流帰還バイアス

図 4・3 1 電源方式のバイアス回路

(3) 電流帰還バイアス回路

回路図を図4・3(c)に示す．ベースバイアス電圧を電源電圧 V_{CC} からブリーダ抵抗 R_A, R_B〔Ω〕で分圧して得ている．また，エミッタとアース間に安定化抵抗 R_E を入れることにより，電流の変化を電圧に変えてベースに返すことで安定化している．

電流帰還バイアス回路は，次の特徴がある．

① **安定度**がよい．

② トランジスタの特性のばらつきによる，動作点のずれが小さい．

③ 回路が複雑になる．

④ 直流損失が大きい．

> 部品定数や周囲温度の変動によって，コレクタ電流が変動しにくい特性を安定度で表す．安定度が高いのは図(c)の電流帰還バイアス回路，次に自己バイアス回路，固定バイアス回路の順である．

③ *CR* 結合増幅回路

トランジスタ増幅回路は，主に低周波や高周波の交流を増幅するために用いられる．**図 4・4**(a)に示す ***CR* 結合低周波増幅回路**では，増幅回路の入力と出力において結合用コンデンサ C_C を用いて交流電圧のみ増幅する．等価回路は図(b)となるので電圧増幅度 A_V は次式のように求めることができる．

入力および出力回路の並列インピーダンスは，

$$R_{AB} = \frac{R_A R_B}{R_A + R_B} \ \text{〔Ω〕} \tag{4.1}$$

$$Z_i = \frac{h_{ie} R_{AB}}{h_{ie} + R_{AB}} \ \text{〔Ω〕} \tag{4.2}$$

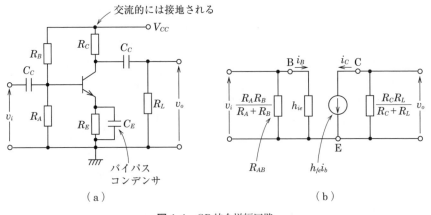

（a）　　　　　　　　　　　　　　（b）

図 4・4 *CR* 結合増幅回路

$$Z_o = \frac{R_C R_L}{R_C + R_L} \ \text{〔Ω〕} \tag{4.3}$$

で表され，電流増幅率 $h_{fe} = i_c/i_b$ なので，

$$A_V = \frac{v_o}{v_i} = \frac{Z_o i_c}{Z_i i_b} = \frac{Z_o h_{fe}}{Z_i} \tag{4.4}$$

となる．入力の並列合成抵抗 R_{AB} が h_{ie} に比較して大きい場合は，$Z_i \fallingdotseq h_{ie}$ となるので電圧増幅度 A_V は次式となる．

$$A_V = \frac{Z_o h_{fe}}{h_{ie}} \tag{4.5}$$

> 　トランジスタ増幅回路を多段接続する場合は，前段のコレクタ直流電圧が次段のベースに加わらないように結合コンデンサ C_C によって，直流電圧を分離しなければならない．バイパスコンデンサ C_E は，R_E の負帰還作用による増幅度の低下を防ぐ目的を持っている．コンデンサの静電容量は，信号成分に対してはリアクタンスが小さくなるような値を選んでいる．

　結合用のコンデンサによって，出力側に負荷を接続すると等価的なコレクタ抵抗が低下するので，最適な動作点の設定をしなければならない．動作点の設定は，信号の大振幅動作に対してもひずみを生じないように，**図4·5** のように $V_{CE} - I_C$ 特性の上に直流負荷線と交流負荷線を引いて，その交点から動作点を決める．

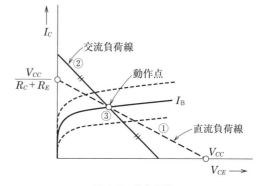

図4·5　出力特性

　直流負荷線①は，次の式を満たす $R_C + R_E$ の直線を引けばよい．

$$V_{CC} \fallingdotseq V_{CE} + (R_C + R_E) I_C \ \text{〔V〕} \tag{4.6}$$

このとき，①の直線の傾斜は，$-1/(R_C + R_E)$ となる．

　交流負荷線②は，直線の傾斜が，$-1/Z_o$ となる．信号成分 i_c 〔A〕が次の式，

$$i_c = \frac{v_{ce}}{Z_o} \ \text{〔A〕} \tag{4.7}$$

を満たし，直流負荷線で二等分される点③を動作点とする．

　ベース電流の値が動作点の値に等しくなるように，ブリーダ抵抗 R_A, R_B 〔Ω〕の値を決定すればよい．

④ 高周波増幅回路

　CR 結合増幅回路は，主に低周波増幅回路として用いられ，**高周波増幅回路**には，**図4·6**

に示す**単同調増幅回路**や共振回路を相互インダクタンスで結合した**複同調増幅回路**が用いられる．単同調増幅回路には，図4·6の同調回路のコイルをトランスと兼ねたトランス結合形や静電容量で結合した容量結合形が使用される．高周波増幅回路では，トランジスタの内部容量を通しての帰還が発生して，動作が不安定になることがある．これを解決するために，図4·6の C_N によって逆位相で帰還する中和回路を用いる．LC 同調回路は増幅する周波数 f_0〔Hz〕に共振させる．共振回路の尖鋭度を Q とすると，周波数帯幅 B〔Hz〕は，$B = f_0/Q$〔Hz〕となる．

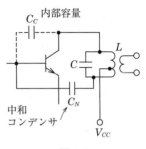

図4·6

> 複同調増幅回路は二つの同調回路の共振周波数を少し離調することで，単同調回路に比べて周波数帯幅を広くすることができ，帯域外の減衰を急峻にすることができる．

5 電力増幅回路

(1) 変成器結合

図4·7に示す変成器（トランス）結合回路において，1次側と2次側の電圧を V_1, V_2〔V〕，巻数を N_1, N_2，電流を I_1, I_2〔A〕とすると，電圧比は巻数比に比例し，電流比は巻数比に反比例するので，次式が成り立つ．

$$\frac{N_1}{N_2} = \frac{V_1}{V_2} = \frac{I_2}{I_1} \tag{4.8}$$

2次側に負荷抵抗 R_2〔Ω〕を接続すると，次式で表される．

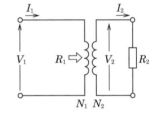

図4·7 変成器結合回路

$$R_2 = \frac{V_2}{I_2} \ \text{〔Ω〕} \tag{4.9}$$

式(4.9)に式(4.8)の関係を代入すると，次式となる．

$$R_2 = \frac{\dfrac{N_2}{N_1}V_1}{\dfrac{N_1}{N_2}I_1} = \left(\frac{N_2}{N_1}\right)^2 \times \frac{V_1}{I_1} \tag{4.10}$$

1次側から2次側を見た抵抗を R_1〔Ω〕とすると，式(4.10)より次式で表される．

$$R_1 = \frac{V_1}{I_1} = \left(\frac{N_1}{N_2}\right)^2 R_2 \ \text{〔Ω〕} \tag{4.11}$$

(2) 変成器結合増幅回路

図4·8に変成器結合のA級電力増幅回路を示す．

図4·8 の回路において，変成器 T の 1 次側と 2 次側の巻数を N_1, N_2 とすると負荷抵抗 R_L〔Ω〕を変成器の 1 次側に変換した抵抗値 R_{LT}〔Ω〕は，次式で表される．

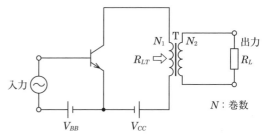

$$R_{LT} = \left(\frac{N_1}{N_2}\right)^2 R_L \ 〔\Omega〕 \tag{4.12}$$

図4·8 変成器結合増幅回路

出力回路の**交流負荷線**は図4·9のようになる．図4·9において，動作点は電源電圧 V_{CC}〔V〕の位置となり，最大振幅電圧は電源電圧 V_{CC} に等しくなる．正弦波電圧および電流の実効値を V_e〔V〕, I_e〔A〕とすると，**最大出力電力 P_m**〔W〕は，次式で表される．

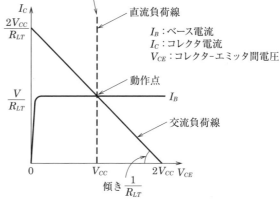

図4·9 出力特性

$$P_m = V_e I_e = \frac{V_m}{\sqrt{2}} \times \frac{I_m}{\sqrt{2}}$$

$$= \frac{V_{CC}}{\sqrt{2}} \times \frac{V_{CC}}{\sqrt{2}R_{LT}}$$

$$= \frac{V_{CC}{}^2}{2R_L}\left(\frac{N_2}{N_1}\right)^2 \ 〔\mathrm{W}〕 \tag{4.13}$$

トランジスタの出力電力は，交流波形の実効値から求める．

Point

実効値と平均値

最大値が V_m〔V〕の正弦波の実効値を V_e〔V〕，平均値を V_a〔V〕とすると，次式で表される．

$$V_e = \frac{V_m}{\sqrt{2}} \doteqdot 0.71 V_m \ 〔\mathrm{V}〕 \tag{4.14}$$

$$V_a = \frac{2V_m}{\pi} \doteqdot 0.64 V_m \ 〔\mathrm{V}〕 \tag{4.15}$$

FET 増幅回路

■1 接地方式

FET（電界効果トランジスタ）は，p 形あるいは n 形半導体のチャネルに流れる電流を
ゲート電極の電界で制御する構造の素子である．FET を増幅回路に用いるときにどの電極
を入力と出力で共通にするかによって，**ソース接地**，**ゲート接地**，**ドレイン接地**増幅回路が
ある．n チャネル接合形 FET を用いた各接地方式の回路を**図 4·10** に示す．

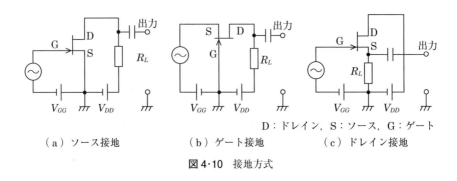

D：ドレイン，S：ソース，G：ゲート

（a）ソース接地　　　　　（b）ゲート接地　　　　（c）ドレイン接地

図 4·10　接地方式

各接地方式は**表 4.2** の特徴がある．

表 4·2　各接地方式の特徴

	ソース接地	ゲート接地	ドレイン接地
電圧増幅度	中位	中位	小さい
電流増幅度	非常に大きい	小さい	非常に大きい
電力増幅度	非常に大きい	中位	非常に大きい
入力インピーダンス	非常に大きい	小さい	非常に大きい
出力インピーダンス	中位	大きい	小さい
入出力の位相関係	逆位相	逆位相	同位相

　FET は，一般に低周波や高周波の交流の増幅回路として用いられるので，接地方式の特徴も増
幅回路として用いたときの特徴である．

❷ ソース接地増幅回路

nチャネル接合形FETを用いたソース接地増幅回路を**図4・11**(a)に，その等価回路を**図4・11**(b)に示す．ソース接地増幅回路の入力は，ゲート-ソース間となるので，入力回路のゲート電流が極めて小さいことから，トランジスタのように入力電流を考えることなく，回路の動作を解析することができる．

ゲート電圧を v_G 〔V〕，相互コンダクタンスを g_m 〔S〕とすると，ドレイン電流 i_D 〔A〕は次式で表される．

$$i_D = g_m v_G \ \text{〔A〕} \tag{4.16}$$

電圧増幅度 A_V は，ドレイン電圧を v_D 〔V〕とすると，次式で表される．

$$A_V = \frac{v_D}{v_G}$$

$$= \frac{i_D R_P}{v_G} = g_m R_P \tag{4.17}$$

ただし，$R_P = \dfrac{r_D R_L}{r_D + R_L}$ 〔Ω〕

r_D：ドレイン抵抗

R_L：負荷抵抗

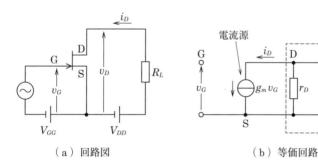

（a）回路図　　　　　　　　　　（b）等価回路

図4・11 ソース接地増幅回路

図4・11(b)の出力側が電流源 $g_m v_G$ 〔A〕と r_D で構成された回路を，**図4・12**の電圧源 μv_G 〔V〕と r_D で構成された回路に置き換えると次式で表される．

$$g_m v_G r_D = \mu v_G \ \text{〔V〕} \tag{4.18}$$

ここで，$\mu = \dfrac{v_D}{v_G}$ は電圧増幅度を表す．

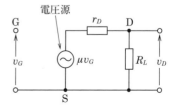

図4・12 電圧源による等価回路

　FET の出力回路は，相互コンダクタンス g_m を用いた電流源とドレイン抵抗 r_D の並列回路，あるいは増幅率 μ を用いた電圧源と r_D の直列回路で表される．

3 ドレイン接地増幅回路

　図4・13(a)に n チャネル接合形 FET を用いたドレイン接地増幅回路を，図4・13(b)にその等価回路を示す．図4・13(b)においてゲート-ソース間電圧 V_{GS} 〔V〕は，次式で表される．

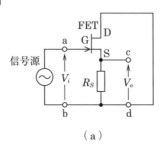 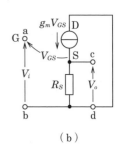

$$V_{GS} = V_i - V_o \text{ 〔V〕} \tag{4.19}$$

図4・13 ドレイン接地増幅回路

　ドレイン電流を i_D 〔A〕とすると，出力電圧 V_o 〔V〕は次式で表される．

$$V_o = i_D R_S = g_m V_{GS} R_S \text{ 〔V〕} \tag{4.20}$$

式(4.19)，(4.20)より電圧増幅度 A_V は，次式で表される．

$$A_V = \frac{V_o}{V_i} = \frac{V_o}{V_{GS} + V_o}$$

$$= \frac{g_m V_{GS} R_S}{V_{GS} + g_m V_{GS} R_S} = \frac{g_m R_S}{1 + g_m R_S} \tag{4.21}$$

　出力インピーダンス Z_o 〔Ω〕は，出力を開放した電圧 V_{oo} 〔V〕と出力を短絡した電流 i_s 〔A〕より求めることができる．出力を短絡すると $V_{GS} = V_i$ となるので，Z_o は次式で表される．

$$Z_o = \frac{V_{oo}}{i_s} = \frac{A_V V_i}{g_m V_{GS}}$$

$$= \frac{A_V V_i}{g_m V_i} = \frac{A_V}{g_m} \text{ 〔Ω〕} \tag{4.22}$$

式(4.22)に式(4.21)を代入すると，

$$Z_o = \frac{R_S}{1 + g_m R_S} = \frac{1}{\dfrac{1}{R_S} + g_m} \text{ 〔Ω〕} \tag{4.23}$$

となるので，並列コンダクタンスの和の逆数で表される．

4 ミラー効果

　FET などの増幅素子の持つ入出力間の漂遊静電容量によって，増幅素子の入力と出力が

図 4・14(a)のように，静電容量で結合されていると，見かけ上の入力インピーダンスが低下することを**ミラー効果**という．

図 4・14(b)の等価回路において，C_{DG}〔F〕に加わる電圧は $(\dot{V}_i - \dot{V}_o)$〔V〕だから，C_{DG} のリアクタンスを $-jX_C = 1/(j\omega C_{DG})$〔Ω〕とすると，$C_{DG}$ を流れる電流 $\dot{I}_G$〔A〕は次式で表される．

$$\dot{I}_G = \frac{\dot{V}_i - \dot{V}_o}{-jX_C} = \frac{\dot{V}_i - \dot{V}_o}{1/(j\omega C_{DG})} \quad \text{〔A〕} \tag{4.24}$$

式(4.24)より，電圧増幅度を A_V とすると，次式となる．

$$\dot{I}_G = j\omega C_{DG}(\dot{V}_i - \dot{V}_o) = j\omega C_{DG}\left(1 - \frac{\dot{V}_o}{\dot{V}_i}\right)\dot{V}_i$$

$$= j\omega C_{DG}(1 + A_V)\dot{V}_i$$

$$= j\omega C_i\dot{V}_i \quad \text{〔A〕} \tag{4.25}$$

式(4.25)において，$C_i = C_{DG}(1 + A_V)$〔F〕は等価的に入力のゲート-ソース間に接続された静電容量として表され，C_{DG} の静電容量が，等価的に $(1 + A_V)$ 倍となって入力静電容量となる効果を**ミラー効果**という．

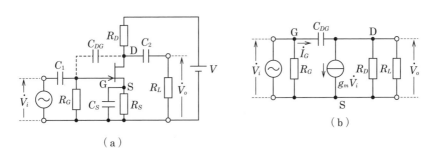

図 4・14　ミラー効果

　ミラー効果はゲート-ドレイン間の静電容量が，等価的に（1 + 増幅度）倍の入力静電容量となる．

4.3　OP アンプ

❶ OP アンプ

OP アンプ（OPerational amplifier：演算増幅器）はアナログ電子計算機の直流増幅器用

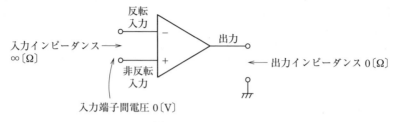

図4·15　OP アンプ

に開発された IC であるが，直流から高周波までの各種増幅回路に用いられている．**図4·15** に差動入力形 OP アンプの図記号を示す．理想的な OP アンプは，**開ループ利得**（増幅度）が ∞，入力インピーダンスが ∞〔Ω〕，出力インピーダンスが 0〔Ω〕の増幅回路として取り扱うことができる．

(1)　反転増幅回路

図4·16 に示す反転増幅回路において，OP アンプは開ループ利得が無限大で，入力端子間の電圧を 0〔V〕とすることができるので，次式が成り立つ．

$$V_1 = R_s I_1 \tag{4.26}$$

$$V_2 = -R_f I_1 \tag{4.27}$$

式(4.26)，(4.27)の比から反転増幅回路の**閉ループ利得**（電圧増幅度）A_V を求めると，次式で表される．

$$A_V = \frac{V_o}{V_i} = \frac{V_2}{V_1} = -\frac{R_f}{R_s} \tag{4.28}$$

式(4.28)の−符号は入出力の位相が逆位相であることを表す．

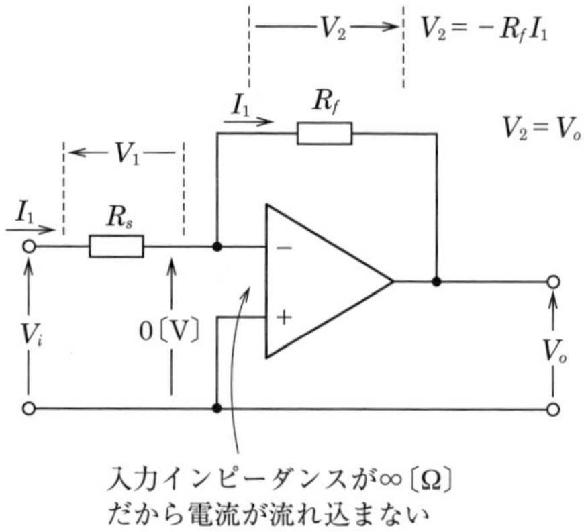

入力インピーダンスが∞〔Ω〕だから電流が流れ込まない

図4·16　反転増幅回路

(2)　非反転増幅回路

図4·17 に示す非反転増幅回路において，反転入力端子（−）の電圧 V_1〔V〕は次式で表される．

$$V_1 = \frac{R_s}{R_s + R_f} V_o \; 〔V〕 \tag{4.29}$$

入力端子間の電圧は $(V_i - V_1)$〔V〕となるので，OP アンプの**開ループ利得**（増幅度）を A_0 とすると，出力電圧 V_o〔V〕は，次式で表される．

$$V_o = A_0(V_i - V_1) \; 〔V〕 \tag{4.30}$$

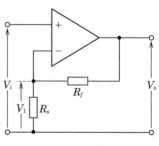

図4·17　非反転増幅回路

式(4.30)に式(4.29)を代入すると，次式となる.

$$V_o = A_0(V_i - \frac{R_s}{R_s + R_f} V_o) \ \text{(V)} \tag{4.31}$$

式(4.31)から V_i を求めると，次式となる.

$$V_i = \frac{V_o}{A_0} + \frac{R_s}{R_s + R_f} V_o \ \text{(V)} \tag{4.32}$$

理想的な OP アンプの開ループ利得は $A_0 = \infty$ だから，式(4.32)は，次式となる.

$$V_i \fallingdotseq \frac{R_s}{R_s + R_f} V_o \ \text{(V)} \tag{4.33}$$

よって，非反転増幅回路の閉ループ利得 A_V は，次式で表される.

$$A_V = \frac{V_o}{V_i} = \frac{R_s + R_f}{R_s} = 1 + \frac{R_f}{R_s} \tag{4.34}$$

> 理想 OP アンプ自体の増幅度は無限大であり，OP アンプを用いた増幅回路の増幅度は，入力と出力端子に接続された抵抗値から求める．入力端子を−端子とする反転増幅回路の入力と出力の位相は逆位相であり，入力端子を＋端子とする非反転増幅回路の入力と出力の位相は同位相である.

② 負帰還増幅回路

(1) 負帰還増幅回路の方式

　増幅回路の出力の一部を入力に戻すことを**帰還**といい，帰還した信号が入力と逆位相の場合を**負帰還**という．**負帰還増幅回路**は，出力を帰還回路に直列（電流帰還）または並列（電圧帰還）に帰還する方法と，帰還信号を入力に直列に加えるか並列に加えるかを組み合わせた**図4·18**に示すような四つの方式がある.

(2) 負帰還増幅回路の増幅度

　図4·19の**並列帰還直列注入方式**の負帰還増幅回路において，増幅回路の利得を A，帰還回路の**帰還率**を β とすると，次式が成り立つ.

$$A = \frac{V_o}{V_a} \tag{4.35}$$

$$\beta = \frac{V_b}{V_o} \tag{4.36}$$

式(4.35)，(4.36)より，

$$V_b = A\beta V_a \tag{4.37}$$

入力電圧 V_a は，次式で表される.

$$V_a = V_i + V_b \tag{4.38}$$

式(4.38)に式(4.37)を代入して整理すると，

$$V_a = V_i + A\beta V_a$$

第4章　電子回路

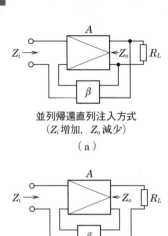

並列帰還直列注入方式
(Z_i増加, Z_o減少)
（a）

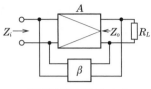

並列帰還並列注入方式
(Z_i減少, Z_o減少)
（b）

直列帰還直列注入方式
(Z_i増加, Z_o増加)
（c）

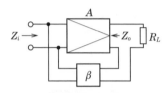

直列帰還並列注入方式
(Z_i減少, Z_o増加)
（d）

図 4·18　負帰還増幅回路の方式

よって　$V_a = \dfrac{V_i}{1 - A\beta}$　　　(4.39)

負帰還増幅回路全体の利得 A_f は，次式で表される．

$$A_f = \frac{V_o}{V_i}$$

$$= \frac{V_o}{V_a} \times \frac{V_a}{V_i}$$

$$= \frac{A}{1 - A\beta} \qquad (4.40)$$

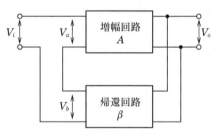

図 4·19　負帰還増幅回路

式(4.40)において，負帰還は帰還する電圧が逆位相（－）なので，次式となる．

$$A_f = \frac{A}{1 + A\beta} \tag{4.41}$$

負帰還増幅回路の特徴は，増幅度が低下すること，ひずみが減少すること，動作を安定させられることである．

❸ デシベル（dB）

増幅度を表す場合などにおいて，一般に桁が大きくなってしまうときは，入出力比の対数をとって求めた**デシベル**を用いる．

出力電力を P_2〔W〕，入力電力を P_1〔W〕とすれば，電力増幅度 G_P〔dB〕は，次式で表される．

$$G_P = 10 \log_{10} \frac{P_2}{P_1} \quad \text{〔dB〕} \tag{4.42}$$

出力電圧を V_2〔V〕，入力電圧を V_1〔V〕とすれば，電圧増幅度 G_V〔dB〕は，次式で与えられる．

$$G_V = 20 \log_{10} \frac{V_2}{V_1} \quad \text{〔dB〕} \tag{4.43}$$

一般に，電圧の 1〔V〕を基準にした値を〔dBV〕，電力の 1〔mW〕を基準にした値を〔dBm〕で表す．

Point

数学の公式

指数関数 $x = 10^y$ の逆関数を常用対数といい，次式で表される．

$$y = \log_{10}x$$

公式

$$\log_{10}(ab) = \log_{10}a + \log_{10}b$$

$$\log_{10}\frac{a}{b} = \log_{10}a - \log_{10}b$$

$$\log_{10}a^b = b\log_{10}a$$

log の数値

$$\log_{10}2 \fallingdotseq 0.301$$

$$\log_{10}3 \fallingdotseq 0.4771$$

$$\log_{10}4 = \log_{10}(2 \times 2) = \log_{10}2 + \log_{10}2 \fallingdotseq 0.6$$

$$\log_{10}10 = 1$$

$$\log_{10}1000 = \log_{10}10^3 = 3$$

発振回路

電気振動を継続的に発生させる回路を**発振回路**という．

■ リアクタンス発振回路

図 4・20 に示す原理図のように，トランジスタ増幅回路とリアクタンス回路によって発振回路を構成することができる．図 4・20 の回路の発振条件は次式で表される．

$$\frac{h_{fe}X_2}{X_1} \geqq 1 \tag{4.44}$$

$$X_1 + X_2 = - X_3 \tag{4.45}$$

第4章 電子回路

ただし，h_{fe}：トランジスタの電流増幅率

式(4.44)，(4.45)より，X_1 と X_2 は**同符号**で，X_3 は X_1，X_2 と**異符号**であることが条件である．例えば，X_1 と X_2 が誘導性ならば，X_3 は容量性のとき発振する．

> リアクタンス発振回路のリアクタンスは，入力と出力の符号が同じで，入出力を結合する回路は符号が異なる．誘導性のリアクタンスはコイル，容量性のリアクタンスはコンデンサである．

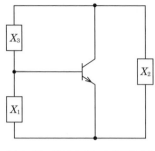

図4·20 リアクタンス発振回路

② LC 発振回路

帰還回路を L および C のリアクタンスで構成した発振回路を LC 発振回路という．

(1) ハートレー発振回路

図4·21 にハートレー発振回路の原理図を示す．**図4·20** の構成のうち X_1，X_2 がコイルの誘導性リアクタンスで，X_3 がコンデンサの容量性リアクタンスの構成である．発振周波数 f〔Hz〕は，次式で表される．

$$f = \frac{1}{2\pi\sqrt{LC}} \ \text{〔Hz〕} \tag{4.46}$$

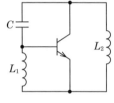

図4·21 ハートレー発振回路

ただし，$L = L_1 + L_2$〔H〕，コイル間に結合があるときは，相互インダクタンスを M〔H〕とすると，$L = L_1 + L_2 \pm 2M$〔H〕である．

(2) コルピッツ発振回路

図4·22 に原理的なコルピッツ発振回路を示す．**図4·20** の構成のうち X_1，X_2 がコンデンサの容量性リアクタンスで，X_3 がコイルの誘導性リアクタンスの構成である．発振周波数 f〔Hz〕は，次式で表される．

$$f = \frac{1}{2\pi\sqrt{LC}} \ \text{〔Hz〕} \tag{4.47}$$

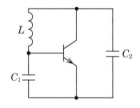

図4·22 コルピッツ発振回路

ただし，C はコンデンサの直列接続となるので，$C = \dfrac{C_1 C_2}{C_1 + C_2}$〔F〕である．

③ 水晶発振回路

(1) 水晶振動子

水晶振動子は，水晶の**圧電効果**を利用したものである．水晶振動子に交流電圧を加える

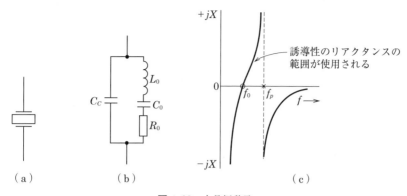

図 4·23　水晶振動子

と，圧電効果によって厚み方向に弾性振動する．振動子の形状などで決まる固有振動数で共振する．図記号を図 4·23(a)に示す．等価回路は図 4·23(b)のように，実効抵抗 R_0，固有インダクタンス L_0，固有容量 C_0 の直列回路に，電極間容量 C_C が並列接続された構成である．図 4·23(c)のリアクタンスの周波数特性のように，直列共振周波数 f_0 と並列共振周波数 f_p を持つが，発振回路に用いるときは，リアクタンスが誘導性になる f_0 と f_p の間の狭い周波数範囲が使用される．

(2)　ハートレー形水晶発振回路

図 4·24 に原理的なハートレー形水晶発振回路を示す．水晶振動子は誘導性リアクタンスとして用いるので，図 4·20 の構成のうち X_1 が水晶振動子の誘導性リアクタンス，X_2 が同調回路の誘導性リアクタンスで，X_3 がコンデンサの容量性リアクタンスの構成である．LC 同調回路は，共振周波数から離調させて**誘導性のリアクタンス**の周波数で発振する．ピアース BE 水晶発振回路とも呼ばれる．

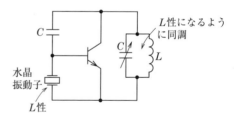

図 4·24　ハートレー形水晶発振回路

水晶発振回路は，水晶振動子の Q が高く，周波数温度係数が小さいので，発振周波数が極めて安定であるが，発振周波数を変えることができない特徴がある．

(3) コルピッツ形水晶発振回路

図 4·25 に原理的なコルピッツ形水晶発振回路を示す．水晶振動子は誘導性リアクタンスとして用いるので，図 4·20 の構成のうち X_1 がコンデンサの容量性リアクタンス，X_2 が同調回路の容量性リアクタンスで，X_3 が水晶振動子の誘導性リアクタンスの構成である．LC 同調回路は，共振周波数から離調させて**容量性のリアクタンス**の周波数で発振が持続する．

ピアース CB 水晶発振回路とも呼ばれる.

4 *RC* 発振回路

帰還回路を抵抗 *R* およびコンデンサ *C* で構成した発振回路を *RC* 発振回路という.

図 4·26 に OP アンプを用いた**ブリッジ形 *RC* 発振回路**を示す. 増幅器の増幅度を *A* とすると, 発振条件および発振周波数 *f* 〔Hz〕は, 次式で表される.

$$A = 3 \tag{4.48}$$

$$f = \frac{1}{2\pi CR} \tag{4.49}$$

図 4·26 の非反転増幅回路の増幅度 *A* は, 次式となる.

$$A = 1 + \frac{R_f}{R_s} \tag{4.50}$$

発振の起動には, $A > 3$ の条件が必要なので, 実用回路では, 帰還回路にサーミスタ

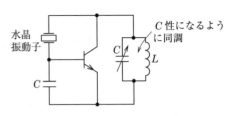

図 4·25 コルピッツ形水晶発振回路

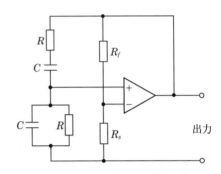

図 4·26 ブリッジ形 *RC* 発振回路

や FET などを用いて起動時と安定時の増幅度を変化させている.

図 4·27 に**移相形 *RC* 発振回路**を示す. 移相形発振回路の移相回路は, 入出力で 180°位相差が必要になる. 1 段の L 形 *RC* 回路は 90°以上の位相差を持たせることができないので, L 形 *RC* 回路を 3 段接続する必要がある. 増幅度は 29 以上必要であり, **図 4·27**(a)の微分形発振回路の発振周波数 *f* 〔Hz〕は, 次式で表される.

$$f = \frac{1}{2\pi\sqrt{6}\,CR} \ \text{〔Hz〕} \tag{4.51}$$

図 4·27(b)の積分形発振回路の発振周波数 *f* 〔Hz〕は, 次式で表される.

$$f = \frac{\sqrt{6}}{2\pi CR} \ \text{〔Hz〕} \tag{4.52}$$

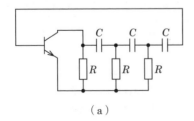

（a）

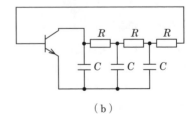

（b）

図 4·27 移相形 *RC* 発振回路

⑤ PLL 発振回路

PLL（Phase Locked Loop：位相同期ループ）発振回路の構成を**図 4·28** に示す．各部の動作を次に示す．基準発振器の精度で決まる高い周波数安定度の出力周波数を，ある一定の周波数間隔で得ることができる．

① **位相比較器（PC）**：二つの周波数の位相差を検出する．

② **低域フィルタ（LPF）**：位相比較器からの出力の雑音成分や高周波成分を取り除き，直流信号とする．また，PLL のループ制御の応答特性が決定される．

③ **電圧制御発振器（VCO）**：入力電圧に応じた周波数で発振する．

④ **基準発振器**：水晶振動子を用いた発振回路で，高い周波数安定度で固定した発振周波数を出力する．

⑤ **固定分周器**：水晶発振器の出力周波数 f_r〔Hz〕を分周比 $1/m$ で分周し，基準周波数 f_r/m〔Hz〕として位相比較器（PC）に加える．この周波数は発振器の出力周波数を変化させるときの周波数ステップとなる．

⑥ **可変分周器**：分周比 $1/n$ を任意に設定することができる分周器で，分周比を変えることで発振周波数を変化させることができる．電圧制御発振器（VCO）の発振周波数 f_v〔Hz〕を分周比 $1/n$ で分周し，f_v/n〔Hz〕として位相比較器（PC）に加える．

発振周波数 f_0〔Hz〕は，$f_0 = f_r(n/m)$ に設定される．位相比較器（PC）では f_r/m と f_v/n が比較されて，周波数差（位相差）に応じた直流電圧が出力される．低域フィルタ（LPF）を通って出力された直流電圧は，f_r/m と f_v/n の周波数差を少なくするよう電圧制御発振器の発振周波数を変化させる．この帰還は，電圧制御発振器の出力周波数 f_v が出力周波数 f_0 と等しくなるまで行われ，それらの周波数が等しくなったフェーズロック状態で安定した周波数の出力が得られる．

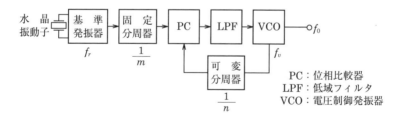

図 4·28 PLL 発振回路

第 4 章 電子回路

4.5 電源回路

■1 整流回路

(1) 半波整流回路

正弦波交流電源の半周期のみ電圧が出力される回路である。**図4·29**に整流回路と出力電圧波形を示す。**図4·29**(b)に示す半波整流波の周期 T〔s〕は，正弦波交流電源の周期と同じである。半波整流波の実効値は $V_e = V_m/2$〔V〕であり，直流成分（平均値）は $V_{DC} = V_m/\pi$〔V〕である。整流回路の出力波形に含まれている交流成分を**リプル**と呼び，半波整流波形の**リプル電圧**の**実効値** V_{er}〔V〕は，次式となる。

$$V_{er} = \sqrt{V_e{}^2 - V_{DC}{}^2} = \sqrt{(1/2)^2 - (1/\pi)^2}\,V_m \fallingdotseq 0.386\,V_m \tag{4.53}$$

また，半波整流波形の**リプル含有率** γ〔%〕は，次式で表される。

$$\gamma = \frac{V_{el}}{V_{DC}} \times 100 \fallingdotseq 0.386 \times \pi \times 100 \fallingdotseq 121 \;〔\%〕 \tag{4.54}$$

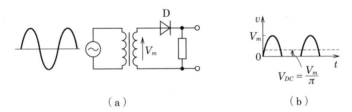

（a）　　　　　　　　　　　　　　　（b）

図4·29　半波整流回路

整流回路の出力をコンデンサあるいはコイルとコンデンサで構成された平滑回路を通して負荷に供給すれば，リプル分の少ない直流に近い出力電圧を得ることができる。

Point

変成器（トランス）

変成器の1次側の巻数を N_1，2次側の巻数を N_2，1次側の電圧を V_1〔V〕とすると，2次側の電圧 V_2〔V〕は，次式で表される。

$$V_2 = \frac{N_2}{N_1} V_1 \;〔V〕 \tag{4.55}$$

(2)　全波整流回路

　図4·30に全波整流回路と出力電圧波形を示す．図4·31にブリッジ整流回路を示す．交流電源の極性が逆になると，逆方向に接続されたダイオードによって，整流されるので交流電源の全周期にわたって電圧が出力される整流回路である．図4·31のブリッジ整流回路は入力の正の半周期と負の半周期で異なる2対のダイオードが導通して，全波整流波を出力することができる．図4·30(b)に示す全波整流波の周期T〔s〕は，正弦波交流電源の周期の1/2となる．全波整流波の実効値は$V_e = V_m/\sqrt{2}$〔V〕であり，直流成分（平均値）は$V_{DC} = 2V_m/\pi$〔V〕である．全波整流波形の**リプル電圧**の実効値V_{er}〔V〕は次式となる．

$$V_{er} = \sqrt{V_e{}^2 - V_{DC}{}^2} = \sqrt{(1/\sqrt{2})^2 - (2/\pi)^2}\, V_m \fallingdotseq 0.3078\, V_m \tag{4.56}$$

　また，全波整流波形の**リプル含有率**γは，次式で表される．

$$\gamma = \frac{V_{er}}{V_{DC}} \times 100 \fallingdotseq 0.3078 \times \frac{\pi}{2} \times 100 \fallingdotseq 48.3 \,\text{〔\%〕} \tag{4.57}$$

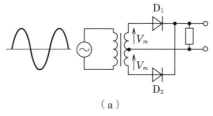
（a）

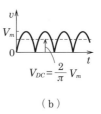
（b）

図4·30　全波整流回路

入力電圧が正の半周期
①
②　負の半周期

（a）

（b）

図4·31　ブリッジ整流回路

第4章　電子回路

Point

最大値が V_m〔V〕の正弦波交流を入力したとき，各整流回路の実効値 V_e〔V〕，平均値 V_a〔V〕は，次式で表される．

半波整流回路

$$V_e = \frac{V_m}{2}\ \text{〔V〕} \qquad V_a = \frac{V_m}{\pi} \fallingdotseq 0.32\,V_m\ \text{〔V〕} \tag{4.58}$$

全波整流回路

$$V_e = \frac{V_m}{\sqrt{2}} \fallingdotseq 0.71\,V_m\ \text{〔V〕} \qquad V_a = \frac{2V_m}{\pi} \fallingdotseq 0.64\,V_m\ \text{〔V〕} \tag{4.59}$$

(3) 倍電圧整流回路

図4·32に2倍電圧整流回路を示す．図4·32(b)に示す入力交流電源が①の負の半周期のときに，ダイオードD_1が動作して，コンデンサC_1を$V_{C1} = V_m$〔V〕に充電する．極性が正の②になるとD_2が動作して，$v_i + V_{C1}$の最大値電圧でコンデンサC_2を充電することによって，出力 ab の端子電圧V_{C2}は入力交流電圧の最大値V_m〔V〕の2倍となる．実効値V〔V〕で表すと，$V_{C2} = 2\sqrt{2}\,V$〔V〕となる．

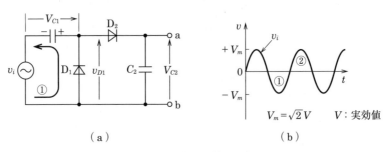

（a） （b）

図4·32 倍電圧整流回路

② 平滑回路

整流された脈流電圧を図4·33に示す平滑回路によって，直流に近い電圧にする．コンデンサCとコイルLを組み合わせた回路が用いられる．Cのみで構成された回路は整流波形の

（a）

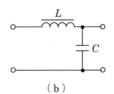

（b）

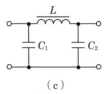

（c）

図4·33 平滑回路

最大値に充電されるので，出力電圧は高いがリプルが大きい．CとLで構成された回路は，出力電圧は低いがリプルが小さい．

CとLで構成された回路は低域フィルタとして動作するので，整流波形のうち電源周波数の交流成分を阻止することができるので，出力直流電圧は，ほぼ整流波形の平均値となる．

図4·34(a)に示すコンデンサCを用いたコンデンサ入力形平滑回路において，入力波形が図4·34(b)のように最大値から低下すると，コンデンサに充電された電圧がCRの時定数で求められる放電特性によって低下する．このとき，図4·34(b)のように直流成分に重畳して交流成分のリプルが発生する．

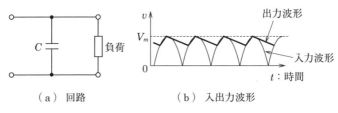

(a) 回路　　　　　(b) 入出力波形

図4·34　コンデンサ入力形平滑回路

半波整流回路のリプルの周波数は，電源の周波数と一致するが，全波整流回路では，リプルの周期が電源の周期の1/2となるので，リプルの周波数は電源の周波数の2倍となる．

③ 安定化電源回路

直流電源回路は，入力電圧の変動や負荷に流れる電流が大きくなると，出力電圧が低下する．出力電圧を安定にするためには，図4·35のようなツェナーダイオードを用いた安定化電源回路などが用いられる．

ツェナーダイオード（定電圧ダイオード）は逆方向電圧を加えて電圧を増加させると，ある電圧で急に大きな電流が流れ，電圧が一定になる特性を持っている．この特性を利用して安定化電源回路に用いられる．無負荷のときにツェナーダイオードに流れる電流I_D〔A〕は安定抵抗R〔Ω〕の値によって設定することができる．負荷抵抗R_L〔Ω〕を接続するとツェナーダイオードに流れる電流は減少し，その分の電流が負荷に流れるので，負荷を流れる電流I_L〔A〕がI_D〔A〕の範囲（$I_L < I_D$）において，負荷の電圧を一定にすることができる．

図4·35の安定化電源回路において，ツェナーダイオードの定格電圧をV_Z〔V〕，許容電力をP_D〔W〕とすると，ツェナーダイオードに流すことができる最大電流I_{Dm}〔A〕は，次式で表される．

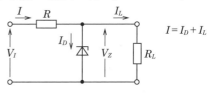

$I = I_D + I_L$

図4·35　安定化電源回路

$$I_{Dm} = \frac{P_D}{V_Z} \ \text{〔A〕} \qquad (4.60)$$

式 (4.60) の I_{Dm} は負荷に流し得る最大電流 I_{Lm} に等しいので，入力電圧を V_I 〔V〕とすると，安定抵抗 R 〔Ω〕は，次式によって求めることができる．

$$R = \frac{V_I - V_Z}{I_{Lm}} \ \text{〔Ω〕} \tag{4.61}$$

ツェナーダイオードとトランジスタ帰還回路を組み合わせた安定化電源回路は，出力電圧の安定度をよくすることができる．

4.6 パルス回路

① クリップ回路

図 4·36 のように入力波形を一定のレベルで切り取り，出力する回路を**クリップ回路**または**クリッパ回路**という．図 4·36 において，ダイオードの向きとバイアス電圧 V の極性を逆にすると波形の負の区間において，一定のレベルで切り取ることができる．また，V の大きさを変えることで切り取る電圧を変えることができる．波形の上部または下部を切り取る回路は**リミッタ回路**，波形の中間の部分のみを取り出す回路を**スライス回路**という．

② クランプ回路

図 4·37 に示すように，波形の形を変えずに直流分を加えた回路を**クランプ回路**という．図 4·37 において，ダイオードの向きとバイアス電圧 V の極性を逆にすると波形に正の直流分を加えることができる．

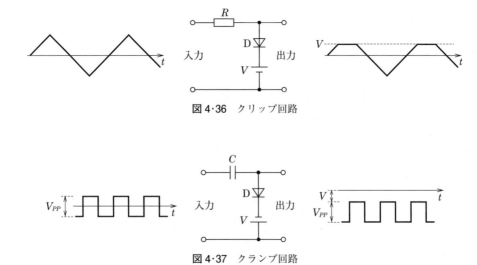

図 4·36　クリップ回路

図 4·37　クランプ回路

ダイオードとコンデンサを用いたパルス回路や交流回路では，コンデンサの充電電圧は入力電圧の最大値と同じ直流電圧となる.

③　マルチバイブレータ

マルチバイブレータは，二つのトランジスタ Tr_1 と Tr_2 のスイッチング回路と二つの結合回路で構成されている．マルチバイブレータ回路は，トランジスタ Tr_1 が ON のときは Tr_2 が OFF の状態で安定し，その状態がトリガ回路や回路の時定数によって反転する.

図 4·38(a)に**無安定（非安定）マルチバイブレータ回路**を示す．図 4·38(b)のように，二つの準安定状態を持ち，CR の時定数で決まる一定の間隔でそれを繰り返す．無安定マルチバイブレータは方形波の発振回路として用いられる．発振周期は $T = T_1 + T_2$〔s〕で表され，T_1 は C_1R_{B1} に比例し，T_2 は C_2R_{B2} に比例する.

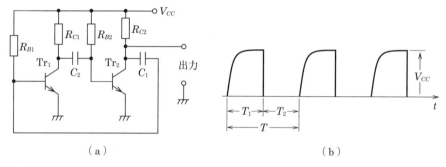

（a）　　　　　　　　　　　　　　　　（b）

図 4·38　無安定マルチバイブレータ

単安定マルチバイブレータは，トリガパルスを加えると，一定の時間安定状態が反転する．双安定マルチバイブレータは，トリガパルスを加えると，瞬時に安定状態が反転し，その状態を維持する.

4.7　デジタル回路

1 基本論理回路

論理回路は，電圧の高（"1"）低（"0"）で表される電子回路で，NOT，AND，OR，EX-OR の基本論理回路がある．それらを組み合わせて，複雑な動作をする論理回路を構成する．次に基本論理回路の論理式，真理値表，図記号，原理的回路図を示す.

① NOT（否定）

$$X = \overline{A} \tag{4.62}$$

図4·39(b)の回路において，入力端子 A の論理が"1"であれば，トランジスタは on（導通）状態になる．コレクタの電位はほぼ0〔V〕になるので，出力端子 X の論理は"0"になる．

入力端子 A の論理が"0"であれば，トランジスタは off 状態になる．コレクタの電位はほぼ V〔V〕になるので，出力端子 X の論理は"1"になる．

入力	出力
A	X
0	1
1	0

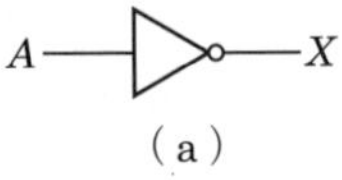

$A \to\!\!\!\!\triangleright\!\circ\to X$

（a）

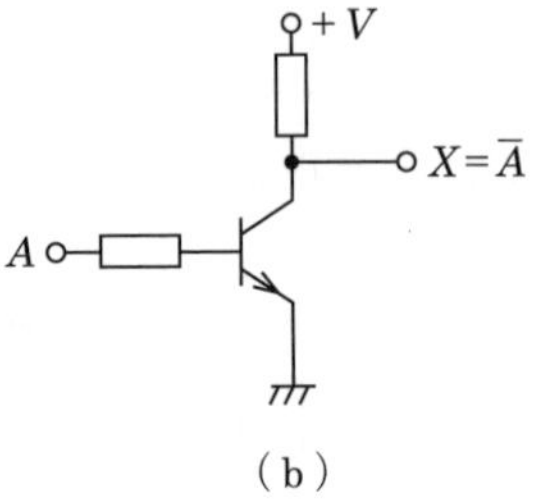

$X = \overline{A}$

（b）

図4·39 NOT 回路

② AND（論理積）

$$X = A \cdot B \tag{4.63}$$

図4·40(b)の回路において，入力端子 A, B の両方とも論理が"0"であれば，ダイオードは on 状態になる．出力端子の電位はほぼ0〔V〕になるので，出力端子 X の論理は"0"になる．

入力端子 A, B のどちらか一方の論理が"0"であれば，ダイオードは導通状態になる．出力端子の電位はほぼ0〔V〕になるので，出力端子 X の論理は"0"になる．

入力端子 A, B の両方とも論理が"1"であれば，両方のダイオードは off 状態になる．出力端子の電位はほぼ V〔V〕になるので，出力端子 X の論理は"1"になる．

入力		出力
A	B	X
0	0	0
0	1	0
1	0	0
1	1	1

（a）

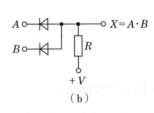

（b）

図4·40 AND 回路

真理値表は，回路の動作を表す．入力が二つ（$n = 2$）のときは，$2^n = 2^2 = 4$ 通りの組合せがある．

③ OR（論理和）

$$X = A + B \tag{4.64}$$

図 4·40(b)の回路において，入力端子 A か B のどちらか一方が，または両方ともが論理"1"であれば，どちらか一方が，または両方のダイオードが on 状態になる．出力端子の電位はほぼ V〔V〕になるので，出力端子 X の論理は"1"になる．

入力		出力
A	B	X
0	0	0
0	1	1
1	0	1
1	1	1

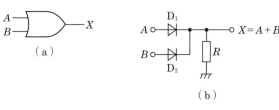

（a）

（b）

図 4·41 OR 回路

④ NAND

$$X = \overline{A \cdot B} \tag{4.65}$$

図 4·42(b)の回路において，入力端子 A，B の双方の論理が"1"であれば，トランジスタは on（導通）状態になる．コレクタの電位はほぼ 0〔V〕になるので，出力端子 X の論理は"0"になる．

入力端子 A，B の双方の論理が"0"，または A，B のどちらかの論理が"1"であれば，トランジスタは off 状態になる．コレクタの電位はほぼ V〔V〕になるので，出力端子 X の論理は"1"になる．

入力		出力
A	B	X
0	0	1
0	1	1
1	0	1
1	1	0

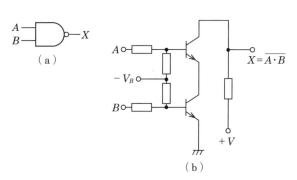

（a）

（b）

図 4·42 NAND 回路

⑤ **NOR**

$$X = \overline{A + B} \tag{4.66}$$

図 4·43(b)の回路において，入力端子 A，B のどちらか，または両方とも論理が"1"であれば，トランジスタは on（導通）状態になる．コレクタの電位はほぼ 0〔V〕になるので，出力端子 X の論理は"0"になる．

入力端子 A，B の双方の論理が"0"であれば，トランジスタは off 状態になる．コレクタの電位はほぼ V〔V〕になるので，出力端子 X の論理は"1"になる．

入力		出力
A	B	X
0	0	1
0	1	0
1	0	0
1	1	0

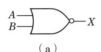

（a）

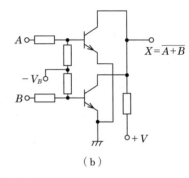

（b）

図 4·43 NOR 回路

⑥ **EX（Exclusive)-OR（排他的論理和)**

$$X = A \oplus B$$
$$= \overline{A} \cdot B + A \cdot \overline{B} \tag{4.67}$$

入力		出力
A	B	X
0	0	0
0	1	1
1	0	1
1	1	0

図 4·44 EX-OR 回路

⑦ **EX（Exclusive)-NOR**

$$X = \overline{A \oplus B}$$
$$= \overline{\overline{A} \cdot B + A \cdot \overline{B}} \tag{4.68}$$

入力		出力
A	B	X
0	0	1
0	1	0
1	0	0
1	1	1

図4·45 EX-NOR 回路

EX-OR, EX-NOR 回路は, NOT, AND, OR 回路を論理式のように接続すれば作ることができる.

2 正論理, 負論理

電圧が高い状態 (H) を "1" に, 低い状態 (L) を "0" に対応させる方法を**正論理**, H を "0" に, L を "1" に対応させる方法を**負論理**という. **図4·46**(a)に示す NAND 回路を負論理で表すと, どちらか一方が, または両方の入力が "0" のときに出力が "1" となるので, **図4·46**(b)のように負論理の OR 回路として表すことができる.

入力		出力
A	B	X
0	0	1
0	1	1
1	0	1
1	1	0

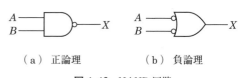

（a） 正論理　　　　（b） 負論理

図4·46 NAND 回路

3 ブール代数の公式

論理回路の動作は "0" または "1" の2進数を用いて, その解析には**ブール代数**が用いられる. 次に, ブール代数の公式を示す.

$$A + A = A$$
$$A + 1 = 1$$
$$A + 0 = A$$
$$A \cdot A = A$$
$$A \cdot 1 = A$$

第4章　電子回路

$$A \cdot 0 = 0$$
$$A + \overline{A} = 1$$
$$A \cdot \overline{A} = 0$$
$$\overline{\overline{A}} = A \tag{4.69}$$

ド・モルガンの定理

$$\overline{A + B} = \overline{A} \cdot \overline{B}$$
$$\overline{A \cdot B} = \overline{A} + \overline{B} \tag{4.70}$$

④ ベン図

図 4·47 に集合を視覚的に図式化したベン図を示す．ブール代数の変数全体を四角形の枠内と表して，その中に変数用のいくつかの円を重ねて描き，円の内側が "1" の領域，外側が "0" の領域として関数の領域を**図 4·47** のように斜線で表した図である．図を用いることで，複雑な論理式を簡単化することもできる．

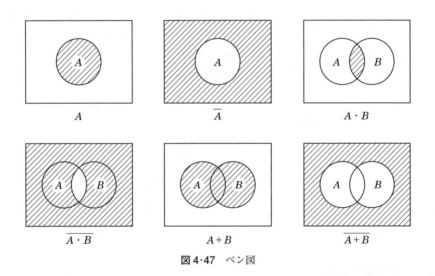

図 4·47 ベン図

⑤ D-A 変換回路

デジタル符号で表されたアナログ量をアナログ電圧に戻すためには，**D-A 変換回路**が用いられる．

図 4·48 にデジタル信号の代わりにスイッチ SW により，設定された電圧に変換する D-A 変換回路を示す．全 SW が b 側のときは出力電圧 $V_0 = 0$ 〔V〕であり，各 SW の一つを a 側にすると SW₃ は $V/2$ 〔V〕，SW₂ は $V/4$ 〔V〕，SW₁ は $V/8$ 〔V〕，SW₀ は $V/16$ 〔V〕の電圧が出力され，それぞれの SW を同時に a 側にすると，それらの電圧の和が出力され

る.

図 4・48 において，SW_3 が a 側で，$SW_2 \sim SW_0$ が b 側のときの回路は図 4・49 のようになる．演算増幅器 A_{OP} の入力端子間は仮想短絡状態なので，解説図の点 A から左と右を見た合成抵抗はそれぞれ $2R$ となり，それらの合成抵抗は $2R/2 = R$ となる．よって，点 A の電圧 V_A 〔V〕は次式で表される．

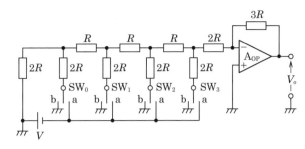

図 4・48　ラダー形 D-A 変換回路

$$V_A = -\frac{R}{2R+R}V = -\frac{1}{3}V \text{〔V〕} \tag{4.71}$$

演算増幅回路の出力電圧 V_o〔V〕は，帰還抵抗 $3R$ と入力抵抗 $2R$ の比で表されるので，次式によって求めることができる．

$$V_o = -\frac{3R}{2R}V_A = -\frac{3}{2} \times \left(-\frac{1}{3}V\right) = \frac{V}{2} \text{〔V〕} \tag{4.72}$$

第 4 章　電子回路

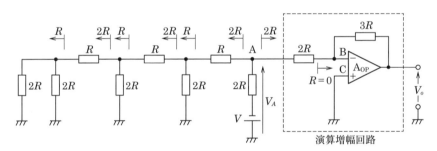

図 4・49　D-A 変換回路の設定例

基本問題練習

問 1　　　　　　　　　　　　　　　　　　　　　　　　　　　　1陸技

図に示すトランジスタ（Tr）の自己バイアス回路において，コレクタ電流 I_C を 2〔mA〕にするためのベース電流 I_B と抵抗 R_B の値の組合せとして，最も近いものを下の番号から選べ．ただし Tr のエミッタ接地直流電流増幅率 h_{FE} を 100，回路のベース-エミッタ間電圧 V_{BE} を 0.6〔V〕とする．

	I_B	R_B
1	10 〔μA〕	170 〔kΩ〕
2	20 〔μA〕	170 〔kΩ〕
3	20 〔μA〕	340 〔kΩ〕
4	30 〔μA〕	340 〔kΩ〕
5	30 〔μA〕	540 〔kΩ〕

C：コレクタ
B：ベース
E：エミッタ
R_C：抵抗
V：直流電源

▶▶▶▶▶ p. 147

解説　コレクタ電流 I_C〔A〕とエミッタ接地直流電流増幅率 h_{FE} より，ベース電流 I_B〔A〕を求めると，次式で表される．

$$I_B = \frac{I_C}{h_{FE}} = \frac{2 \times 10^{-3}}{100} = 20 \times 10^{-6} \text{〔A〕} = 20 \text{〔μA〕}$$

コレクタ-エミッタ間電圧 V_{CE}〔V〕を求めると次式となる．

$$V_{CE} = V - R_C(I_C + I_B)$$
$$= 8 - 2 \times 10^3 \times (2{,}000 + 20) \times 10^{-6}$$
$$= 8 - 2 \times 2.02 = 3.96 \text{〔V〕}$$

バイアス抵抗 R_B〔Ω〕は，次式で表される．

$$R_B = \frac{V_{CE} - V_{BE}}{I_B} = \frac{3.96 - 0.6}{20 \times 10^{-6}} = 168 \times 10^3 \text{〔Ω〕} ≒ 170 \text{〔kΩ〕}$$

問2　1陸技類題 2陸技

　図に示すエミッタ接地トランジスタ（Tr）増幅回路において，バイアスのコレクタ電流 I_C および電圧増幅度の大きさ $A = |V_o/V_i|$ の値の組合せとして，正しいものを下の番号から選べ．ただし Tr の h 定数を表の値とし，バイアスのベース-エミッタ間電圧 V_{BE} を 0.6〔V〕とする．また，出力アドミタンス h_{oe}，電圧帰還率 h_{re} および静電容量 C_1, C_2〔F〕の影響は無視するものとする．

	I_C	A
1	1 〔mA〕	50
2	1 〔mA〕	100
3	1 〔mA〕	150
4	2 〔mA〕	50
5	2 〔mA〕	100

解答

問1 -2

名称	記号	値
入力インピーダンス	h_{ie}	2 〔kΩ〕
電流増幅率	h_{fe}	200
直流電流増幅率	h_{FE}	200

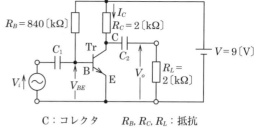

C：コレクタ R_B, R_C, R_L：抵抗
E：エミッタ V_i：入力電圧〔V〕
B：ベース V_o：出力電圧〔V〕
  V：直流電源電圧

▶▶▶▶▶ p. 147

解説 ベース電流 I_B は，次式で表される.

$$I_B = \frac{V - V_{BE}}{R_B} = \frac{9-0.6}{840 \times 10^3} = 0.01 \times 10^{-3} \text{ 〔A〕}$$

I_B とエミッタ接地電流増幅率 h_{FE} より，コレクタ電流 I_C〔A〕は，次式で表される.

$$I_C = h_{FE}I_B = 200 \times 0.01 \times 10^{-3} = 2 \times 10^{-3} \text{ 〔A〕} = 2 \text{ 〔mA〕}$$

出力の並列合成インピーダンス Z_o〔kΩ〕は，次式で表される.

$$Z_o = \frac{R_C R_L}{R_C + R_L} = \frac{2 \times 2}{2+2} = 1 \text{ 〔kΩ〕}$$

電圧増幅度の大きさ A は，次式で表される.

$$A = \frac{V_o}{V_i} = \frac{h_{fe}Z_o}{h_{ie}} = \frac{200 \times 1 \times 10^3}{2 \times 10^3} = 100$$

問3 1陸技 2陸技類題

　次の記述は，図に示すエミッタホロワ増幅回路について述べたものである．□□内に入れるべき字句を下の番号から選べ．ただし，トランジスタ（Tr）の h 定数のうち入力インピーダンスを h_{ie}，電流増幅率を h_{fe} とし，また，静電容量 C_1，C_2〔F〕，入力電圧源の内部抵抗および抵抗 R_1 の影響は無視するものとする．

(1)　電圧増幅度 V_o/V_i は，約 □ア□ である．

(2)　入力インピーダンスは，約 □イ□〔Ω〕である．

(3)　出力インピーダンスは，約 □ウ□〔Ω〕である．

(4)　V_i と V_o の位相は，□エ□ 位相である．

(5)　別名で，□オ□ 接地増幅回路と呼ばれる．

解答

問2 -5

1 1   2 $h_{fe}R_2$

3 $\dfrac{h_{ie}}{h_{fe}}$ 4 逆

5 ベース   6 3

7 $\dfrac{h_{fe}R_2}{h_{ie}}$ 8 $h_{fe}h_{ie}$

9 同   10 コレクタ

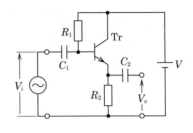

V_i：入力電圧〔V〕 V_o：出力電圧〔V〕
V：直流電源電圧〔V〕 R_2：抵抗〔Ω〕

▶▶▶▶▶ p. 145

解説 ベース電流 I_B〔A〕は，次式で表される.

$$I_B = \frac{V_i}{h_{ie}+(1+h_{fe})R_2} \tag{1}$$

入力インピーダンス Z_i〔Ω〕は，式(1)より次式で表される.

$$Z_i = \frac{V_i}{I_B} = h_{ie}+(1+h_{fe})R_2 \fallingdotseq h_{fe}R_2 \tag{2}$$

出力を短絡したときに流れる電流 i_o〔A〕は，次式で表される.

$$i_o \fallingdotseq (1+h_{fe})\times\frac{V_i}{h_{ie}} \ \text{〔A〕} \tag{3}$$

出力を開放したときの電圧 V_o〔V〕は，次式で表される.

$$V_o \fallingdotseq (1+h_{fe})I_BR_2 \tag{4}$$

出力インピーダンス Z_o〔Ω〕は，式(3)，(4)より次式で表される.

$$Z_o = \frac{V_o}{i_o} = \frac{(1+h_{fe})I_BR_2}{(1+h_{fe})\times\dfrac{V_i}{h_{ie}}}$$

$$= \frac{I_BR_2h_{ie}}{V_i} = \frac{V_i}{h_{ie}+R_2(1+h_{fe})}\times\frac{R_2h_{ie}}{V_i}$$

$$\fallingdotseq \frac{R_2h_{ie}}{R_2(1+h_{fe})} \fallingdotseq \frac{h_{ie}}{h_{fe}}$$

問4   2陸技

　図に示す RC 結合増幅回路（A 級）の直流負荷抵抗 R_{DC} および交流負荷抵抗 R_{AC}〔Ω〕を表す式の組合せとして，正しいものを下の番号から選べ. ただし，静電容量 C_1, C_2, C_3〔F〕およびトランジスタ(Tr)の出力アドミタンス h_{oe}〔S〕の影響は無視するものとする.

● **解答** ●

問3 ア-1　イ-2　ウ-3　エ-9　オ-10

1 $R_{DC} = R_4 + R_5$ $R_{AC} = \dfrac{R_4 R_5}{R_4 + R_5}$

2 $R_{DC} = R_4 + R_5$ $R_{AC} = \dfrac{R_3 R_5}{R_3 + R_5}$

3 $R_{DC} = R_3 + R_4$ $R_{AC} = \dfrac{R_3 R_5}{R_3 + R_5}$

4 $R_{DC} = R_3 + R_4$ $R_{AC} = \dfrac{R_3 R_4}{R_3 + R_4}$

5 $R_{DC} = R_3 + R_4$ $R_{AC} = \dfrac{R_4 R_5}{R_4 + R_5}$

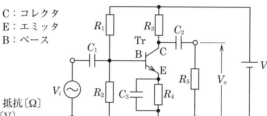

C：コレクタ
E：エミッタ
B：ベース

V_i：入力電圧〔V〕
V_o：出力電圧〔V〕
R_1, R_2, R_3, R_4, R_5：抵抗〔Ω〕
V：直流電源電圧〔V〕

▶▶▶▶ p. 148

解説　直流では，C_1, C_2, C_3 のコンデンサのリアクタンスは ∞ 〔Ω〕として，交流では，0〔Ω〕として扱う．出力回路の直流負荷抵抗は R_3 と R_4 の直列接続となり，交流負荷抵抗は，R_3 と R_5 の並列接続となる．

問5　　　　　　　　　　　　　　　　　　　　　　　1陸技

　次の記述は，図1に示す変成器 T を用いた A 級トランジスタ（Tr）電力増幅回路の動作について述べたものである．　□　内に入れるべき字句を下の番号から選べ．ただし，図2は，横軸をコレクタ-エミッタ間電圧 V_{CE}〔V〕，縦軸をコレクタ電流 I_C〔A〕として，交流負荷線 XY およびバイアス（動作）点 P を示したものである．また，T の1次側の巻数および2次側の巻数をそれぞれ，N_1 および N_2 とする．さらに，入力は正弦波交流電圧で回路は理想的な A 級動作とし，静電容量 C〔F〕，バイアス回路および T の損失は無視するものとする．

(1)　T の1次側の端子 ab から負荷側を見た交流負荷抵抗 R_{AC} は，負荷抵抗を R_L〔Ω〕とすると，$R_{AC} = \boxed{ア} \times R_L$〔Ω〕である．

(2)　交流負荷線 XY の傾きは，$\boxed{イ}$〔S〕である．

解答

問4-3

(3) 点 X は, $\boxed{\text{ウ}}$ 〔V〕である.

(4) 点 Y は, $\boxed{\text{エ}}$ 〔A〕である.

(5) P は XY の中点であるから, 負荷抵抗 R_L 〔Ω〕で得られる最大出力電力 P_{om} は,

$P_{om} = \boxed{\text{オ}}$ 〔W〕である.

$$1 \quad \left(\frac{N_1}{N_2}\right)^2 \qquad 2 \quad -\frac{1}{2R_{AC}} \qquad 3 \quad V \qquad 4 \quad \frac{V}{R_{AC}} \qquad 5 \quad \frac{V^2}{2R_L} \times \left(\frac{N_2}{N_1}\right)^2$$

$$6 \quad \frac{N_2}{N_1} \qquad 7 \quad -\frac{1}{R_{AC}} \qquad 8 \quad 2V \qquad 9 \quad \frac{2V}{R_{AC}} \qquad 10 \quad \frac{V^2}{R_L} \times \left(\frac{N_1}{N_2}\right)^2$$

C：コレクタ
B：ベース
E：エミッタ

R：抵抗〔Ω〕
V：直流電源電圧〔V〕
V_{CEP}：Pの電圧〔V〕
I_{CP}：Pの電流〔A〕

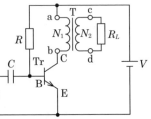

図 1 　　　　　　　　図 2

▶▶▶▶▶ p. 150

解説　問題図 1 の回路において, 端子 ab から見た交流負荷抵抗 R_{AC} は, 巻数比 (N_1/N_2) の 2 乗に比例するので, 次式で表される.

$$R_{AC} = \left(\frac{N_1}{N_2}\right)^2 R_L \ \text{〔Ω〕}$$

出力正弦波の最大値 V_m は, 電源電圧 V 〔V〕に等しいので, 電圧の実効値を $V_e = V_m/\sqrt{2}$ とすると, 最大出力電力 P_{om} 〔W〕は次式となる.

$$P_{om} = \frac{(V_e)^2}{R_{AC}} = \left(\frac{V}{\sqrt{2}}\right)^2 \times \frac{1}{R_L}\left(\frac{N_2}{N_1}\right)^2$$

$$= \frac{V^2}{2R_L}\left(\frac{N_2}{N_1}\right)^2 \text{〔W〕}$$

問 6　　　　　　　　　　　　　　　　　1陸技 2陸技類題

図に示す理想的な B 級動作をするコンプリメンタリ SEPP 回路において, トランジスタ Tr_1 のコレクタ電流の最大値 I_{Cm1} および負荷抵抗 R_L 〔Ω〕で消費される最大電力 P_{om} の値の組合せとして, 最も近いものを下の番号から選べ. ただし, 二つのトランジスタ Tr_1 および Tr_2 の特性は相補的（コンプリメンタリ）で, 入力は単一正弦波とする.

解答

問5 ア-1　イ-7　ウ-8　エ-9　オ-5

	I_{Cm1}	P_{om}
1	2〔A〕	12〔W〕
2	2〔A〕	16〔W〕
3	2〔A〕	18〔W〕
4	3〔A〕	16〔W〕
5	3〔A〕	18〔W〕

C：コレクタ
E：エミッタ
B：ベース

負荷抵抗
$R_L = 4$〔Ω〕
直流電源
$V = 12$〔V〕

▶▶▶▶▷ p. 150

解説 　入力交流電圧の正の半周期と負の半周期において，Tr_1 と Tr_2 が交互に動作する．
Tr_1 を流れる出力電流の最大値 I_{Cm1}〔A〕は，電圧の最大値 V_{Cm} が電源電圧 V〔V〕となるので，次式で表される．

$$I_{Cm1} = \frac{V_{Cm}}{R_L} = \frac{V}{R_L} = \frac{12}{4} = 3 \text{〔A〕}$$

各トランジスタの電圧と電流の最大値 V_{Cm}〔V〕，I_{Cm}〔A〕は同じ値となる．正弦波交流の実効値を V_e〔V〕，I_e〔A〕とすると，負荷抵抗で消費される最大電力 P_{om}〔W〕は，次式で表される．

$$P_{om} = V_e I_e = \frac{V_{Cm}}{\sqrt{2}} \times \frac{I_{Cm}}{\sqrt{2}}$$

$$= \frac{V}{\sqrt{2}} \times \frac{V}{\sqrt{2}R_L} = \frac{V^2}{2R_L} = \frac{12^2}{2 \times 4} = 18 \text{〔W〕}$$

問7 　　　　　　　　　　　　　　　　　　　　　　2陸技

図に示す電界効果トランジスタ(FET)回路において，直流電圧計 V の値が 6〔V〕であるとき，ドレイン電流 I_D〔mA〕およびドレイン-ソース間電圧 V_{DS}〔V〕の値の組合せとして，最も近いものを下の番号から選べ．ただし，抵抗 R_2 を 2〔kΩ〕とする．また，V の内部抵抗の影響はないものとする．

	I_D	V_{DS}
1	2〔mA〕	6〔V〕
2	3〔mA〕	6〔V〕
3	3〔mA〕	8〔V〕
4	4〔mA〕	6〔V〕
5	4〔mA〕	8〔V〕

D：ドレイン
S：ソース
G：ゲート

R_1：抵抗〔Ω〕
V_1, V_2：直流電源電圧〔V〕

解答

問6 -5

▶▶▶▶▶ p. 153

解説　問題図において，R_2 に接続された電圧計 V の値を V_V〔V〕とすると，ドレイン電流 I_D〔A〕は，次式で表される.

$$I_D = \frac{V_V}{R_2} = \frac{6}{2 \times 10^3} = 3 \times 10^{-3}\,\text{〔A〕} = 3\,\text{〔mA〕}$$

ドレイン-ソース間電圧 V_{DS} は，電源電圧 V_2 から R_2 の電圧降下 V_V を引いた値だから，次式で表される.

$$V_{DS} = V_2 - V_V = 12 - 6 = 6\,\text{〔V〕}$$

問8

図1に示す電界効果トランジスタ（FET）のドレイン-ソース間電圧 V_{DS} とドレイン電流 I_D の特性を求めたところ，図2に示す特性が得られた．このとき，V_{DS} が6〔V〕，I_D が3〔mA〕のときの相互コンダクタンス g_m の値として，最も近いものを下の番号から選べ.

1　5.5〔mS〕

2　5.0〔mS〕

3　4.5〔mS〕

4　4.0〔mS〕

5　3.5〔mS〕

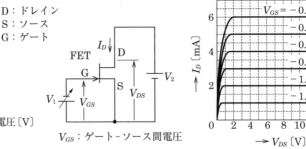

図1　　　　　図2

▶▶▶▶▶ p. 153

解説　問題図2より，V_{DS} が6〔V〕で I_D が3〔mA〕のときの V_{GS} は -0.8〔V〕となる．V_{DS} が一定のときに V_{GS} が変化したときの I_D の値を求めると，V_{GS} が -0.6〔V〕から -1.0〔V〕に $\Delta V_{GS} = 0.4$〔V〕変化したとき，I_D の変化は 4.0〔mA〕から 2.0〔mA〕に $\Delta I_D = 2.0$〔mA〕変化するので，相互コンダクタンス g_m〔S〕は次式で表される.

解答

問7 -2

$$g_m = \frac{\Delta I_D}{\Delta V_{GS}} = \frac{2.0 \times 10^{-3}}{0.4} = 5.0 \times 10^{-3} \ \text{(S)} \ = 5.0 \ \text{(mS)}$$

問9 　　　　　　　　　　　　　　　　　　　　　　　　　　　1陸技

　図1に示す電界効果トランジスタ(FET)を用いたドレイン接地増幅回路の原理図におい
て，電圧増幅度 A_V および出力インピーダンス(端子 cd から見たインピーダンス)Z_o を表す
式の組合せとして，正しいものを下の番号から選べ．ただし，FET の等価回路を図2とし，
また，Z_o は抵抗 R_S 〔Ω〕を含むものとする．

1　$A_V = \dfrac{g_m R_S}{1 + g_m R_S}$ 　　　$Z_o = \dfrac{R_S}{2 + g_m}$ 〔Ω〕

2　$A_V = \dfrac{g_m + R_S}{R_S}$ 　　　$Z_o = \dfrac{1 + g_m R_S}{g_m}$ 〔Ω〕

3　$A_V = \dfrac{g_m + R_S}{R_S}$ 　　　$Z_o = \dfrac{R_S}{2 + g_m}$ 〔Ω〕

4　$A_V = \dfrac{g_m + R_S}{R_S}$ 　　　$Z_o = \dfrac{R_S}{1 + g_m R_S}$ 〔Ω〕

5　$A_V = \dfrac{g_m R_S}{1 + g_m R_S}$ 　　　$Z_o = \dfrac{R_S}{1 + g_m R_S}$ 〔Ω〕

D：ドレイン
G：ゲート
S：ソース

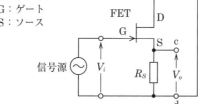

V_i：入力電圧〔V〕
V_o：出力電圧〔V〕
V_{GS}：G−S間電圧〔V〕
g_m：相互コンダクタンス〔S〕

図1　　　　　　　　　　図2

▶▶▶▶▶ p. 154

解説　問題図2の FET の等価回路より，ドレイン電流は $i_D = g_m V_{GS}$ 〔A〕によって表され
るので，出力電圧 V_o 〔V〕を求めると，次式となる．

$$V_o = i_D R_S = g_m V_{GS} R_S \ \text{(V)} \tag{1}$$

　入力電圧は $V_i = V_{GS} + V_o$ 〔V〕だから，電圧増幅度 A_V は，次式で表される．

解答

問8 -2

$$A_V = \frac{V_o}{V_i} = \frac{V_o}{V_{GS} + V_o}$$

$$= \frac{g_m V_{GS} R_S}{V_{GS} + g_m V_{GS} R_S} = \frac{g_m R_S}{1 + g_m R_S} \tag{2}$$

出力インピーダンス Z_o 〔Ω〕は，出力を開放した電圧 $V_{oo} = A_V V_i$ 〔V〕と出力を短絡した電流 $i_s = g_m V_{GS}$ 〔A〕より，次式となる.

$$Z_o = \frac{V_{oo}}{i_s} = \frac{A_V V_i}{g_m V_{GS}}$$

$$= \frac{A_V V_i}{g_m V_i} = \frac{A_V}{g_m} \ \text{〔Ω〕} \tag{3}$$

式(3)に式(2)を代入すると

$$Z_o = \frac{R_S}{1 + g_m R_S} \ \text{〔Ω〕}$$

問 10 　　　　　　　　　　　　　　　1陸技

次の記述は，図1に示す電界効果トランジスタ(FET)増幅回路において，D-G 間静電容量 C_{DG} 〔F〕の高い周波数における影響について述べたものである. ☐ 内に入れるべき字句を下の番号から選べ. なお，同じ記号の ☐ 内には，同じ字句が入るものとする. また，図2は，高い周波数では静電容量 C_S, C_1 および C_2 のリアクタンスが十分小さくなるものとして表した等価回路である.

(1) 図2に示す回路で，C_{DG} に流れる電流 $\dot{I}_G$ は，$\dot{I}_G = (\boxed{ア})/\{1/(j\omega C_{DG})\}$ 〔A〕で表される.

(2) この式を整理すると，$\dot{I}_G = j\omega C_{DG}(\boxed{イ})\dot{V}_i$ 〔A〕が得られる.

(3) 回路の電圧増幅度を A_V とすると，$\dot{V}_o/\dot{V}_i = -A_V$ であるから，A_V を使って $\dot{I}_G$ を表すと，$\dot{I}_G = j\omega C_{DG}(\boxed{ウ})\dot{V}_i$ 〔A〕が得られる.

(4) この式の $C_{DG}(\boxed{ウ})$ を C_i 〔F〕とすれば，C_i は等価的に ☐エ 間に接続された静電容量となる.

(5) このように C_{DG} が C_i となって表れる効果を ☐オ 効果という.

1　ミラー	2　G-S	3　$1+A_V$	4　$1 - \dfrac{\dot{V}_i}{\dot{V}_o}$	5　$\dot{V}_i - \dot{V}_o$
6　シュミット	7　D-S	8　$1 + \dfrac{1}{A_V}$	9　$1 - \dfrac{\dot{V}_o}{\dot{V}_i}$	10　$\dot{V}_i$

解答

問 9 -5

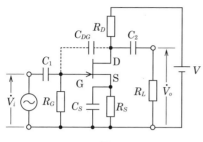 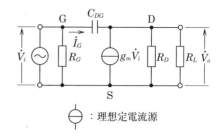

図1　　　　　　　　　　　　　　　　　　図2

⊖ : 理想定電流源

D：ドレイン　　　R_G, R_D, R_S, R_L：抵抗〔Ω〕
S：ソース　　　　g_m：相互コンダクタンス〔S〕
G：ゲート　　　　$\dot{V_i}$：入力電圧〔V〕
　　　　　　　　　$\dot{V_o}$：出力電圧〔V〕
　　　　　　　　　V：直流電源電圧〔V〕

▶▶▶▶▶ p. 154

解説　問題図2の等価回路において，C_{DG} に加わる電圧は $(\dot{V_i} - \dot{V_o})$ となるから，C_{DG} を流れる電流 $\dot{I_G}$ は，次式で表される.

$$\dot{I_G} = \frac{\dot{V_i} - \dot{V_o}}{\dfrac{1}{j\omega C_{DG}}}$$

$$= j\omega C_{DG}(\dot{V_i} - \dot{V_o}) = j\omega C_{DG}\left(1 - \frac{\dot{V_o}}{\dot{V_i}}\right)\dot{V_i}$$

$$= j\omega C_{DG}(1 + A_V)\dot{V_i}$$

$$= j\omega C_i \dot{V_i} \tag{1}$$

　式(1)において，C_i は等価的に入力の G-S 間に接続された静電容量となる．C_{DG} の静電容量が等価的に $(1 + A_V)$ 倍となって入力静電容量に現れる効果をミラー効果という．

問11　　　　　　　　　　　　　　　　　　　　　　　　2陸技

　次の記述は，図1および図2に示す回路について述べたものである．　　　内に入れるべき字句を下の番号から選べ．ただし，A_{OP} は理想的な演算増幅器を示す．

(1)　図1の回路の増幅度 $A_0 = |V_{o1}/(V_{i1} - V_{i2})|$ は，　ア　である．

(2)　図1の回路は，入力電流 I_i が　イ　．

(3)　図2の回路の増幅度 $A = |V_o/V_i|$ は，　ウ　である．

解答

問10　ア-5　イ-9　ウ-3　エ-2　オ-1

(4) 図2の回路の V_o と V_i の位相差は，| エ |〔rad〕である．

(5) 図2の回路は，| オ |増幅回路と呼ばれる．

1　∞

2　流れる

3　$1 - \dfrac{R_2}{R_1}$

4　π

5　反転（逆相）

6　1

7　流れない

8　$\dfrac{R_2}{R_1}$

9　$\dfrac{\pi}{2}$

10　非反転（同相）

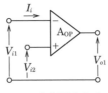

V_{i1}, V_{i2}：入力電圧〔V〕
V_{o1}：出力電圧〔V〕

図1

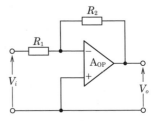

R_1, R_2：抵抗〔Ω〕
V_i：入力電圧〔V〕
V_o：出力電圧〔V〕

図2

▶▶▶▶▶ p. 156

問12

図1，図2および図3に示す理想的な演算増幅器（A_{OP}）を用いた回路の出力電圧 V_o〔V〕の大きさの値の組合せとして，正しいものを下の番号から選べ．ただし，抵抗 $R_1 = 5$〔kΩ〕，$R_2 = 45$〔kΩ〕，入力電圧 V_i を 0.3〔V〕とする．

	図1	図2	図3
1	3.0〔V〕	3.3〔V〕	0.3〔V〕
2	3.0〔V〕	2.7〔V〕	0　〔V〕
3	3.0〔V〕	2.7〔V〕	0.3〔V〕
4	2.7〔V〕	3.0〔V〕	0　〔V〕
5	2.7〔V〕	3.0〔V〕	0.3〔V〕

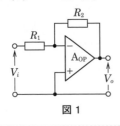

図1

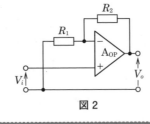

図2

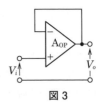

図3

▶▶▶▶▶ p. 156

解答

問11 ア-1　イ-7　ウ-8　エ-4　オ-5

解説　問題図 1 は反転増幅回路である．電圧増幅度の大きさ A_V は，次式で表される．

$$A_V = \frac{R_2}{R_1} = \frac{45 \times 10^3}{5 \times 10^3} = 9$$

よって，出力電圧 V_o〔V〕は，次式となる．

$$V_o = A_V V_i = 9 \times 0.3 = 2.7 \text{〔V〕}$$

問題図 2 は非反転形増幅回路である．電圧増幅度の大きさ A_V は，次式で表される．

$$A_V = 1 + \frac{R_2}{R_1} = 1 + \frac{45 \times 10^3}{5 \times 10^3} = 10 \tag{1}$$

よって，出力電圧 V_o〔V〕は，次式となる．

$$V_o = A_V V_i = 10 \times 0.3 = 3 \text{〔V〕}$$

問題図 3 は式(1)において，$R_1 = \infty$，$R_2 = 0$ とすると $A_V = 1$ となるので

$$V_o = A_V V_i = 0.3 \text{〔V〕}$$

問13　　　　　　　　　　　　　　　　　　　　　　　　1陸技類題　2陸技

　次の記述は，図に示す理想的な演算増幅器（A_{OP}）を用いた回路について述べたものである．□□□内に入れるべき字句を下の番号から選べ．

(1)　抵抗 R_1〔Ω〕に流れる電流 I_1 は，次式で表される．

　　$I_1 = \boxed{\text{ア}}$〔A〕 ……………………………①

(2)　抵抗 R_2〔Ω〕に流れる電流 I_2 は，次式で表される．

　　$I_2 = \boxed{\text{イ}}$〔A〕 ……………………………②

(3)　抵抗 R_3〔Ω〕に流れる電流 I_3 は，I_1 と I_2 で表せば，次式で表される．

　　$I_3 = \boxed{\text{ウ}}$〔A〕 ……………………………③

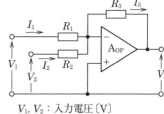

V_1, V_2：入力電圧〔V〕

(4)　出力電圧 V_o は，次式で表される．

　　$V_o = -I_3 \times \boxed{\text{エ}}$〔V〕 ……………………………④

(5)　式④を整理すると，次式が得られる．

　　$V_o = -(\boxed{\text{オ}})$〔V〕

1　$\dfrac{V_1}{R_1 + R_3}$　　　2　$\dfrac{V_2}{R_1 + R_3}$　　　3　$I_1 + I_2$　　　4　R_3　　　5　$\dfrac{V_1 R_3}{R_1} - \dfrac{V_2 R_3}{R_2}$

6　$\dfrac{V_1}{R_1}$　　　7　$\dfrac{V_2}{R_2}$　　　8　$I_1 - I_2$　　　9　$\dfrac{R_1 R_2}{R_1 + R_2}$　　　10　$\dfrac{V_1 R_3}{R_1} + \dfrac{V_2 R_3}{R_2}$

▶▶▶▶▶ p. 156

● 解答 ●

問12 -5

（右欄・縦書き）第 4 章　電子回路

解説 演算増幅器の入力端子間電圧は 0〔V〕だから，I_1，I_2〔A〕は次式で表される．

$$I_1 = \frac{V_1}{R_1} \text{〔A〕} \tag{1}$$

$$I_2 = \frac{V_2}{R_2} \text{〔A〕} \tag{2}$$

演算増幅器の入力インピーダンスは ∞〔Ω〕だから，入力側の電流の和が出力電流 I〔A〕となるので，R_3 を流れる電流 I_3〔A〕は，次式で表される．

$$I_3 = I_1 + I_2 \text{〔A〕} \tag{3}$$

演算増幅器の入力端子間電圧は 0〔V〕だから，出力電圧 V_o〔V〕は次式で表される．

$$V_o = -I_3 R_3 \text{〔V〕} \tag{4}$$

式(4)に式(1)，(2)，(3)を代入すると次式となる．

$$V_o = -(I_1 + I_2) R_3 = -\left(\frac{V_1 R_3}{R_1} + \frac{V_2 R_3}{R_2} \right) \text{〔V〕}$$

問 14 2陸技

次の記述は，図1に示す増幅回路 A と帰還回路 B を用いて構成した負帰還増幅回路について述べたものである．□内に入れるべき字句を下の番号から選べ．ただし，A の電圧増幅度 V_o/V_{iA} を A_0，B の帰還率 V_f/V_o を β とする．

(1) 負帰還増幅回路の電圧増幅度 A_{NF} は次式で表される．

$$A_{NF} = V_o/V_i \cdots\cdots\cdots① $$

(2) V_i は V_{iA} および V_f を用いて表すと次式となる．

$$V_i = \boxed{ \ ア \ } \cdots\cdots\cdots② $$

(3) 式①に②を代入し，さらに A_0 および β を用いて整理すると，次式が得られる．

$$A_{NF} = A_0/(1+ \boxed{ \ イ \ }) \cdots\cdots\cdots③ $$

(4) A_0 が非常に大きく，$\beta A_0 \gg 1$ であるときは，式③は次式で表される．

$$A_{NF} = \boxed{ \ ウ \ }$$

(5) 図2に示す回路は，図1に示す回路の A に理想的な演算増幅器（A_{OP}）を用い，かつ帰還率が

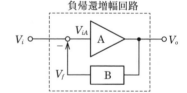

負帰還増幅回路

V_i：入力電圧〔V〕
V_o：出力電圧〔V〕
V_{iA}：A の入力電圧〔V〕
V_f：B の帰還電圧〔V〕

図 1

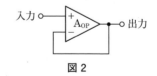

入力 —— A_{OP} —— 出力

図 2

● **解答** ●

問 13 ア-6　イ-7　ウ-3　エ-4　オ-10

エ のときの負帰還増幅回路であり， オ とも呼ばれる．

| 1 | $V_{iA} - V_f$ | 2 | $\dfrac{\beta}{A_0}$ | 3 | β | 4 | 1 | 5 | クランプ回路 |

| 6 | $V_{iA} + V_f$ | 7 | βA_0 | 8 | $\dfrac{1}{\beta}$ | 9 | 0.1 | 10 | ボルテージホロワ |

▶▶▶▶▶ p. 157

問15

図1に示すような低域での電圧利得が60〔dB〕で高域遮断周波数が2.0〔kHz〕の増幅器Amp に，図2に示すように帰還回路Bを設け，増幅器Amp に負帰還をかけて電圧利得が34〔dB〕の負帰還増幅器にしたとき，負帰還増幅器の高域遮断周波数の値として，最も近いものを下の番号から選べ．ただし，高域周波数 f〔Hz〕における増幅器の電圧増幅度 $\dot{A}$ は，高域遮断周波数を f_H〔Hz〕，低域での電圧増幅度の大きさを A_0 としたとき，$\dot{A} = A_0/(1 + jf/f_H)$ で表されるものとする．また，常用対数は表の値とする．

1 40〔kHz〕

2 45〔kHz〕

3 50〔kHz〕

4 55〔kHz〕

5 60〔kHz〕

V_i：入力電圧〔V〕
V_{o1}：出力電圧〔V〕
V_{o2}：出力電圧〔V〕

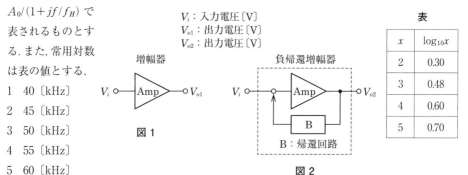

図1

図2　B：帰還回路

表

x	$\log_{10} x$
2	0.30
3	0.48
4	0.60
5	0.70

▶▶▶▶▶ p. 157

解説　負帰還をかけていないときの電圧利得を A，負帰還回路の帰還率を β とすると，負帰還増幅回路の電圧利得 A_β は，次式で表される．

$$A_\beta = \frac{A}{1 + \beta A} \tag{1}$$

電圧利得 A（真数）の dB 値 A_{dB}〔dB〕は，次式で表される．

$$A_{dB} = 20 \log_{10} A \tag{2}$$

60〔dB〕の真数は $A = 10^3$ となる．$34 = 40-6$〔dB〕の真数を求めると，40〔dB〕の真数は 10^2 となり，表の $\log_{10} 2 = 0.30$ より，6〔dB〕の真数は 2 となるので，34〔dB〕の真数は $A_\beta = 10^2/2 = 50$ となる．

解答

問14　ア-6　イ-7　ウ-8　エ-4　オ-10

式(1)に代入すると次式となる.

$$\frac{10^2}{2} = \frac{10^3}{1+10^3\beta} \quad \text{より,} \quad \beta = \frac{20-1}{10^3} = 19\times10^{-3}$$

高域周波数における負帰還増幅回路の電圧増幅度 $\dot{A}_f$ は,問題で与えられた式および式(1)より,次式で表される.

$$\dot{A}_f = \frac{\dfrac{A_0}{1+j\dfrac{f}{f_H}}}{1+\beta\dfrac{A_0}{1+j\dfrac{f}{f_H}}} = \frac{A_0}{1+j\dfrac{f}{f_H}+\beta A_0} = \frac{\dfrac{A_0}{1+\beta A_0}}{1+j\dfrac{f}{f_H(1+\beta A_0)}} \tag{3}$$

式(3)の分子は負帰還をかけたときの低域の電圧増幅度を表す.高域遮断周波数における増幅度は低域の $1/\sqrt{2}$ となるので,そのとき,分母の虚数項が 1 となるから,$A_0 = 10^3$ とすると周波数 f は,次式となる.

$$\begin{aligned}
f &= f_H(1+\beta A_0) \\
&= 2\times10^3\times(1+19\times10^{-3}\times10^3) = 40\times10^3 \text{ (Hz)} = 40 \text{ (kHz)}
\end{aligned}$$

問16 | 2陸技

次の記述は,図1および図2に示す理想的な演算増幅器(A_{OP})を用いた低域フィルタ(LPF)の基本的な動作について述べたものである. ____ 内に入れるべき字句の正しい組合せを下の番号から選べ.

(1) 図1の回路において,$\dot{V}_o/\dot{V}_i$ は,次式で表される.

$$\frac{\dot{V}_o}{\dot{V}_i} = -\boxed{\text{A}} \quad \cdots\cdots\cdots① $$

(2) 図2の回路において,図1の $\dot{Z}_1$ および $\dot{Z}_2$ を求めて式①を整理すると次式になる.

$$\frac{\dot{V}_o}{\dot{V}_i} = -\frac{R_2}{R_1}\times(\boxed{\text{B}}) \quad \cdots② $$

(3) 式②より,$\omega = 0$ 〔rad/s〕のとき,図2の回路の $\dot{V}_o/\dot{V}_i$ は,

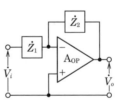

$\dot{Z}_1, \dot{Z}_2$:インピーダンス〔Ω〕
$\dot{V}_i$:入力電圧〔V〕
$\dot{V}_o$:出力電圧〔V〕

図1

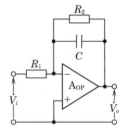

R_1, R_2:抵抗〔Ω〕
C:静電容量〔F〕
$\dot{V}_i$:入力電圧〔V〕
$\dot{V}_o$:出力電圧〔V〕

図2

解答

問15 -1

$$\frac{\dot{V}_o}{\dot{V}_i} = -\frac{R_2}{R_1} \text{ になる}.$$

(4) また，図2の回路において，$\dot{V}_o/\dot{V}_i$ の大きさが $\omega = 0$〔rad/s〕のときの $1/\sqrt{2}$ になる角周波数 ω_C は，次式で表される.

$$\omega_C = \boxed{\text{C}} \text{〔rad/s〕}$$

	A	B	C
1	$\dfrac{\dot{Z}_2}{\dot{Z}_1}$	$\dfrac{1}{1+j\omega CR_2}$	$\dfrac{1}{CR_2}$
2	$\dfrac{\dot{Z}_2}{\dot{Z}_1}$	$\dfrac{1}{1-j\omega CR_2}$	$\dfrac{1}{6CR_2}$
3	$\dfrac{\dot{Z}_2}{\dot{Z}_1}$	$\dfrac{1}{1-j\omega CR_2}$	$\dfrac{1}{3CR_2}$
4	$1+\dfrac{\dot{Z}_2}{\dot{Z}_1}$	$\dfrac{1}{1+j\omega CR_2}$	$\dfrac{1}{6CR_2}$
5	$1+\dfrac{\dot{Z}_2}{\dot{Z}_1}$	$\dfrac{1}{1+j\omega CR_2}$	$\dfrac{1}{CR_2}$

▶▶▶▶▶ p. 156

解説 問題図1の反転増幅回路の増幅度 $\dot{V}_o/\dot{V}_i$ は，次式で表される.

$$\frac{\dot{V}_o}{\dot{V}_i} = -\frac{\dot{Z}_2}{\dot{Z}_1} \tag{1}$$

式(1)に問題図2の抵抗とリアクタンスを代入すると，次式となる.

$$\frac{\dot{V}_o}{\dot{V}_i} = -\frac{1}{R_1} \times \frac{R_2 \times \dfrac{1}{j\omega C}}{R_2 + \dfrac{1}{j\omega C}} = -\frac{1}{R_1} \times \frac{1}{1+j\omega CR_2} \tag{2}$$

$\dot{V}_o/\dot{V}_i$ の大きさが $\omega = 0$〔rad/s〕のときの $1/\sqrt{2}$ となるときの角周波数 ω_C〔rad/s〕は，式(2)の分母の実数部と虚数部の値が同じときだから，次式が成り立つ.

$$\omega_C CR_2 = 1 \quad \text{よって，} \quad \omega_C = \frac{1}{CR_2} \text{〔rad/s〕}$$

問 17 1陸技

次の図は，トランジスタ(Tr)を用いた発振回路の原理的構成例を示したものである. このうち発振が可能なものを1，不可能なものを2として解答せよ.

解答
問 16 -1

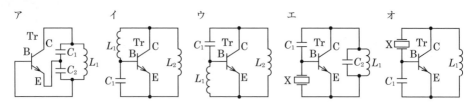

C：コレクタ　　　L_1, L_2：インダクタンス〔H〕
E：エミッタ　　　C_1, C_2：静電容量〔F〕
B：ベース　　　　X：水晶振動子

▶▶▶▶▶ p. 159

解説　p.160 **図 4・20** のリアクタンス発振回路において，トランジスタの電流増幅率を h_{fe} とすると発振条件は次式で表される．

$$\frac{h_{fe}X_2}{X_1} \geq 1 \tag{1}$$

$$X_1 + X_2 = -X_3 \tag{2}$$

式(2)より，X_1 と X_2 は同符号で，X_3 は X_1，X_2 と異符号であるときに発振する．

ア　式(2)の条件を満足するので発振する．

イ　式(2)の条件を満足しないので発振しない．

ウ　式(2)の条件を満足するので発振する．

エ　水晶振動子は誘導性リアクタンスのときに発振するので，L_1 と C_2 の共振回路が誘導性のとき発振する．

オ　式(2)の条件を満足しないので発振しない．

問 18　　　　　　　　　　　　　　　　　　　　　　　　　　2陸技

図に示す電界効果トランジスタ（FET）を用いた原理的なコルピッツ発振回路が $1,250/\pi$ 〔kHz〕の周波数で発振しているとき，自己インダクタンス L〔mH〕の値として，正しいものを下の番号から選べ．

1　0.4
2　0.8
3　1.2
4　1.6
5　2.0

D：ドレイン
G：ゲート
S：ソース

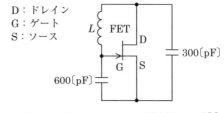

▶▶▶▶▶ p. 160

解答

問 17 ア-1　イ-2　ウ-1　エ-1　オ-2

解説 静電容量 $C_1 = 300$ 〔pF〕と $C_2 = 600$ 〔pF〕の直列合成静電容量 C 〔pF〕は，次式で表される．

$$C = \frac{C_1 C_2}{C_1 + C_2} = \frac{300 \times 600}{300 + 600} = 200 \text{〔pF〕}$$

発振周波数 f 〔Hz〕は，次式で表される．

$$f = \frac{1}{2\pi\sqrt{LC}} \text{〔Hz〕} \tag{1}$$

L 〔H〕を求めると次式となる．

$$L = \frac{1}{(2\pi f)^2 C} = \frac{1}{\left(2\pi \times \dfrac{1,250}{\pi}\right)^2 \times 200 \times 10^{-12}}$$

$$= \frac{1}{2.5^2 \times 2 \times 10^{6+2-12}} = 0.8 \times 10^{-3} \text{〔H〕} = 0.8 \text{〔mH〕}$$

問 19 　　　　　　　　　　　　　　 1陸技類題 2陸技

次の記述は，図に示す理想的な演算増幅器(A_{OP})を用いたブリッジ形 CR 発振回路の発振条件について述べたものである．□内に入れるべき字句を下の番号から選べ．ただし，角周波数を ω 〔rad/s〕とする．

(1) R と C の直列インピーダンス $\dot{Z}_S$ および並列インピーダンス $\dot{Z}_P$ は，それぞれ次式で表される．

$$\dot{Z}_S = R + (\boxed{\text{ア}}) \text{〔Ω〕} \quad\cdots\cdots\cdots\cdots\text{①}$$

$$\dot{Z}_P = \frac{R}{1 + j\omega CR} \text{〔Ω〕} \quad\cdots\cdots\cdots\cdots\text{②}$$

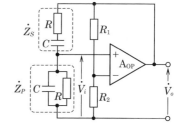

R_1, R_2：帰還抵抗〔Ω〕
R：抵抗〔Ω〕
C：静電容量〔F〕

(2) 入力電圧 $\dot{V}_i$ と出力電圧 $\dot{V}_o$ との関係は，$\dot{Z}_S$ および $\dot{Z}_P$ で表すと次式となる

$$\frac{\dot{V}_o}{\dot{V}_i} = 1 + \boxed{\text{イ}} \quad\cdots\cdots\cdots\cdots\text{③}$$

(3) 式③に式①②を代入し，整理すると，次式が得られる．

$$\frac{\dot{V}_o}{\dot{V}_i} = 3 - j(\boxed{\text{ウ}}) \quad\cdots\cdots\cdots\cdots\cdots\cdots\text{④}$$

(4) 回路が発振状態にあるとき，$\dot{V}_o$ と $\dot{V}_i$ の位相は，$\boxed{\text{エ}}$ である．

(5) したがって，発振周波数 f は，$f = \boxed{\text{オ}}$ 〔Hz〕である．

解答

問 18 -2

1 $\quad j\omega CR$	2 $\quad \dfrac{\dot{Z}_S}{\dot{Z}_P}$	3 $\quad \dfrac{1}{\omega CR}-\omega CR$	4 逆位相	5 $\quad \dfrac{1}{2\pi CR}$
6 $\quad \dfrac{1}{j\omega C}$	7 $\quad \dot{Z}_S+\dot{Z}_P$	8 $\quad \dfrac{1}{\omega CR}-2\omega CR$	9 同位相	10 $\quad \dfrac{1}{2\pi\sqrt{6}\,CR}$

▶▶▶▶▷ p. 162

問20 　　　　　　　　　　　　　　　　　　　　　　　|1陸技|2陸技類題|

　次の記述は，図に示す原理的な移相形 RC 発振回路の動作について述べたものである．このうち正しいものを 1，誤っているものを 2 として解答せよ．ただし，回路は発振状態にあるものとし，増幅回路の入力電圧および出力電圧をそれぞれ $\dot{V}_i$〔V〕および $\dot{V}_o$〔V〕とする．

ア　増幅回路の増幅度の大きさ $|\dot{V}_o/\dot{V}_i|$ は，1 以下である．

イ　発振周波数 f は，$f = 1/(\pi RC)$〔Hz〕である．

ウ　$\dot{V}_o$ と図に示す電圧 $\dot{V}_f$ の位相を比べると，$\dot{V}_o$ に対して $\dot{V}_f$ は進んでいる．

エ　この回路は，一般的に低周波の正弦波交流の発振に用いられる．

オ　$\dot{V}_i$ と $\dot{V}_o$ の位相差は，π〔rad〕である．

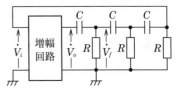

R：抵抗〔Ω〕
C：静電容量〔F〕

▶▶▶▶▷ p. 162

解説　誤っている選択肢は，正しくは次のようになる．

　　ア　増幅回路の増幅度の大きさ $|\dot{V}_o/\dot{V}_i|$ は，**29 以上**である．

　　イ　発振周波数 f は，$f = 1/(2\pi\sqrt{6}\,CR)$〔Hz〕である．

問21 　　　　　　　　　　　　　　　　　　　　　　　　　　|2陸技|

　次の記述は，図に示す位相同期ループ(PLL)を用いた発振回路の原理的な構成例について述べたものである．□□内に入れるべき字句の正しい組合せを下の番号から選べ．ただし，水晶発振器の出力周波数 f_r を 10〔MHz〕，分周器の分周比の N を 15 とし，回路は発振状態で正常に動作しているものとする．なお，同じ記号の □□内には，同じ字句が入るものとする．

●解答●

問19	ア-6　イ-2　ウ-3　エ-9　オ-5	**問20**	ア-2　イ-2　ウ-1　エ-1　オ-1

(1) 発振回路は，水晶発振器，　A　，低域フィルタ（LPF），　B　，分周器などから構成されている.

(2) 出力の周波数 f_o は，　C　〔MHz〕である.

	A	B	C
1	位相比較器	電圧制御発振器（VCO）	150
2	位相比較器	電圧制御発振器（VCO）	100
3	位相比較器	低周波増幅器	300
4	復調器	低周波増幅器	150
5	復調器	低周波増幅器	100

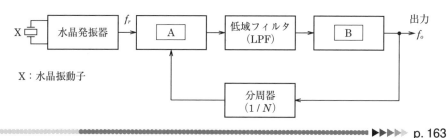

X：水晶振動子

▶▶▶▶▶ p. 163

解説　f_r〔MHz〕と f_o/N〔MHz〕の周波数が同じときに PLL ループは安定するので，f_o〔MHz〕は次式となる.

$$f_o = Nf_r = 15 \times 10 = 150 \text{ 〔MHz〕}$$

問22　　　　　　　　　　　　　2陸技

図に示す整流回路において端子 ab 間の電圧 v_{ab} の平均値として，正しいものを下の番号から選べ. ただし，回路は理想的に動作し，入力の正弦波交流電圧の実効値を $V = 100$〔V〕，変成器 T の 1 次側の巻数 N_1 および 2 次側の巻数 N_2 をそれぞれ 500 および 50 とする.

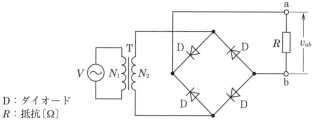

D：ダイオード
R：抵抗〔Ω〕

1　$\dfrac{\sqrt{2}\pi}{10}$〔V〕

2　$\dfrac{\sqrt{2}\pi}{20}$〔V〕

解答

 -1

$$3 \quad \frac{10\sqrt{2}}{\pi} \text{ (V)}$$

$$4 \quad \frac{20\sqrt{2}}{\pi} \text{ (V)}$$

$$5 \quad \frac{30\sqrt{2}}{\pi} \text{ (V)}$$

▶▶▶▶▶ p. 165

解説 変成器 T の 2 次側の電圧 V_2 〔V〕は，次式で表される．

$$V_2 = \frac{N_2}{N_1} V = \frac{50}{500} \times 100 = 10 \text{ (V)}$$

実効値 V_2 の最大値は $\sqrt{2}\, V_2$ となるので，ブリッジ整流回路の出力の平均値 V_a 〔V〕は，次式となる．

$$V_a = \frac{2}{\pi} \times \sqrt{2}\, V_2 = \frac{20\sqrt{2}}{\pi} \text{ (V)}$$

問 23　　　　　　　　　　　　　　　　　　　　　1陸技

次の記述は，図 1 に示す整流回路の各部の電圧について述べたものである．□内に入れるべき字句の正しい組合せを下の番号から選べ．ただし，交流電源は実効値が V 〔V〕の正弦波交流とし，ダイオード D_1，D_2 は理想的な特性を持つものとする．

(1) 静電容量 C_1 〔F〕のコンデンサの両端の電圧 V_{C1} は，直流の □A□ 〔V〕である．

(2) D_1 の両端の電圧 v_{D1} は，図 2 の □B□ のように変化する電圧である．

(3) 静電容量 C_2 〔F〕のコンデンサの両端の電圧 V_{C2} は，直流の □C□ 〔V〕である．

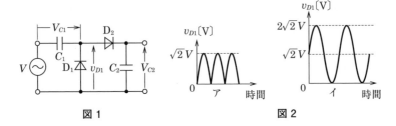

図 1　　　　　　　図 2

	A	B	C
1	$\sqrt{2}\, V$	ア	$2\sqrt{2}\, V$
2	$2V$	ア	$2\sqrt{2}\, V$

解答

問 22 -4

第 4 章　電子回路

3	$\sqrt{2}\,V$	ア	$2V$
4	$\sqrt{2}\,V$	イ	$2\sqrt{2}\,V$
5	$2V$	イ	$2V$

▶▶▶▶▶ p. 166

解説　入力交流電圧が負の半周期では，ダイオード D_1 が導通して，コンデンサ C_1 は問題図の方向に充電される．このとき V_{C1} は交流電源電圧の最大値 V_m 〔V〕に充電されるので，交流電圧 v_i の実効値を V 〔V〕とすると，次式で表される．

$$V_{C1} = V_m = \sqrt{2}\,V \ \text{〔V〕}$$

入力交流電圧が正の半周期では，D_1 の両端の電圧 v_{D1} は，入力交流電圧 v_i に直流電圧 V_{C1} が加わるので，次式で表される．

$$v_{D1} = v_i + V_{C1} = v_i + \sqrt{2}\,V \ \text{〔V〕}$$

v_{D1} は入力電圧が $\sqrt{2}\,V$ 〔V〕上がった波形となるので，問題図 2 のイとなる．C_2 は v_{D1} の最大値で充電されるので，$V_{C2} = 2\sqrt{2}\,V$ 〔V〕の直流電圧となる．

問24

図に示す整流電源回路の無負荷時における出力電圧 V_o の値として，正しいものを下の番号から選べ．ただし，交流電源 V の電圧は，50〔V〕(実効値)とし，変成器 T およびダイオード D は理想的な特性とする．また，静電容量 C 〔F〕は十分大きな値とする．

1　$50\sqrt{2}$ 〔V〕

2　$100\sqrt{2}$ 〔V〕

3　$200\sqrt{2}$ 〔V〕

4　$300\sqrt{2}$ 〔V〕

5　$400\sqrt{2}$ 〔V〕

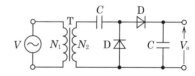

N_1：T の一次側巻数 100
N_2：T の二次側巻数 200

▶▶▶▶▶ p. 166

解説　変成器 T の 2 次側の電圧 V_2 〔V〕は，次式で表される．

$$V_2 = \frac{N_2}{N_1} V = \frac{200}{100} \times 50 = 100 \ \text{〔V〕}$$

倍電圧整流回路の出力電圧 V_o 〔V〕は，次式で表される．

$$V_o = 2\sqrt{2}\,V_2 = 2\sqrt{2} \times 100 = 200\sqrt{2} \ \text{〔V〕}$$

 解答

問23 -4　　**問24** -3

問 25

次の記述は，図に示す整流回路の動作について述べたものである．□内に入れるべき字句の正しい組合せを下の番号から選べ．ただし，出力端子 ab 間は無負荷とする．

(1) この回路の名称は，□A□形倍電圧整流回路である．

(2) 正弦波交流電源の電圧 V が実効値で 100〔V〕のとき，端子 ab 間に約□B□〔V〕の直流電圧が得られる．

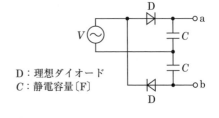

D：理想ダイオード
C：静電容量〔F〕

	A	B
1	全波	141
2	全波	282
3	半波	141
4	半波	200
5	半波	282

▶▶▶▶▶ p. 166

解説 倍電圧整流回路の端子 ab 間の電圧 V_{ab}〔V〕は，次式で表される．

$$V_{ab} = 2\sqrt{2}\,V = 2\sqrt{2} \times 100 \fallingdotseq 282 \text{〔V〕}$$

問 26

図に示す定電圧ダイオード D_T を用いた回路において，負荷抵抗 R_L を 400〔Ω〕または 100〔Ω〕としたとき，R_L の両端電圧 V_L の値の組合せとして，正しいものを下の番号から選べ．ただし，D_T は理想的な特性とし，抵抗 R_1 を 100〔Ω〕，D_T のツェナー電圧を 6〔V〕とする．

	$R_L = 400$〔Ω〕	$R_L = 100$〔Ω〕
1	6〔V〕	4〔V〕
2	6〔V〕	5〔V〕
3	8〔V〕	3〔V〕
4	8〔V〕	4〔V〕
5	8〔V〕	5〔V〕

$R_1 = 100$〔Ω〕

$V = 10$〔V〕 　D_T　 R_L 　V_L

V：直流電圧

▶▶▶▶▶ p. 167

解説 ツェナー電圧を $V_Z = 6$〔V〕とすると，無負荷（$R_L = \infty$〔Ω〕）のときに定電圧ダイオードを流れる電流 I_Z〔A〕は，次式で表される．

$$I_Z = \frac{V - V_Z}{R_1} = \frac{10 - 6}{100} = 40 \times 10^{-3} \text{〔A〕} \tag{1}$$

● 解答 ●

問 25 -2

$R_L = 400$ 〔Ω〕のとき，V_L をツェナー電圧と同じ 6 〔V〕とすると，R_L を流れる電流 I_1 〔A〕は，次式で表される．

$$I_1 = \frac{V_L}{R_L} = \frac{6}{400} = 15\times10^{-3} \text{〔A〕} \tag{2}$$

式(1)，(2)より，$I_1 < I_Z$ だから R_L の両端電圧は $V_L = V_Z = 6$ 〔V〕である．

$R_L = 100$ 〔Ω〕のとき，R_L を流れる電流 I_2 〔A〕は，$V_L = 6$ 〔V〕とすると，次式で表される．

$$I_2 = \frac{V_L}{R_L} = \frac{6}{100} = 60\times10^{-3} \text{〔A〕} \tag{3}$$

$I_2 > I_Z$ となるので，定電圧ダイオードには電流が流れなくなるから，定電圧ダイオードを無視して，抵抗の比より V_L 〔V〕を求めると次式で表される．

$$V_L = \frac{R_L}{R_1 + R_L} V = \frac{100}{100+100}\times10 = 5 \text{〔V〕}$$

問 27

〔1陸技〕

図1に示すような，静電容量 C 〔F〕と理想ダイオード D の回路の入力電圧 v_i 〔V〕として，図2に示す電圧を加えた．このとき，C の両端電圧 v_c 〔V〕および出力電圧 v_o 〔V〕の波形の組合せとして，正しいものを下の番号から選べ．ただし，回路は定常状態にあるものとする．また，図3の v は，v_c または v_o を表す．

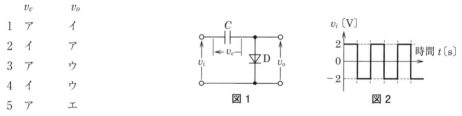

	v_c	v_o
1	ア	イ
2	イ	ア
3	ア	ウ
4	イ	ウ
5	ア	エ

図1　図2

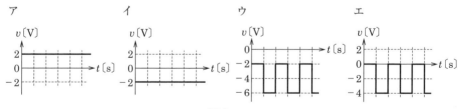

図3

解答

問 26 -2

第4章　電子回路

▶▶▶▶▶ p. 168

解説 入力電圧 v_i が正の半周期のとき，ダイオードが導通して電流が流れるので，C は入力電圧の最大値 $+2$〔V〕に充電される．負荷に電流が流れないので C の電圧 v_c は，入力が負の半周期においても $+2$〔V〕の電圧が保持されるから v_c は問題図3のアとなる．

　出力電圧は，v_i に直流電圧 v_c が逆向きの極性で加わる．よって，出力電圧 v_o は次式で表される．

$$v_o = v_i - v_c = v_i - 2 \text{〔V〕}$$

　よって，v_o は入力電圧が 2〔V〕下がった波形となるので，問題図3のエとなる．

問28　　　　　　　　　　　　　　　　　　　　　1陸技

　次は，論理式とそれに対応する論理回路を示したものである．このうち，正しい組合せを下の番号から選べ．ただし，正論理とし，A，B および C を入力，X を出力とする．

1
$$X = A + \overline{A} \cdot B$$

2
$$X = A \cdot B + B \cdot C$$

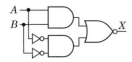

3
$$X = A \cdot B + \overline{A} \cdot B + \overline{A} \cdot \overline{B}$$

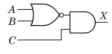

4
$$X = \overline{A \cdot \overline{B} + \overline{A} \cdot B}$$

5
$$X = A \cdot B \cdot C + A \cdot C + B \cdot C$$

▶▶▶▶▶ p. 169

解説 各選択肢の論理式を，公式を用いて回路図に合うように変形すると，次式で表される．

1　$X = A + \overline{A} \cdot B$　　　　　（公式：$1 = B + \overline{B}$）

　　$= A \cdot (B + \overline{B}) + \overline{A} \cdot B$

　　$= A \cdot B + A \cdot \overline{B} + \overline{A} \cdot B$

　　$= A \cdot B + A \cdot B + A \cdot \overline{B} + \overline{A} \cdot B$

⬤ 解答 ⬤

問27 -5

第4章　電子回路

$$= A \cdot (B + \bar{B}) + B \cdot (A + \bar{A}) \qquad (\text{公式} : A + \bar{A} = 1)$$

$= A + B$ となるので，回路図 $X = \overline{A + B}$ と異なる.

2 $\quad X = A \cdot B + B \cdot C$

$= B \cdot (A + C)$ となるので，回路図 $X = \overline{B \cdot (A + C)}$ と異なる.

3 $\quad X = A \cdot B + \bar{A} \cdot B + \bar{A} \cdot \bar{B} \qquad (\text{公式} : \bar{A} \cdot B = \bar{A} \cdot B + \bar{A} \cdot B)$

$= A \cdot B + \bar{A} \cdot B + \bar{A} \cdot B + \bar{A} \cdot \bar{B}$

$= (A + \bar{A}) \cdot B + \bar{A} \cdot (B + \bar{B}) \qquad (\text{公式} : A + \bar{A} = 1)$

$= B + \bar{A}$ となるので，回路図と同じである.

4 $\quad X = \overline{A \cdot \bar{B} + \bar{A} \cdot B}$

$= \overline{(A \cdot \bar{B})} \cdot \overline{(\bar{A} \cdot B)} \qquad (\text{ド・モルガンの定理} : \overline{A \cdot B} = \bar{A} + \bar{B})$

$= (\bar{A} + B) \cdot (A + \bar{B})$

$= \bar{A} \cdot A + \bar{A} \cdot \bar{B} + B \cdot A + B \cdot \bar{B} \qquad (\text{公式} : \bar{A} \cdot A = 0)$

$= \bar{A} \cdot \bar{B} + B \cdot A$ となるので，回路図 $X = \overline{A \cdot B + \bar{A} \cdot \bar{B}}$ と異なる.

5 $\quad X = A \cdot B \cdot C + A \cdot C + B \cdot C$

$= (A \cdot B + A + B) \cdot C$

$= (A \cdot (B + 1) + B) \cdot C \qquad (\text{公式} : B + 1 = 1)$

$= (A + B) \cdot C$ となるので，回路図 $X = \overline{(A + B)} \cdot C$ と異なる.

問 29

1陸技

　次に示す真理値表と異なる動作をする論理回路を下の番号から選べ．ただし，正論理とし，A および B を入力，X を出力とする.

1

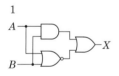

2

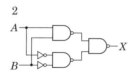

3

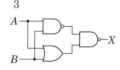

真理値表

A	B	X
0	0	1
0	1	0
1	0	0
1	1	1

4

5

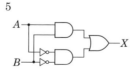

▶▶▶▶▶ p. 169

● 解答 ●

問 28 -3

第４章　電子回路

解説 誤っている選択肢4の真理値表を次に示す.

入力		各素子の出力		出力
A	B	NAND	NOR	X
0	0	1	1	1
0	1	1	0	0
1	0	1	0	0
1	1	0	0	0

問30

図に示す理想的な演算増幅器（A_{OP}）を用いた原理的なラダー（梯子）形 D-A 変換回路において，スイッチ SW_2 を a 側にし，他のスイッチ SW_0，SW_1 および SW_3 を b 側にしたときの出力電圧 V_o の大きさとして，正しいものを下の番号から選べ.

1 $\dfrac{V}{32}$ 〔V〕

2 $\dfrac{V}{16}$ 〔V〕

3 $\dfrac{V}{8}$ 〔V〕

4 $\dfrac{V}{4}$ 〔V〕　V：直流電圧〔V〕
　　　　　　　　R：抵抗〔Ω〕

5 $\dfrac{V}{2}$ 〔V〕

▶▶▶▶▶ p. 174

解説 各スイッチ SW_0〜SW_3 のそれぞれ一つを b 側から a 側に入れると，出力電圧 V_o は，$V/16$，$V/8$，$V/4$，$V/2$ となる．SW_2 のみ a 側なので，出力電圧は $V_o = V/4$ 〔V〕となる．

● **解答** ●

問29 -4　　**問30** -4

電気磁気測定

 単位

① 国際単位系 (SI単位)

SI単位は10進法による国際的な単位系で, 7の基本単位で構成されている. このうち, 4の基本単位である, 長さ l 〔m〕, 質量 m 〔kg〕, 時間 t 〔s〕, 電流 I 〔A〕を用いて, 他の組み立て単位を表すことができる.

② 基本単位による単位の表し方

① 力 F 〔N〕は, 質量を m 〔kg〕, 加速度を α 〔m·s^{-2}〕とすれば, ニュートンの運動方程式より, 次式で表される.

$F = m\alpha$ となるので, 〔m·kg·s^{-2}〕 (5.1)

② 仕事 W 〔J〕は, 力 F 〔N〕, 長さ l 〔m〕より, 次式で表される.

$W = Fl$ となるので, 〔m^2·kg·s^{-2}〕 (5.2)

③ 電力 P 〔W〕は, 仕事 W 〔J〕, 時間 t 〔s〕より, 次式で表される.

$P = \dfrac{W}{t}$ となるので, 〔m^2·kg·s^{-3}〕 (5.3)

④ 電荷 Q 〔C〕は, 電流 I 〔A〕, 時間 t 〔s〕より, 次式で表される.

$Q = It$ となるので, 〔s·A〕 (5.4)

⑤ 電位 V 〔V〕は, 式(5.2), (5.4)より, 次式で表される.

$V = \dfrac{W}{Q}$ となるので, 〔m^2·kg·s^{-3}·A^{-1}〕 (5.5)

⑥ 静電容量 C 〔F〕は, 式(5.4), (5.5)より, 次式で表される.

$C = \dfrac{Q}{V}$ となるので, 〔m^{-2}·kg^{-1}·s^4·A^2〕 (5.6)

⑦ 抵抗 R 〔Ω〕は, 式(5.5)より, 次式で表される.

$R = \dfrac{V}{I}$ となるので, 〔m^2·kg·s^{-3}·A^{-2}〕 (5.7)

③ 他の単位による単位の表し方

① エネルギー U〔J〕は力 F〔N〕，距離 l〔m〕より次式で表される．

$U = Fl$　となるので，〔N·m〕　　　　　　　　　　　　　　　(5.8)

② 電荷 Q〔C〕は電流 I〔A〕，時間 t〔s〕より次式で表される．

$Q = It$　となるので，〔A·s〕　　　　　　　　　　　　　　　(5.9)

③ 電位 V〔V〕は単位電荷 Q〔C〕当たりの仕事 W〔J〕より，次式で表される．

$V = \dfrac{W}{Q}$　となるので，〔J/C〕　　　　　　　　　　　　　(5.10)

④ 電流 I〔A〕は単位時間 t〔s〕当たりの電荷 Q〔C〕の移動量を表すので，次式で表される．

$I = \dfrac{Q}{t}$　となるので，〔C/s〕　　　　　　　　　　　　　(5.11)

⑤ 電力 P〔W〕は電圧 V〔V〕，電流 I〔A〕，時間 t〔s〕，仕事 W〔J〕より，次式で表される．

$P = VI = \dfrac{W}{Q} \times \dfrac{Q}{t}$　となるので，〔J/s〕　　　　　　　　　(5.12)

⑥ 静電容量 C〔F〕は電位 V〔V〕を与えたときに蓄えられる電荷 Q〔C〕より，次式で表される．

$C = \dfrac{Q}{V}$　となるので，〔C/V〕　　　　　　　　　　　　　(5.13)

⑦ 磁束 ϕ〔Wb〕が時間 t〔s〕で変化すると，誘導起電力 e〔V〕は，次式で表される．

$e = \dfrac{d\phi}{dt}$〔V〕　　　　　　　　　　　　　　　　　　(5.14)

よって，ϕ〔Wb〕は，

$\phi = et$　となるので，〔V·s〕　　　　　　　　　　　　　　　(5.15)

⑧ インダクタンス L〔H〕を流れている電流 I〔A〕が時間 t〔s〕で変化すると，誘導起電力 e〔V〕は，次式で表される．

$e = L\dfrac{dI}{dt}$〔V〕　　　　　　　　　　　　　　　　　　(5.16)

式(5.14)を等しいとおくと，

$e = L\dfrac{dI}{dt} = \dfrac{d\phi}{dt}$

よって，$LI = \phi$ とすれば，

$L = \dfrac{\phi}{I}$　となるので，〔Wb/A〕

⑨ 磁束密度 B〔T〕は単位面積 S〔m²〕当たりの磁束 ϕ〔Wb〕より，次式で表される．

$B = \dfrac{\phi}{S}$　となるので，〔Wb/m²〕

指示電気計器

指示電気計器は，電気的な量を力学的な量に変換して，指針の振れなどによって電気的な量を知ることができるようにした測定器である．

■ 構成要素

指示電気計器には次の三つの装置がある．

① **駆動装置**：被測定量に応じた位置まで指針を振れさせるために，可動部を動かす力（駆動トルク）を生じさせるための装置である．電磁力や静電気力などが用いられる．

② **制御装置**：駆動トルクで動く指針を，被測定量に応じた位置で停止させるためのものである．駆動トルクと逆向きのトルクを加える必要があり，このトルクを発生させるためにばね，重力，電磁力などが使用される．

③ **制動装置**：指針の静止を素早く行わせるためのものである．駆動トルクと制御トルクで指針は静止するが，これを素早く行わせるためのトルクが必要である．このトルクを発生させるために，空気抵抗，うず電流，電磁制動などが用いられる．

Point

電気的な量を力学的な量に変換するために，次の電気・磁気現象を利用している．
① 磁界中の電流に働く力
② 電界中の電荷に働く力
③ ジュール熱による膨張や熱起電力

第5章　電気磁気測定

■ 永久磁石可動コイル形計器

図5·1(a)に構造と**図5·1**(b)に図記号を示す．永久磁石の磁界と枠型可動コイルを流れる測定電流による電磁力によって駆動トルクが発生し，指針を回転させる．駆動トルクとうず巻きばねによる制御トルクとがつり合った位置が電流の値を指示する．指示値は電流の平均値に比例する．指針が指示位置に移動するとき，滑らかに移動するために制動装置が必要になる．コイルはアルミ枠に巻かれているので，アルミ枠に流れる誘導電流による電磁力が制動作用を生じさせる．

用途　直流の電流・電圧測定

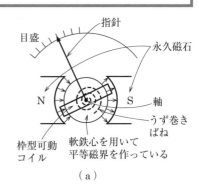

（a）

（b）記号

図5·1　永久磁石可動コイル形計器

特徴

① 感度がよい.

② 外部磁界の影響を受けにくい.

③ 振動に弱い.

④ 平均値で動作して実効値指示

⑤ 平等目盛

⑥ 誤差が小さいので,標準指示計器として用いられる.

③ 可動鉄片形計器

図5·2(a)に反発形の可動鉄片形計器の構造と図5·2(b)に図記号を示す.固定コイルの内部に固定した固定鉄片に接近して可動鉄片を置き,固定コイルに電流を流すと鉄片間に発生する反発力によって,駆動トルクが発生し指針を回転させる.駆動トルクとうず巻きばねによる制御トルクとがつり合った位置が電流の値を指示する.駆動トルクは電流の2乗に比例し,電流の向きとは無関係なので交流を測定することができる.図5·2の計器は空気抵抗による制動装置を用いている.

用途　直流,交流の電流・電圧測定

特徴

① 構造が簡単.

② 外部磁界の影響を受けやすい.

③ 直流の測定では誤差を生じやすい.

④ 実効値指示

⑤ 2乗目盛

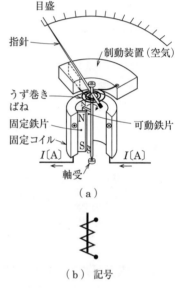

（ａ）

（ｂ）　記号

図5·2　可動鉄片形計器

④ 電流力計形計器

図5·3(a)に構造,図5·3(b)にコイルの接続,図5·3(c)に図記号を示す.固定コイルA,Bと可動コイルMの両方に電流を流し,これらの電磁力によって駆動トルクが発生して指針を回転させる.駆動トルクとうず巻きばねによる制御トルクとがつり合った位置が電流の値を指示する.指示は電流の2乗に比例する.

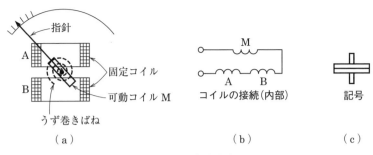

図5·3　電流力計形計器

用途　主に直流・交流の電力測定．直流・交流の電流・電圧測定

特徴

①　感度が悪い．

②　外部磁界の影響を受けやすい．

③　2乗目盛

④　実効値指示

5 誘導形計器

図5·4(a)に構造，図5·4(b)にコイルの接続，図5·4(c)に図記号を示す．図5·4(b)において，R は高抵抗，L は位相を遅らせるためのインダクタンスである．円筒の軸を中心に回転するアルミニウム円筒を取り囲むように，回転磁界を発生させる固定コイルを配置した構造である．固定コイルに交流電流を流すと，アルミ板に生ずるうず電流によって，駆動トルクが発生する．駆動トルクとうず巻きばねによる制御トルクとがつり合った位置が電流の値を指示する．指示は電流の2乗に比例する．制御トルクを用いないで，円板が回転する計器とすることで，電力量を測定する積算電力計に用いられる．

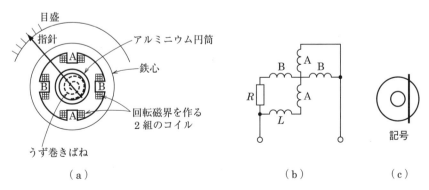

図5·4

第5章　電気磁気測定

用途 交流の電力測定

特徴

① 構造が簡単.

② 誤差が大きい.

③ 広角度指示

④ 使用周波数範囲が限られる.

⑤ 実効値指示

⑥ 静電形計器

図5·5(a)に構造と図5·5(b)に図記号を示す. 図5·5(a)のように, 対向した2枚の電極MとKに電圧を加えると静電気力が働く. これにより発生する吸引力が駆動トルクとなり指針を動かす. 静電気力とスプリングにより制御する力とがつり合った位置が電流の値を指示する. 指示は電圧の2乗に比例する. 静電形計器の電極の面積を S 〔m²〕, 電極間の距離を r 〔m〕, 空気の誘電率を ε 〔F/m〕, 測定電圧を

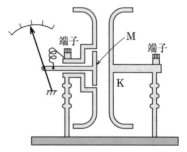

K：固定電極板　M：可動電極板

（a）　　　　　　　（b）

図5·5 静電形計器

V 〔V〕とすると, 静電形計器の電極に加わる力 F 〔N〕は次式で表される.

$$F = \frac{\varepsilon S V^2}{2r^2} \ \text{〔N〕} \tag{5.17}$$

用途 直流・交流の電圧測定

特徴

① 高電圧用

② 入力抵抗が大きい.

③ 実効値指示

④ 2乗目盛

⑦ 熱電対形計器

図5·6(a), (b)に構造と図5·6(c)に図記号を示す. 図5·6(a)は**熱電対**と**熱線**が接触している直熱形, 図5·6(b)は熱電対と熱線が絶縁している傍熱形である. 熱電対形計器は, 熱線, 熱電対, 永久磁石可動コイル形電流計で構成されている. 熱線に発生する熱によって熱電対に起電力が発生するので, 発生した電流を永久磁石可動コイル形電流計で測定する. 指

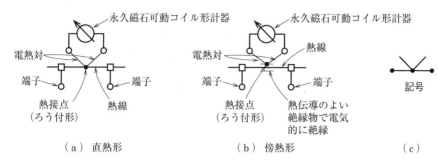

図5·6 熱電対形計器

示は電流の2乗に比例する.

用途　直流・交流・高周波の電流・電圧の測定

特徴

① 周波数特性がよい.

② 過電流に弱い.

③ 実効値指示

④ 波形誤差が生じない.

8 整流形計器

　図5·7(a)に構造と図5·7(b)に図記号を示す.ブリッジ整流回路と永久磁石可動コイル形電流計で構成されている.交流電流を整流回路で全波整流して,同じ極性の脈流電流を永久磁石可動コイル形電流計で測定する.指示値は電流波形の平均値に比例する.

用途　交流の電流・電圧測定

特徴

① 感度がよい.

② 平均値指示

③ 振動に弱い.

④ 外部磁界の影響を受けにくい.

⑤ 波形誤差を生じる.

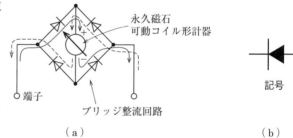

(a)　　　　　　　　　(b)

図5·7　整流形計器

　整流形計器は,ブリッジ整流回路によって交流を整流して,電流計の指針を振らせる.永久磁石可動コイル形電流計は平均値で動作するが,整流形電流計の指示値は正弦波の波形率(実効値/平均値)に基づいて,実効値が計器に表示されている.波形率が正弦波と異なる三角波交流などを測定すると誤差が生じる.

第5章　電気磁気測定

5.3 誤差，精度

1 誤差

(1)　測定誤差

測定値を M，真の値を T とすると，**誤差** δ は次式で表される.

$$\delta = M - T \tag{5.18}$$

百分率誤差（**誤差率**）ε〔%〕は，次式で表される.

$$\varepsilon = \frac{M - T}{T} \times 100 = \left(\frac{M}{T} - 1\right) \times 100 \ \text{〔\%〕} \tag{5.19}$$

(2)　誤差の分類

① **個人誤差**：誤操作や測定者固有のくせによる誤差

② **系統誤差**：測定器の誤差や測定環境による誤差

③ **偶然誤差**：原因が特定できないか，熱雑音のように人為的に取り除くことができない誤差

2 精度

計測器の精度は計器の表す値の正確さを示す. 可動コイル形計器などの指示電気計器に適用される**精度の階級**を**表 5・1** に示す.

表 5・1　指示計器の階級

階級	許容差
0.2 級	最大目盛値の ±0.2〔%〕
0.5 級	最大目盛値の ±0.5〔%〕
1.0 級	最大目盛値の ±1.0〔%〕
1.5 級	最大目盛値の ±1.5〔%〕
2.5 級	最大目盛値の ±2.5〔%〕

指示電気計器の許容差は，指示値に関係がなく最大目盛値の比率なので，測定するときに指針の振れが小さい場合は測定誤差が大きくなる.

5.4 測定範囲と測定波形

1 分流器・倍率器

電流計の測定範囲を拡大するため，**図5·8**のように電流計と並列に接続する抵抗を**分流器**という．

電流計の内部抵抗をr_A〔Ω〕，測定範囲の倍率をNとすれば，分流器の抵抗値R_A〔Ω〕は，次式で表される．

$$R_A = \frac{r_A}{N-1} \ \text{〔Ω〕}$$

(5.20)

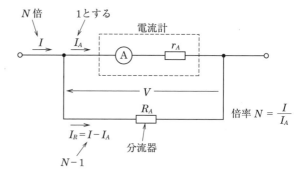

図5·8 分流器

電圧計の測定範囲を拡大するため，**図5·9**のように電圧計と直列に接続する抵抗を**倍率器**という．

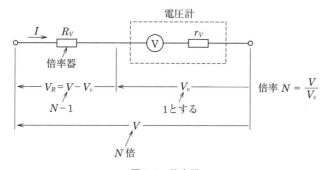

図5·9 倍率器

電圧計の内部抵抗をr_V〔Ω〕，測定範囲の倍率をNとすれば，倍率器の抵抗値R_V〔Ω〕は，次式で表される．

$$R_V = (N-1)r_V \ \text{〔Ω〕}$$

(5.21)

分流器や倍率器の抵抗値は，式(5.20)，(5.21)から求めることができるが，これらは，各部の電圧と電流から求めることもできる．

② 波形誤差

　一般に，交流の測定値は，実効値で表される．整流形計器に用いられる永久磁石可動コイル形計器は平均値指示であるが，表示は正弦波の実効値で表されているので，正弦波以外の交流波形では，指示値に誤差が生じる．熱電対形計器や静電形計器は実効値を指示するので，波形による誤差は生じない．

波高率と波形率

　交流波形の形状は波高率と波形率で表される．最大値を V_m〔V〕，実効値を V_e〔V〕，平均値を V_a〔V〕とすると，波高率 K_p および波形率 K_f は次式で表される．

$$K_p = \frac{V_m}{V_e} \tag{5.22}$$

$$K_f = \frac{V_e}{V_a} \tag{5.23}$$

各種の交流波形の波高率と波形率を次表に示す．

波形	波高率 K_p	波形率 K_f
正弦波	$\sqrt{2}$	$\dfrac{\pi}{2\sqrt{2}} \fallingdotseq 1.111$
半波整流波	2	$\dfrac{\pi}{2} \fallingdotseq 1.571$
方形波	1	1
三角波	$\sqrt{3}$	$\dfrac{2}{\sqrt{3}} \fallingdotseq 1.155$

　正弦波の波形率は 1.11 であり，整流形計器で正弦波以外の波形の交流を測定すると波形誤差を生じる．

5.5 回路定数の測定

① 電流・電圧・抵抗の測定

(1) 電圧の分圧

　図 5・10 ように，抵抗が直列に接続された回路の各部の電圧と抵抗の間には，次式の関係がある．

$$V_1 = \frac{R_1}{R_1 + R_2} V \ \text{〔V〕} \tag{5.24}$$

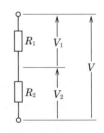

図 5・10　電圧の分圧

$$V_2 = \frac{R_2}{R_1 + R_2} V \ \text{(V)} \tag{5.25}$$

$$V_1 : V_2 = R_1 : R_2 \tag{5.26}$$

直列回路では抵抗で分圧する電圧は抵抗値に比例するので，抵抗の比と電圧降下の比が等しい.

(2) 電流の分流

図 5·11 のように抵抗が二つ並列に接続されているとき，各部の電流と全電流の比は，次式で表される.

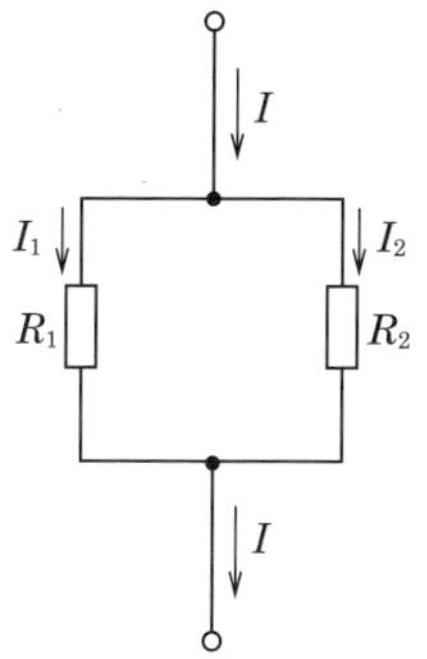

$$I_1 = \frac{R_2}{R_1 + R_2} I \ \text{(A)} \tag{5.27}$$

$$I_2 = \frac{R_1}{R_1 + R_2} I \ \text{(A)} \tag{5.28}$$

$$I_1 : I_2 = R_2 : R_1 \tag{5.29}$$

図 5·11 電流の分流

並列回路では，分岐する電流は抵抗値に反比例するので，二つの抵抗で分岐する電流は，他の枝路の抵抗値に比例する.

❷ 抵抗の測定

① アナログテスタ（回路計）

直流の電圧と電流，交流の電圧，抵抗値を測定することができる測定器である. 可動コイル形計器，分流器，倍率器，整流器，抵抗測定用電池で構成され，抵抗の測定では内部の電池から被測定抵抗に電流を流して，あらかじめ計算により電流計に表示された値から抵抗値を測定する.

② デジタルテスタ

アナログテスタとほぼ同様の測定範囲を持ち，指針によらずに 10 進数の数字で測定値を表示する. アナログ式に比較して，入力抵抗が高い，感度がよい，読み取り誤差がない，などの特徴がある.

③ ホイートストンブリッジ

図 5·12 に示す抵抗のブリッジ回路において，R_x〔Ω〕に未知抵抗を接続して，標準可変抵抗器 R_1, R_2, R_3〔Ω〕の値を調整し，検流計 G の値が ±0 になったとき，未知

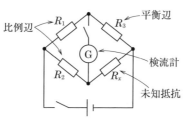

比例辺 R_1 R_3 平衡辺
G
検流計
R_2 R_x
未知抵抗

$\dfrac{R_2}{R_1}$ を10の倍数にする
$(10^{-3} \sim 10^3)$

R_3 は微調整用
（4桁の値の範囲で可変）

図 5·12

抵抗 R_x は標準可変抵抗器の値から次式によって求めることができる.

$$R_x = \frac{R_2 R_3}{R_1} \ (\Omega) \tag{5.30}$$

R_1, R_2 を比例辺, R_3 を平衡辺という. R_2/R_1 で抵抗値の桁を決め, R_3 から有効数字を読み取ることで抵抗値を求めることができる.

④ **ケルビンダブルブリッジ**

被測定抵抗が低抵抗の場合に, 測定値に影響を与える配線の抵抗や接触抵抗の問題を解消した測定器である. **図 5·13**(b)に示す等価回路において, 被測定抵抗を R_x 〔Ω〕, 標準可変抵抗を R_s 〔Ω〕, 比例辺の抵抗を R_1, R_2 〔Ω〕として, R_x と R_s とを接続するための線の接触抵抗を r 〔Ω〕, ブリッジの補助抵抗を r_1, r_2 〔Ω〕とする. ここで, ブリッジの比例辺の抵抗と補助抵抗との間には, 常に,

$$\frac{R_1}{R_2} = \frac{r_1}{r_2} \tag{5.31}$$

の関係が成り立つようにしてある. **図 5·13**(a)の r と r_1, r_2 の△接続を丫接続に変換して平衡条件を求めると, 式(5.31)の関係が満たされていれば, 被測定抵抗の値は次式で求めることができる.

$$R_x = \frac{R_2}{R_1} R_s \ (\Omega) \tag{5.32}$$

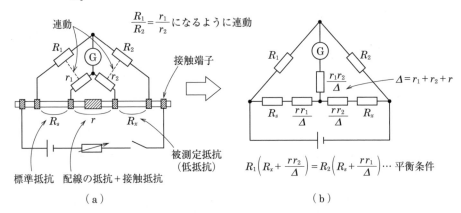

図 5·13　ケルビンダブルブリッジ

低抵抗の測定にはケルビンダブルブリッジが用いられる.

偏位法

　電圧計や電流計による測定量を計器の指示値から直接求める方法を偏位法という. 電流や電圧の測定においては指針を動かすことなどにその測定量の一部を利用するので, 被測定回路に

影響を及ぼすが，簡単に測定することができる．テスタによる抵抗値の測定は偏位法である．

零位法

　測定量が基準量と等しいかどうかを比較することによって，測定値を求める方法を零位法という．電流や電圧の測定においては測定量の一部を利用しないので，精度の高い測定を行うことができるが，測定回路や測定方法が複雑になる．ホイートストンブリッジによる抵抗測定などに用いられている．

③ 交流電力の測定

　交流の電力測定では，一般に有効電力を測定する．電流力計形計器によるもののほかには，**3 電圧計法**，**3 電流計法**などがある．

　負荷の有効電力 P 〔W〕は，電圧 V 〔V〕，電流 I 〔A〕，力率 $\cos\theta$ より，次式で表される．

$$P = VI\cos\theta \tag{5.33}$$

(1) 3 電流計法

　図 5・14 のように，既知抵抗 R 〔Ω〕と電流計を接続して，各電流計の読みから I_1，I_2，I_3〔A〕を測定する．

　各部の電流のベクトル図は図 5・14(b)で表される．ベクトル図より次式が成り立つ．

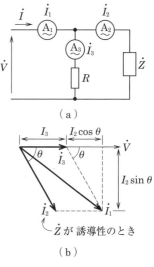

（a）

$$
\begin{aligned}
I_1{}^2 &= (I_3 + I_2\cos\theta)^2 + (I_2\sin\theta)^2 \\
&= I_3{}^2 + 2I_2I_3\cos\theta + I_2{}^2\cos^2\theta + I_2{}^2\sin^2\theta \\
&= I_2{}^2(\cos^2\theta + \sin^2\theta) + I_3{}^2 + 2I_2I_3\cos\theta \\
&= I_2{}^2 + I_3{}^2 + 2I_2I_3\cos\theta \tag{5.34}
\end{aligned}
$$

式(5.34)より，力率 $\cos\theta$ は次式で表される．

$$\cos\theta = \frac{I_1{}^2 - I_2{}^2 - I_3{}^2}{2I_2I_3} \tag{5.35}$$

　負荷 $\dot{Z}$ で消費される有効電力 P 〔W〕は，次式で表される．

$$P = \frac{R}{2}(I_1{}^2 - I_2{}^2 - I_3{}^2)\;\text{〔W〕} \tag{5.36}$$

（b）

図 5・14 3 電流計法

(2) 3 電圧計法

　図 5・15(a)のように，既知抵抗 R 〔Ω〕と電圧計を接続して，各電圧計の読みから V_1，V_2，V_3〔V〕を測定する．

　各部の電圧のベクトル図は図 5・15(b)で表される．ベクトル図より次式が成り立つ．

$$V_1{}^2 = V_2{}^2 + V_3{}^2 + 2V_2V_3\cos\theta$$

力率 $\cos\theta$ は次式で表される．

$$\cos\theta = \frac{V_1{}^2 - V_2{}^2 - V_3{}^2}{2V_2V_3} \tag{5.37}$$

（第 5 章　電気磁気測定）

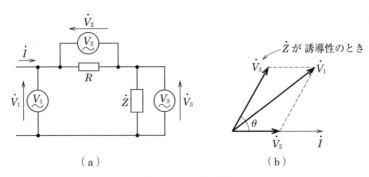

図 5·15 3電圧計法

負荷 $\dot{Z}$ で消費される有効電力 P 〔W〕は，次式で表される．

$$P = \frac{1}{2R}(V_1{}^2 - V_2{}^2 - V_3{}^2) \text{ 〔W〕} \tag{5.38}$$

 インピーダンスの測定

■ ブリッジによるインピーダンスの測定

　直流抵抗の測定に用いられるホイートストンブリッジの抵抗を，コイルやコンデンサに置き換えた交流ブリッジで，部品の精密測定などに用いられる．電源には 400〔Hz〕や 1,000〔Hz〕などの低周波発振器が用いられる．

　図 5·16 のようなブリッジ回路において，各辺のインピーダンスの値を変化させて，検出器の出力が 0 となると，ブリッジが平衡するので，次式が成り立つ．

$$\dot{Z}_1\dot{Z}_4 = \dot{Z}_2\dot{Z}_3 \tag{5.39}$$

または，次式が成り立つ．

$$\frac{\dot{Z}_1}{\dot{Z}_2} = \frac{\dot{Z}_3}{\dot{Z}_4} \tag{5.40}$$

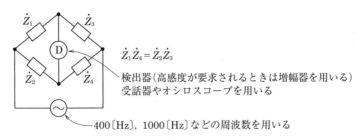

図 5·16 交流ブリッジ回路

式(5.39)において，一つのインピーダンスを被測定インピーダンスとすれば，他のインピーダンスの値から被測定インピーダンスの値を求めることができる．

インピーダンス測定に用いられるブリッジ回路を次に示す．

① ヘイブリッジ

図5·17の被測定コイルのインダクタンスL_x〔H〕と損失抵抗R_x〔Ω〕の値は次式で表される．

$$L_x = \frac{C_2 R_1 R_3}{1 + \omega^2 C_2{}^2 R_2{}^2} \ \text{〔H〕} \tag{5.41}$$

$$R_x = \frac{\omega^2 C_2{}^2 R_2 R_1 R_3}{1 + \omega^2 C_2{}^2 R_2{}^2} \ \text{〔Ω〕} \tag{5.42}$$

L_x，R_xが既知であれば電源の周波数f〔Hz〕を求めるために用いることができる．fは次式で表される．

$$f = \frac{1}{2\pi} \sqrt{\frac{R_x}{L_x C_2 R_2}} \ \text{〔Hz〕} \tag{5.43}$$

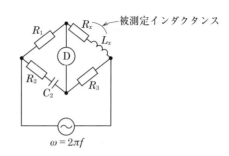

図5·17 ヘイブリッジ

② シェーリングブリッジ

図5·18の被測定コンデンサの静電容量C_x〔F〕と損失抵抗R_x〔Ω〕の値は次式で表される．

$$C_x = \frac{C_3 R_2}{R_1} \ \text{〔F〕} \tag{5.44}$$

$$R_x = \frac{C_2 R_1}{C_3} \ \text{〔Ω〕} \tag{5.45}$$

③ ウィーンブリッジ

主に周波数の測定に用いられる．**図5·19**の電源の被測定周波数f_x〔Hz〕の値は次式で表される．

$$f_x = \frac{1}{2\pi\sqrt{C_1 C_2 R_1 R_2}} \ \text{〔Hz〕} \tag{5.46}$$

$C_1 = C_2 = C$，$R_1 = R_2 = R$，$2R_3 = R_4$とすると，次式のようになる．

$$f_x = \frac{1}{2\pi CR} \ \text{〔Hz〕} \tag{5.47}$$

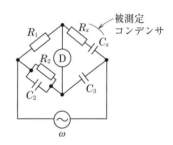

図5·18 シェーリングブリッジ

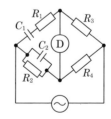

図5·19 ウィーンブリッジ

❷ Qメータ

Qメータは，高周波におけるコイルやコンデンサなどの部品定数や損失抵抗の測定に用いられる．Qメータを用いてコンデンサの損失係数を測定するときの構成を**図5·20**に示

第5章 電気磁気測定

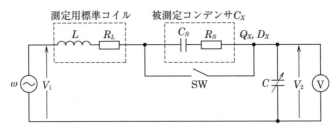

図 5·20

す．図において，被測定コンデンサ C_X の損失抵抗分を R_S〔Ω〕，静電容量を C_S〔F〕とする．また，Qメータの電圧計 V の目盛は，可変コンデンサ C の両端電圧 V_2〔V〕と電圧の大きさが一定の信号電圧 V_1〔V〕との比 $Q(Q = V_2/V_1)$ で目盛られているので，Q を直読することができる．

スイッチ SW を接（ON）にして C を調整し，電圧計の目盛が最大の共振状態になったときの C の値を C_1〔F〕および電圧計の目盛を Q_1 とすると，共振回路中の損失は，測定用標準コイルの内部抵抗分 R_L〔Ω〕によるものだけになるので，次式が成り立つ．

$$Q_1 = \frac{1}{\omega C_1 R_L} \tag{5.48}$$

SW を断（OFF）にして C_X を C と直列に接続し，C を調整して電圧計の目盛が最大の共振状態になったときの C の値を C_2 とすると，C_S と C_2 の直列合成静電容量が C_1 に等しくなるので，次式が成り立つ．

$$\frac{1}{C_1} = \frac{1}{C_S} + \frac{1}{C_2} \tag{5.49}$$

式(5.49)より C_S を求めれば，次式となる．

$$\frac{1}{C_S} = \frac{1}{C_1} - \frac{1}{C_2} = \frac{C_2 - C_1}{C_1 C_2}$$

よって，次式で表される．

$$C_S = \frac{C_1 C_2}{C_2 - C_1} \tag{5.50}$$

このとき，電圧計の目盛を Q_2 とすると，次式が成り立つ．

$$Q_2 = \frac{1}{\omega C_2 (R_L + R_S)} \quad よって，\quad R_L + R_S = \frac{1}{\omega C_2 Q_2} \tag{5.51}$$

式(5.48)を式(5.51)の R_L に代入すれば，次式となる．

$$\frac{1}{\omega C_1 Q_1} + R_S = \frac{1}{\omega C_2 Q_2}$$

よって，R_S は次式で表される．

$$R_S = \frac{1}{\omega C_2 Q_2} - \frac{1}{\omega C_1 Q_1}$$

$$= \frac{C_1 Q_1 - C_2 Q_2}{\omega C_1 C_2 Q_1 Q_2} \tag{5.52}$$

C_X の Q の値を Q_X，損失係数を D_X とすると，D_X は式(5.50)，(5.52)より，次式で表される.

$$D_X = \frac{1}{Q_X} = \omega C_S R_S$$

$$= \omega \frac{C_1 C_2}{C_2 - C_1} \times \frac{C_1 Q_1 - C_2 Q_2}{\omega C_1 C_2 Q_1 Q_2}$$

$$= \frac{C_1 Q_1 - C_2 Q_2}{Q_1 Q_2 (C_2 - C_1)} \tag{5.53}$$

 測定機器

① 計数形周波数計（周波数カウンタ）

図 5·21 に構成図を示す．入力信号は波形整形器で，正弦波などの入力波形を整形してパルス波とする．基準発振器の出力を分周器で基準時間信号として，基準時間で制御されたゲート回路を通過するパルスの数を計数器でカウントする．表示器ではその数値の周波数を10 進数で表示する．

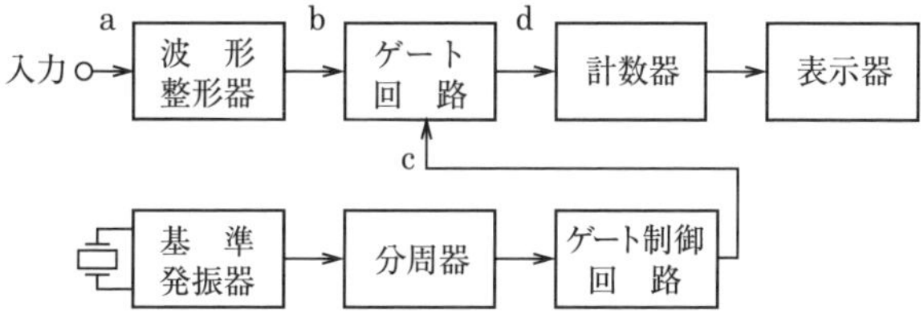

図 5·21 の各部の波形を図 5·22 に示す．基準時間は，水晶発振回路などの確度の高い基準発振器の出力を分周し，ゲートの開閉を制御する．ゲートが開いている時間を T〔s〕，その時間内にゲートを通過したパルスの数を N とすると，被測定信号の周波数 f〔Hz〕は，

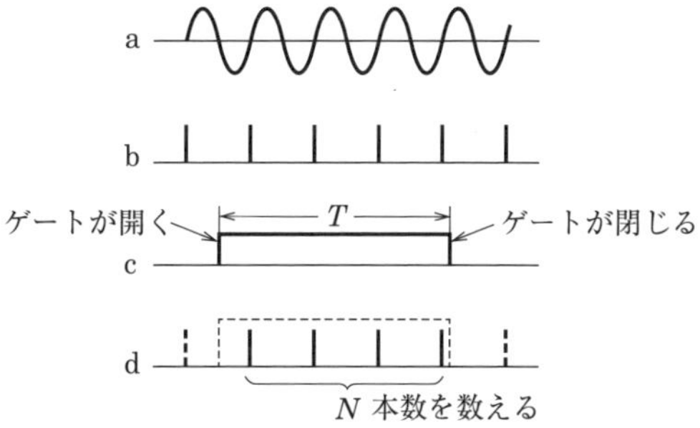

$$f = \frac{N}{T} \text{〔Hz〕} \tag{5.54}$$

図 5·21　計数形周波数計

図 5·22　各部の波形

第 5 章　電気磁気測定

となる．測定の精度を上げるためには，ゲートの開いている時間を長くすればよいが，計数

に要する時間は長くなる.

　図5·22のcとdにおいて，ゲートを通過するパルスの位置と，ゲートが開いている時間との関係から±1カウントの誤差が生じる．それを**カウント誤差**と呼ぶ．また，被測定波形のひずみや雑音により誤差が発生する.

２ デジタルマルチメータ

　デジタルマルチメータは，直流電圧・電流，交流電圧・電流，直流抵抗などの測定機能を1台の筐体にまとめた測定機である．電圧測定のみに用いられる機器はデジタルボルトメータという.

　図5·23に構成図を示す．入力変換器は，アナログ入力信号を増幅するとともに，交流や直流の電圧，電流，あるいは抵抗値を，それらに比例した直流電圧に変換して出力する．A-D変換器でアナログ量をデジタル量に変換する．制御器は，入力変換器，A-D変換器のゲート開閉時間の制御や計数パルスの発生および制御を行い，表示器にデジタル量で出力する．表示器では測定値を10進数の数値で表示する.

図5·23　デジタルマルチメータ

　A-D変換器は比較方式や積分方式が用いられている．積分方式は時間に比例して増加する積分回路の出力電圧と入力電圧を比較し，その時間にゲート回路を通過するデジタルパルスを計数することによって，入力電圧に比例したパルス数に変換する．また，測定量と基準量の比較方法には，直接比較方式と間接比較方式がある.

３ オシロスコープ

　周期波形を直接，画面上に描かせることによって，周期波形の電圧，周波数，位相などを測定することができる測定機である．図5·24にブラウン管による表示器を用いた原理的な構成図を示す．原理的なオシロスコープでは，周期波形を繰り返してブラウン管上に表示することで，静止した波形を観測することができる．現在使用されているオシロスコープは，原理的な構成をデジタル信号処理と液晶ディスプレイに置き換えた構成である.

　水平増幅器と垂直増幅器の出力電圧がディスプレイ上の輝点の位置を決定する．水平入力に，のこぎり波を加えると，水平軸を時間軸として変化する波形を観測することができる．入力信号波の立ち上がりで**トリガ同期**をとることによって，画面に静止した波形を描かせることができる．また，トリガパルスは入力信号波がある大きさになったときに作られるので，信号波を遅延回路によって一定の時間遅らせることによって，信号波形の最初の立ち上

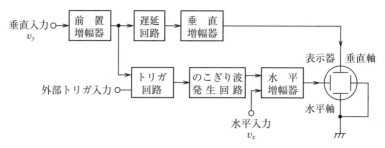

図 5·24　オシロスコープの原理的構成

がり部分から観測することができる.

　オシロスコープの画面で静止した入力信号波を観測するには, 水平軸に加えるのこぎり波と入力信号波が同期していなければならない. トリガ同期方式のオシロスコープでは, 入力信号の立ち上がりに合わせて, **図 5·25** のようにトリガ回路からトリガパルスを発生させる. トリガパルスによってのこぎり波発生回路がのこぎり波電圧を発生させて掃引が始まるので, 入力信号波の立ち上がりから観測することができる.

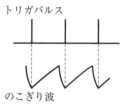

図 5·25　トリガ同期方式

④ オシロスコープによる測定

(1)　リサジュー図形

　オシロスコープの水平軸と垂直軸それぞれの入力に, 異なった周波数 f_x〔Hz〕と f_y〔Hz〕の正弦波 $v_x = V \sin(2\pi f_x t + \phi)$, $v_y = V \sin(2\pi f_y t)$ を加える. 周波数 $f_x \fallingdotseq f_y$ のときは, 画面上の輝点の軌跡は**図 5·26** のように, ほぼだ円になる.

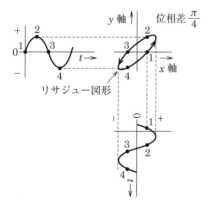

図 5·26　リサジュー図形

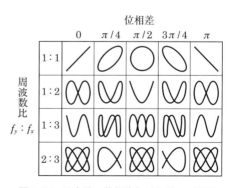

図 5·27　入力波の位相差とリサジュー図形

　周波数 f_x と f_y の比が整数になるときには，正弦波の何周期かごとに輝点が同じ軌跡をたどるようになる．これらの軌跡を**リサジュー図形**という．水平軸と垂直軸のどちらかの正弦波の周波数が既知であれば，リサジュー図形からもう一方の正弦波の周波数を知ることができる．

　リサジュー図形を描かせたときの各入力波の位相差と画面の表示を**図5·27**に示す．

> オシロスコープのリサジュー図形から垂直および水平入力周波数の比と位相差を求めることができる．

(2)　位相差の測定

①　リサジュー図形による測定

　オシロスコープの水平（x 軸）入力と垂直（y 軸）入力に同じ周波数の二つの正弦波を加える．水平，垂直の両軸に加える正弦波の振幅が同じになるように調整すると，表示器の輝点の軌跡は，二つの正弦波の位相差によって**図5·28**のようなリサジュー図形を描く．

　$x = 0$ のときの y 軸との交点の値を b，y 方向の最大値を a とすると，二つの正弦波の位相差は，次式で表される．

$$\phi = \sin^{-1}\frac{b}{a} \ [\text{rad}] \qquad (5.55)$$

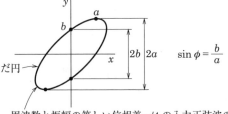

$$\sin\phi = \frac{b}{a}$$

周波数と振幅の等しい位相差 $\pi/4$ の入力正弦波のリサジュー図形

図5·28

②　2現象オシロスコープによる測定

　二つの入力端子を持ち同時に二つの入力波形を観測することができるオシロスコープを2現象オシロスコープという．画面に**図5·29**のような周波数の等しい二つの正弦波を，零電位が時間軸を切る点を正確に重ねて表示する．正弦波の周期 T [s] に対して，二つの波が時間軸を通る時間差を t [s] としてこれを測定すれば，

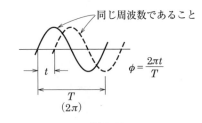

同じ周波数であること

$$\phi = \frac{2\pi t}{T}$$

図5·29

$$\phi = \frac{2\pi t}{T} \ \text{〔rad〕} \tag{5.56}$$

によって，二つの正弦波の位相差を測定することができる．

(3) プローブ

　オシロスコープを測定回路に接続するときは，オシロスコープの入力インピーダンスが被測定回路に影響を与えないようにするために，測定器を接続するケーブルとして**プローブ**が用いられる．プローブの等価回路を**図5·30**に示す．

　被測定回路の影響を軽減するために，プローブの減衰量を $V_1 : V_2 = 10 : 1$ とすると，プローブの抵抗 R_1〔MΩ〕とオシロスコープの入力抵抗 R_2〔MΩ〕の比は，次式で表される．

$$R_1 : R_2 = 9 : 1 \tag{5.57}$$

　入力信号の周波数成分が高くなるとプローブなどのリアクタンスの影響が無視できなくなる．プローブの調整用可変コンデンサの静電容量を C_1〔pF〕，オシロスコープの入力回路や入力ケーブルの静電容量を C_2〔pF〕，R_1 と C_1 の並列インピーダンスを $\dot{Z}_1$〔Ω〕，R_2 と C_2 の並列インピーダンスを $\dot{Z}_2$〔Ω〕，プローブの減衰比は式(5.55)と同じとすると，次式が成り立つ．

$$\dot{Z}_1 = 9\dot{Z}_2$$

$$\frac{R_1}{1 + j\omega C_1 R_1} = \frac{9R_2}{1 + j\omega C_2 R_2}$$

$$\frac{1 + j\omega C_2 R_2}{1 + j\omega C_1 R_1} = \frac{9R_2}{R_1} \tag{5.58}$$

　式(5.58)において，式(5.57)より $9R_2/R_1 = 1$ となるので，左辺の虚数項が等しいときに周波数と無関係な値となるから，次式が成り立つ．

$$C_1 R_1 = C_2 R_2 \tag{5.59}$$

　入力に方形波を加えたときの観測波形を**図5·31**に示す．調整用可変コンデンサ C_1 の値を調整して，式(5.59)の関係となっているときは，オシロスコープの画面で入力信号と相似な方形波の**図5·31**(a)を観測することができる．式(5.59)の条件を満足しないときは，周波

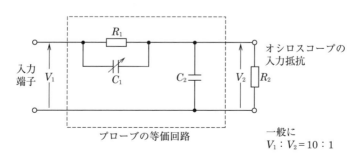

図5·30　プローブの等価回路

第5章　電気磁気測定

数特性が悪化して波形ひずみが発生する. $C_1R_1 > C_2R_2$ のときは微分回路として動作するので, **図5·31**(b)のように波形の立ち上がりが鋭くなる. $C_1R_1 < C_2R_2$ のときは積分回路として動作するので, **図5·31**(c)のように波形の立ち上がりが鈍くなる.

オシロスコープの入力回路の静電容量 C_2 と並列に, 調整用可変コンデンサを接続したプローブも用いられている.

> 方形波は高次の周波数成分が多く含まれているので, 観測する波形にプローブの影響が大きく現れる.

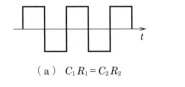

（a） $C_1R_1 = C_2R_2$

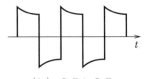

微分回路として動作する

（b） $C_1R_1 > C_2R_2$

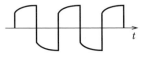

積分回路として動作する

（c） $C_1R_1 < C_2R_2$

図5·31 方形波の観測波形

基本問題練習

問1　　　　　　　　　　　　　　　　　　　1陸技類題 2陸技

次の表は, 電気磁気量の単位を他の SI 単位を用いて表したものである. ☐ 内に入れるべき字句を下の番号から選べ.

電気磁気量	インダクタンス	静電容量	コンダクタンス	磁束密度	電力
単位	〔H〕	〔F〕	〔S〕	〔T〕	〔W〕
他の SI 単位表示	ア	イ	ウ	エ	オ

1 〔N/m²〕	2 〔V·s〕	3 〔W/A〕	4 〔C/V〕	5 〔Wb/A〕
6 〔J/s〕	7 〔Wb/m²〕	8 〔A/V〕	9 〔N·m〕	10 〔V/A〕

▶▶▶▶▶ p. 203

解説

ア　インダクタンス L〔H〕は, 磁束 ϕ〔Wb〕, 電流 I〔A〕より, 次式となる.

$$L \text{〔H〕} = \frac{\phi \text{〔Wb〕}}{I \text{〔A〕}}$$

イ　静電容量は C〔F〕は, 電荷 Q〔C〕, 電圧 V〔V〕より, 次式となる.

$$C \text{〔F〕} = \frac{Q \text{〔C〕}}{V \text{〔V〕}}$$

ウ コンダクタンス G〔S〕は，抵抗 R〔Ω〕の逆数だから，電流 I〔A〕と電圧 V〔V〕より，次式となる．

$$G \text{〔S〕} = \frac{I \text{〔A〕}}{V \text{〔V〕}}$$

エ 磁束密度 B〔T〕は，磁束 ϕ〔Wb〕，面積 S〔m²〕より，次式となる．

$$B \text{〔T〕} = \frac{\phi \text{〔Wb〕}}{S \text{〔m}^2\text{〕}}$$

オ 電圧 V〔V〕は，仕事 W〔J〕，電荷 Q〔C〕より，次式となる．

$$V \text{〔V〕} = \frac{W \text{〔J〕}}{Q \text{〔C〕}}$$

電流 I〔A〕は，電荷 Q〔C〕，時間 t〔s〕より，次式となる．

$$I \text{〔A〕} = \frac{Q \text{〔C〕}}{t \text{〔s〕}}$$

電力 P〔W〕は，次式となる．

$$P \text{〔W〕} = V \text{〔V〕} \times I \text{〔A〕} = \frac{W \text{〔J〕}}{Q \text{〔C〕}} \times \frac{Q \text{〔C〕}}{t \text{〔s〕}} = \frac{W \text{〔J〕}}{t \text{〔s〕}}$$

問2 　　　　　　　　　　　　　　　　　　　　　　　　　　 1陸技

次の表1は，電気磁気に関する国際単位系(SI)から抜粋したものである． ☐ 内に入れるべき字句を下の番号から選べ．ただし，表2にSI基本単位の抜粋を示す．

表1

量	単 位	単位記号	他のSI単位による表し方	SI基本単位による表し方
仕事，熱量	ジュール	J	ア	$m^2 \cdot kg \cdot s^{-2}$
電圧，電位	ボルト	V	W/A	イ
インダクタンス	ヘンリー	H	ウ	$m^2 \cdot kg \cdot s^{-2} \cdot A^{-2}$
コンダクタンス	ジーメンス	S	エ	$m^{-2} \cdot kg^{-1} \cdot s^3 \cdot A^2$
磁 束	ウェーバー	Wb	V·s	オ

表2

量	単 位	単位記号
長さ	メートル	m
質量	キログラム	kg
時間	秒	s
電流	アンペア	A

1 $m^2 \cdot kg \cdot s^{-3} \cdot A^{-1}$ 　　2 $m^2 \cdot kg \cdot s^{-2} \cdot A^{-1}$ 　　3 $m^{-2} \cdot kg \cdot s^3 \cdot A^{-2}$ 　　4 $m^2 \cdot kg^{-1} \cdot s^3 \cdot A^2$

5 Wb/m^2 　　6 A/V 　　7 J/s 　　8 Wb/A 　　9 N·m 　　10 C/V

▶▶▶▶▶ p. 203

● 解答 ●

問1 ア-5　イ-4　ウ-8　エ-7　オ-6

第5章 電気磁気測定

解説

ア　仕事量 W〔J〕は，力 F〔N〕，移動距離 l〔m〕より，次式となる．

$$W〔J〕= F〔N〕× l〔m〕$$

イ　電圧 V〔V〕は，仕事量 W〔J = m^2·kg·s^{-2}〕，電荷 Q〔C = s·A〕，時間 t〔s〕，電流 I〔A〕より，次式となる．

$$V〔V〕= \frac{W〔J〕}{Q〔C〕} = \frac{W〔J〕}{t〔s〕× I〔A〕}　〔m^2·kg·s^{-3}·A^{-1}〕$$

ウ　インダクタンス L〔H〕は，磁束 ϕ〔Wb〕，電流 I〔A〕より，次式となる．

$$L〔H〕= \frac{\phi〔Wb〕}{I〔A〕}$$

エ　コンダクタンス G〔S〕は，抵抗 R〔Ω〕の逆数だから，電流 I〔A〕と電圧 V〔V〕より，次式となる．

$$G〔S〕= \frac{I〔A〕}{V〔V〕}$$

オ　磁束 ϕ〔Wb〕は，電圧 V〔V〕，時間 t〔s〕より，次式となる．

$$\phi〔Wb〕= V〔V〕· t〔s〕　〔m^2·kg·s^{-2}·A^{-1}〕$$

問3　　　　　　　　　　　　　　　　　　　　　　　2陸技

　次の記述は，図に示す永久磁石可動コイル形計器の原理的な動作いついて述べたものである．このうち誤っているものを下の番号から選べ．

1　永久磁石による磁界と可動コイルに流れる電流との間に生ずる電磁力が指針の駆動トルクとなる．

2　うず巻きばねによる弾性力が，指針の制御トルクとなる．

3　指針の駆動トルクと制御トルクは，方向が互いに逆方向である．

4　可動コイルに流れる電流が直流の場合，指針の振れの角度 θ は，電流値の二乗に比例する．

5　指針が静止するまでに生ずるオーバーシュート等の複雑な動きを抑えるために，アルミ枠に流れる誘導電流を利用する．

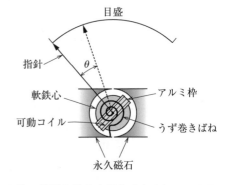

▶▶▶▶▶ p. 205

解答

問2　ア-9　イ-1　ウ-8　エ-6　オ-2

解説 誤っている選択肢は，正しくは次のようになる．

　　4　可動コイルに流れる電流が直流の場合，指針の振れの角度 θ は，**電流値に比例する**．

問4 　　　　　　　　　　　　　　　　　　　　　　　1陸技 2陸技類題

　次の記述は，指示電気計器の特徴について述べたものである．このうち誤っているものを下の番号から選べ．

1　整流形計器は，整流した電流を永久磁石可動コイル形計器を用いて測定する．

2　熱電対形計器は，波形にかかわらず最大値を指示する．

3　誘導形計器は，移動磁界などによって生ずる誘導電流を利用し，交流専用の指示計器として用いられる．

4　電流力計形計器は，電力計としてよく用いられる．

5　静電形計器は，直流および交流の高電圧の測定に用いられる．

▶▶▶▶ p. 205

解説 誤っている選択肢は，正しくは次のようになる．

　　2　熱電対形計器は，波形にかかわらず**実効値**を指示する．

問5 　　　　　　　　　　　　　　　　　　　　　　　　　　　　　1陸技

　次の記述は，図に示す整流形電流形について述べたものである．□内に入れるべき字句の正しい組合せを下の番号から選べ．ただし，ダイオード D は理想的な特性を持つものとする．なお，同じ記号の□内には，同じ字句が入るものとする．

(1)　整流形電流計は，永久磁石可動コイル形電流計 A_a とダイオード D を図に示すように組み合わせて，交流電流を測定できるようにしたものである．

(2)　永久磁石可動コイル形電流計 A_a の指針の振れは整流された電流の □A□ を指示するが，整流形電流計の目盛は一般に正弦波交流の □B□ が直読できるように，□A□ に正弦波の □C□ を乗じた値となっている．

	A	B	C
1	平均値	実効値	波高率
2	平均値	実効値	波形率
3	平均値	最大値	波高率
4	最大値	平均値	波形率
5	最大値	実効値	波高率

整流形電流計

▶▶▶▶ p. 209

解答

問3-4　　**問4**-2　　**問5**-2

第5章　電気磁気測定

問6

　図1に示す回路の端子 ab 間に図2に示す半波整流電圧 v_{ab}〔V〕を加えたとき，整流形電流計 A の指示値として，正しいものを下の番号から選べ．ただし，A は全波整流形で目盛は正弦波交流の実効値で校正されているものとする．また，A の内部抵抗は無視するものとする．

1　$\dfrac{V_m}{2\sqrt{2}\,R}$〔A〕

2　$\dfrac{V_m}{\sqrt{2}\,R}$〔A〕

3　$\dfrac{\sqrt{2}\,V_m}{R}$〔A〕

4　$\dfrac{V_m}{2R}$〔A〕

5　$\dfrac{2V_m}{R}$〔A〕

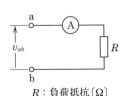

R：負荷抵抗〔Ω〕

図1

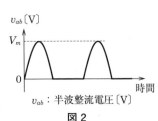

v_{ab}：半波整流電圧〔V〕

図2

▶▶▶▶▶ p. 212

解説　整流形計器は平均値 I_a〔A〕に比例して動作するが，指示値は正弦波の実効値 I_e〔A〕で目盛られているので，最大値を I_m〔A〕とすると次式が成り立つ．

$$I_e = \frac{1}{\sqrt{2}}I_m = \frac{1}{\sqrt{2}} \times \frac{\pi}{2}I_a \text{〔A〕} \tag{1}$$

　抵抗を流れる電流の最大値は $I_m = V_m/R$〔A〕である．全波整流波の出力電流の平均値は $2I_m/\pi$ であり，半波整流回路の平均値はその 1/2 となるから，$I_a = I_m/\pi$〔A〕となる．式(1)より指示値 I_e〔A〕は，次式で表される．

$$I_e = \frac{\pi}{2\sqrt{2}} \times \frac{I_m}{\pi} = \frac{V_m}{2\sqrt{2}\,R} \text{〔A〕}$$

問7

　抵抗と電流の測定値から抵抗で消費する電力を求めるときの測定の誤差率 ε を表す式として，最も適切なものを下の番号から選べ．ただし，抵抗の真値を R〔Ω〕，測定誤差を ΔR〔Ω〕，電流の真値を I〔A〕，測定誤差を ΔI〔A〕としたとき，抵抗の誤差率 ε_R を $\varepsilon_R = \Delta R/R$ および電流の誤差率 ε_I を $\varepsilon_I = \Delta I/I$ とする．また，ε_R および ε_I は十分小さいものとする．

1　$\varepsilon \fallingdotseq 2\varepsilon_I\varepsilon_R + 1$

● **解答** ●

問6 -1

2   $\varepsilon \fallingdotseq 2(\varepsilon_I + \varepsilon_R)$

3   $\varepsilon \fallingdotseq 2\varepsilon_I + \varepsilon_R$

4   $\varepsilon \fallingdotseq \varepsilon_I - \varepsilon_R$

5   $\varepsilon \fallingdotseq \varepsilon_I - 2\varepsilon_R$

▶▶▶▶▶ p. 210

解説　抵抗の測定値 $R_M = R + \Delta R$ 〔Ω〕と電流の測定値 $I_M = I + \Delta I$ 〔A〕から，電力の測定値 P_M 〔W〕を求めると，次式で表される.

$$P_M = I_M{}^2 R_M = (I + \Delta I)^2 \times (R + \Delta R) \tag{1}$$

電力の真値は $P = I^2 R$ だから，誤差率 ε は式(1)より，次式で表される.

$$\varepsilon = \frac{P_M - P}{P} = \frac{(I + \Delta I)^2 \times (R + \Delta R) - I^2 R}{I^2 R}$$

$$= \frac{(I^2 + 2I\Delta I + \Delta I^2) \times R + (I^2 + 2I\Delta I + \Delta I^2) \times \Delta R - I^2 R}{I^2 R}$$

$$= \frac{2IR\Delta I + R\Delta I^2 + I^2 \Delta R + 2I\Delta I\Delta R + \Delta I^2 \Delta R}{I^2 R}$$

$$= \frac{2\Delta I}{I} + \frac{\Delta I^2}{I^2} + \frac{\Delta R}{R} + \frac{2\Delta I\Delta R}{IR} + \frac{\Delta I^2 \Delta R}{I^2 R}$$

$$= 2\varepsilon_I + \varepsilon_I{}^2 + \varepsilon_R + 2\varepsilon_I\varepsilon_R + \varepsilon_I{}^2\varepsilon_R$$

題意の条件より，$\varepsilon_I\varepsilon_R$ と2乗項を無視すると，$\varepsilon \fallingdotseq 2\varepsilon_I + \varepsilon_R$ となる.

問8　　　　　　　　　　　　　　　　　　　　　　　　　1陸技

　次の記述は，図に示す直流電流計 A_a を用いた回路において，電流を測定したときの誤差率の大きさ ε について述べたものである. 誤っているものを下の番号から選べ. ただし，A_a の内部抵抗を R_A 〔Ω〕，電流の真値を I_T，SW を断(OFF)にしたときの電流計 A_a の測定値を I_M とする.

1 　電流の真値 I_T は，SW を接(ON)にしたときの電流であるから，$I_T = V/R$ 〔A〕である.

2 　電流計 A_a の測定値 I_M は，$I_M = V/(R + R_A)$ 〔A〕である.

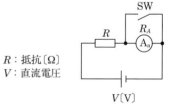

R : 抵抗〔Ω〕
V : 直流電圧

3 　ε を I_T と I_M で表すと，$\varepsilon = |(I_M - I_T)/I_T|$ となる.

4 　ε を R と R_A で表すと，$\varepsilon = 1 - \{R/(R + R_A)\}$ となる.

● 解答 ●

問7 -3

5　ε を 0.1 未満にする条件は，$R_A > (R/9)$〔Ω〕である．

▶▶▶▶▶ p. 210

解説

1　真値 I_T〔A〕は，次式で表される．

$$I_T = \frac{V}{R} \text{〔A〕} \tag{1}$$

2　測定値 I_M〔A〕は，次式で表される．

$$I_M = \frac{V}{R+R_A} \text{〔A〕} \tag{2}$$

3　誤差率の大きさ ε は，次式で表される．

$$\varepsilon = \left| \frac{I_M - I_T}{I_T} \right| \tag{3}$$

4　式(3)に式(1)，(2)を代入すると，$I_M < I_T$ なので次式となる．

$$\varepsilon = \frac{I_T - I_M}{I_T} = \frac{\dfrac{V}{R} - \dfrac{V}{R+R_A}}{\dfrac{V}{R}} = 1 - \frac{R}{R+R_A} \tag{4}$$

5　式(4)で $\varepsilon < 0.1$ とすると，次式で表される．

$$1 - \frac{R}{R+R_A} < 0.1$$

$$R + R_A - R < 0.1 \times (R + R_A)$$

$$R_A < \frac{0.1R}{1-0.1} = \frac{R}{9} \quad \text{よって，} R_A < \frac{R}{9} \text{〔Ω〕}$$

となるので，選択肢 5 は誤っている．

問 9　　　　　　　　　　　　　　　　　　　　　　　　2陸技

最大目盛値が 200〔V〕で精度階級の階級指数が 2.5 の永久磁石可動コイル形電圧計の最大許容誤差の大きさの値として，正しいものを下の番号から選べ．

1　0.5〔V〕

2　1.5〔V〕

3　2.5〔V〕

4　4.0〔V〕

5　5.0〔V〕

▶▶▶▶▶ p. 210

解答

問 8 -5

解説 階級指数が 2.5 で，最大目盛値 $V_M = 200$ 〔V〕の最大許容誤差 ε の大きさは，次式で表される．

$$\varepsilon = \frac{2.5}{100}V_M = \frac{2.5}{100} \times 200 = 5.0 \text{ 〔V〕}$$

問 10 　　　　　　　　　　　　　　　　　　　　　　　1陸技

　図に示す回路において，未知抵抗 R_X 〔Ω〕の値を直流電流計 A および直流電圧計 V のそれぞれの指示値 I_A および V_V から，$R_X = V_V/I_A$ として求めたときの百分率誤差の大きさの値として，最も近いものを下の番号から選べ．ただし，I_A および V_V をそれぞれ $I_A = 31$ 〔mA〕および $V_V = 10$ 〔V〕，A および V の内部抵抗をそれぞれ $r_A = 1$ 〔Ω〕および $r_V = 10$ 〔kΩ〕とする．また，誤差は r_A および r_V のみによって生ずるものとする．

1　8.7 〔%〕

2　6.4 〔%〕

3　4.8 〔%〕

4　3.2 〔%〕

5　1.6 〔%〕

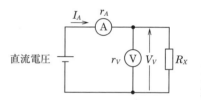

▶▶▶▶▶ p. 210

解説 　未知抵抗 R_X 〔Ω〕を電流の測定値 I_A 〔A〕と電圧の測定値 V_V 〔V〕から求めた値 R_{XM} 〔Ω〕は，次式で表される．

$$R_{XM} = \frac{V_V}{I_A} = \frac{10}{31 \times 10^{-3}} = \frac{10}{31} \times 10^3 \text{ 〔Ω〕} \tag{1}$$

　電圧計の内部抵抗によって電圧計を流れる電流を I_V 〔A〕とすると，R_X を流れる電流 I_R 〔A〕は，次式となる．

$$I_R = I_A - I_V = I_A - \frac{V_V}{r_V} = 31 \times 10^{-3} - \frac{10}{10 \times 10^3} = 30 \times 10^{-3} \text{ 〔A〕} \tag{2}$$

　未知抵抗の真の値 R_X は，次式で表される．

$$R_X = \frac{V_V}{I_R} = \frac{10}{30 \times 10^{-3}} = \frac{10}{30} \times 10^3 \text{ 〔Ω〕} \tag{3}$$

　式(1)，(3)より，百分率誤差 ε 〔%〕は，次式となる．

$$\varepsilon = \left(\frac{R_{XM}}{R_X} - 1\right) \times 100$$

● 解答 ●

問 9 -5

第5章 電気磁気測定

$$= \left(\frac{\frac{10}{31} \times 10^3}{\frac{10}{30} \times 10^3} - 1 \right) \times 100 = \left(\frac{30}{31} - 1 \right) \times 100 \fallingdotseq -3.2 \ (\%)$$

よって，百分率誤差の大きさは 3.2 〔%〕となる．

問11　　　　　　　　　　　　　　2陸技

図に示すように，最大目盛値が 1 〔mA〕の直流電流計 A_a に抵抗 R_1 および R_2 を接続して，最大目盛値が 10 〔mA〕および 50 〔mA〕の多端子形の電流計にするとき，R_1 および R_2 の値の組合せとして，正しいものを下の番号から選べ．ただし，A_a の内部抵抗 R_a は 0.9 〔Ω〕とする．

	R_1	R_2
1	0.01 〔Ω〕	0.04 〔Ω〕
2	0.01 〔Ω〕	0.08 〔Ω〕
3	0.01 〔Ω〕	0.09 〔Ω〕
4	0.02 〔Ω〕	0.04 〔Ω〕
5	0.02 〔Ω〕	0.08 〔Ω〕

▶▶▶▶▶ p. 211

解説　最大目盛値の電流 I_A 〔A〕が内部抵抗 R_a 〔Ω〕の電流計に流れたとき，電流計の端子電圧 V_A 〔V〕は，次式で表される．

$$V_A = R_a I_A = 0.9 \times 1 \times 10^{-3} = 0.9 \times 10^{-3} \ (V) \tag{1}$$

測定値が $I_1 = 10$ 〔mA〕のとき，分流器の抵抗 $(R_1 + R_2)$ 〔Ω〕には，$I_1 - I_A = 10 - 1 = 9$ 〔mA〕の電流が流れるので，式(1)より次式が成り立つ．

$$R_1 + R_2 = \frac{V_A}{I_1 - I_A} = \frac{0.9 \times 10^{-3}}{9 \times 10^{-3}} = 0.1 \ (\Omega) \tag{2}$$

測定値が $I_2 = 50$ 〔mA〕のとき，電流計は R_2 が直列に接続されるので，電流計の内部抵抗は等価的に $(R_a + R_2)$ 〔Ω〕となる．このとき，電流計および R_2 には 1 〔mA〕の電流が流れ，分流器の抵抗 R_1 〔Ω〕には $50 - 1 = 49$ 〔mA〕の電流が流れるので，R_2 の端子電圧から，次式が成り立つ．

$$(R_a + R_2) \times 1 \times 10^{-3} = R_1 \times 49 \times 10^{-3}$$

$$49R_1 - R_2 = R_a = 0.9 \tag{3}$$

式(2)×49−式(3)より，次式となる．

解答

問10 -4

$$49R_1 + 49R_2 = 4.9$$
$$-)\, 49R_1 - \quad R_2 = 0.9$$
$$50R_2 = 4.0$$

よって，$R_2 = 0.08\,[\Omega]$ となる．これを式(2)に代入すると，次式となる．

$$R_1 = 0.1 - R_2 = 0.1 - 0.08 = 0.02\,[\Omega]$$

問12 ▶ 1陸技類題 2陸技

　次の記述は，図に示すように直流電流計 A_1 および A_2 を並列に接続したときの端子 ab 間で測定できる電流について述べたものである．□内に入れるべき字句の正しい組合せを下の番号から選べ．ただし，A_1 および A_2 の最大目盛値および内部抵抗は表の値とする．

(1)　端子 ab 間に流れる電流 I の値を零から増やしていくと，□A□ が先に最大目盛値を指示する．

(2)　(1)のとき，もう一方の直流電流計は，□B□〔mA〕を指示する．

(3)　したがって，端子 ab 間で測定できる I の最大値は，□C□〔mA〕である．

	A	B	C
1	A_1	15	25
2	A_2	15	25
3	A_1	15	35
4	A_2	5	35
5	A_1	5	35

電流計	最大目盛値	内部抵抗
A_1	30〔mA〕	0.5〔Ω〕
A_2	10〔mA〕	3〔Ω〕

▶▶▶▶▶ p. 211

解説　電流計 A_1，A_2 の内部抵抗を r_1，r_2，最大目盛値の電流を I_1，I_2 とすると，そのときの両端の電圧 V_1，V_2〔V〕は，次式で表される．

$$V_1 = r_1 I_1 = 0.5 \times 30 \times 10^{-3} = 15 \times 10^{-3}\,[V]$$
$$V_2 = r_2 I_2 = 3 \times 10 \times 10^{-3} = 30 \times 10^{-3}\,[V]$$

　電流計を並列接続すると両端の電圧は同じだから，最大電圧が低い方が先に最大目盛値を指示するので，$V_1 < V_2$ より A_1 が先に最大目盛値を指示する．

　最大目盛値を指示しているとき，電流計の両端の電圧は $V_1 = 15 \times 10^{-3}$〔V〕となるので，A_2 を流れる電流 I_{m2}〔A〕は，次式で表される．

$$I_{m2} = \frac{V_1}{r_2} = \frac{15 \times 10^{-3}}{3} = 5 \times 10^{-3}\,[A] = 5\,[mA]$$

● 解答 ●

問11 -5

第5章　電気磁気測定

測定できる電流の最大値 I_m 〔mA〕は，I_1〔mA〕と I_{m2}〔mA〕の和となるので，$30+5 = 35$〔mA〕である．

問 13 1陸技

図に示すように，直流電圧計 V_1，V_2 および V_3 を直列に接続したとき，それぞれの電圧計の指示値 V_1，V_2 および V_3 の和の値から測定できる端子 ab 間の電圧 V_{ab} の最大値として，正しいものを下の番号から選べ．ただし，それぞれの電圧計の最大目盛値および内部抵抗は，表の値とする．

1　250〔V〕

2　265〔V〕

3　325〔V〕

4　375〔V〕

5　450〔V〕

電圧計	最大目盛値	内部抵抗
V_1	50〔V〕	50〔kΩ〕
V_2	100〔V〕	200〔kΩ〕
V_3	300〔V〕	500〔kΩ〕

▶▶▶▶ p. 211

解説　各電圧計に流れる電流は同じだから，各電圧計の最大目盛値 V_1，V_2，V_3〔V〕の電圧となるときに流れる電流 I_1，I_2，I_3〔A〕が最大電流となる．それらは内部抵抗 r_1，r_2，r_3〔Ω〕の電圧降下だから，I_1，I_2，I_3 は次式で表される．

$$I_1 = \frac{V_1}{r_1} = \frac{50}{50 \times 10^3} = 1 \times 10^{-3} \text{〔A〕} \tag{1}$$

$$I_2 = \frac{V_2}{r_2} = \frac{100}{200 \times 10^3} = 0.5 \times 10^{-3} \text{〔A〕} \tag{2}$$

$$I_3 = \frac{V_3}{r_3} = \frac{300}{500 \times 10^3} = 0.6 \times 10^{-3} \text{〔A〕} \tag{3}$$

I_2 が最小なので式(2)の電流が流れたときに電圧計 V_2 が最大目盛に到達する．そのとき，ab 間の電圧 V_{ab}〔V〕は，次式で表される．

$$V_{ab} = (r_1+r_2+r_3)I_2$$
$$= (50+200+500) \times 10^3 \times 0.5 \times 10^{-3} = 375 \text{〔V〕}$$

問 14 1陸技

次の記述は，図1および図2に示す二つの回路による未知抵抗の測定について述べたものである．　　内に入れるべき字句を下の番号から選べ．ただし，図1および図2において，電流計 A の指示値をそれぞれ I_1 および I_2〔A〕，電圧計 V の指示値をそれぞれ V_1 およ

解答

問 12 -5　　**問 13** -4

び V_2 〔V〕とする.

(1) 図 1 に示す回路で,未知抵抗を V_1/I_1 として求めたときの値を R_{X1}〔Ω〕とすれば,R_{X1} は,真値 R_S より ア なる.

このとき,電圧計 V の内部抵抗を R_V〔Ω〕とすれば,真値 R_S は,

$R_S = V_1/($ イ $)$〔Ω〕で表される.

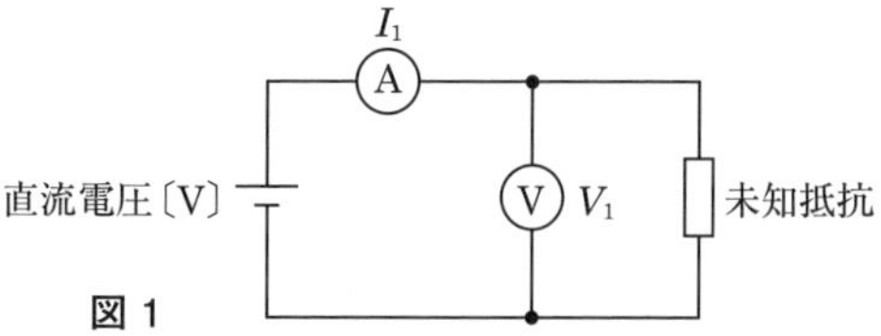

(2) 図 2 に示す回路で,電流計 A の内部抵抗を R_A〔Ω〕とすれば,真値 R_S は,

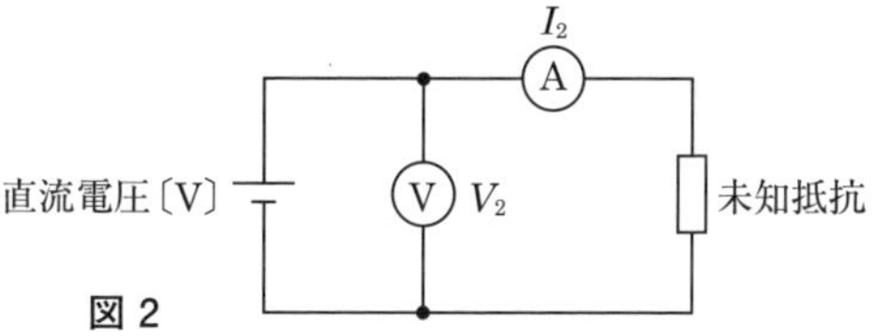

$R_S = V_2/I_2 -$ ウ 〔Ω〕で表される.

(3) 一般に,未知抵抗が高抵抗のときには エ の方法が使われる.

(4) この方法による抵抗測定は,一般に オ と呼ばれる.

図 1

図 2

1 大きく	2 $I_1 + \dfrac{V_1}{R_V}$	3 R_A	4 図 2	5 電位降下法
6 小さく	7 $I_1 - \dfrac{V_1}{R_V}$	8 $\dfrac{V_2}{R_A}$	9 図 1	10 置換法

▶▶▶▶▶ p. 212

解説

(1) 問題図 1 の回路で,測定値より未知抵抗を $R_{X1} = V_1/I_1$〔Ω〕によって求めると,I_1 には電圧計に流れる電流 I_V が含まれるので真値 R_S〔Ω〕よりも小さくなる.よって,R_S は次式によって求めることができる.

$$R_S = \frac{V_1}{I_1 - I_V} = \frac{V_1}{I_1 - \dfrac{V_1}{R_V}} \tag{1}$$

(2) 問題図 2 の回路で,R_S を求めるには,電流計の電圧降下 $V_I (= R_A I_2)$ による誤差を引けばよいので,次式となる.

$$R_S = \frac{V_2 - V_I}{I_2} = \frac{V_2}{I_2} - R_A \tag{2}$$

(3) 電流計の内部抵抗は高抵抗に比較してかなり小さいので,高抵抗を測定したときの誤差は問題図 1 よりも問題図 2 の方が小さい.

● 解答 ●

問 14 ア-6　イ-7　ウ-3　エ-4　オ-5

問 15
2陸技

次の記述は，測定方法の偏位法および零位法について述べたものである．□内に入れるべき字句の正しい組合せを下の番号から選べ．

(1) 一般に零位法は偏位法よりも測定の操作が $\boxed{A}$ である．

(2) 一般に零位法は偏位法よりも測定の精度が $\boxed{B}$．

(3) アナログ式のテスタ(回路計)による抵抗値の測定は $\boxed{C}$ である．

	A	B	C
1	複雑	低い	零位法
2	簡単	低い	零位法
3	簡単	低い	偏位法
4	複雑	高い	偏位法
5	複雑	高い	零位法

▶▶▶▶▶ p. 214

問 16
2陸技

次の記述は，測定器と測定する電気磁気量について述べたものである．このうち零位法によるものを下の番号から選べ．

1 ホイートストンブリッジによる抵抗測定

2 電流力計形電力計による交流電力の測定

3 熱電対形電流計による高周波電流の測定

4 永久磁石可動コイル形計器による直流電流測定

5 アナログ式回路計(テスタ)による抵抗測定

▶▶▶▶▶ p. 214

問 17
1陸技

次の記述は，ブリッジ回路による抵抗材料 M の抵抗測定について述べたものである．□内に入れるべき字句を下の番号から選べ．

(1) 図に示す回路は，$\boxed{\text{ア}}$ の原理図である．

(2) このブリッジ回路は，接続線の抵抗や接触抵抗の影響を除くことができることから $\boxed{\text{イ}}$ の測定に適している．

(3) 回路図で抵抗 P, p, Q, q, R_S 〔Ω〕を変えて検流計 G の振れを 0(零)にすると，次

● 解答 ●

問 15 -4	問 16 -1

第 5 章　電気磁気測定

式が成り立つ.

$$PR_X = \boxed{ウ} + \frac{Qpr - Pqr}{p+q+r} \quad \cdots\cdots\cdots\cdots\cdots ①$$

(4) 一般に,このブリッジは $\dfrac{Q}{P} = \boxed{エ}$ の条件を満たすようになっている.

(5) したがって,(4) の条件を用いて式①より R_X を求めると R_X は,次式で表される.

$$R_X = \boxed{オ} \ \text{〔Ω〕}$$

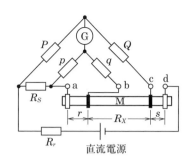

a, b, c, d:電極
R_X:bc 間の未知抵抗〔Ω〕
 r:ab 間の抵抗〔Ω〕
R_r:抵抗〔Ω〕
 s:cd 間の抵抗〔Ω〕

1 $\dfrac{Q}{P}R_S$ 2 $\dfrac{q}{p}$ 3 QP 4 低抵抗

5 ケルビンダブルブリッジ 6 $\dfrac{P}{Q}R_S$

7 $\dfrac{p}{q}$ 8 QR_S 9 高抵抗 10 シェーリングブリッジ

▶▶▶▶▶ p. 214

解説 図 5·32 のように電流を定めると,ブリッジが平衡しているときは,次式が成り立つ.

$$PI_1 = R_S I_2 + I_3 p \tag{1}$$

$$QI_1 = R_X I_2 + I_3 q \tag{2}$$

電流の分流は抵抗の比から求められるので,次式となる.

$$I_3 = \frac{r I_2}{p+q+r} \tag{3}$$

式(1) と式(2) に式(3) を代入すると,次式となる.

$$PI_1 = R_S I_2 + p\frac{r I_2}{p+q+r} \tag{4}$$

$$QI_1 = R_X I_2 + q\frac{r I_2}{p+q+r} \tag{5}$$

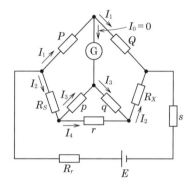

図 5·32 ブリッジ回路を流れる電流

式(5)/Q を式(4) の I_1 に代入して,I_2 を消去すると,次式となる.

$$\frac{P}{Q}R_X + \frac{P}{Q}q\frac{r}{p+q+r} = R_S + p\frac{r}{p+q+r} \tag{6}$$

よって,

$$PR_X = QR_S + \frac{Qpr - Pqr}{p+q+r} \tag{7}$$

式(7) より,R_X を求めると,次式となる.

$$R_X = \frac{Q}{P}R_S + \frac{pr}{p+q+r}\left(\frac{Q}{P} - \frac{q}{p}\right) \tag{8}$$

$\dfrac{Q}{P} = \dfrac{q}{p}$ の条件を式(8)に代入すると R_X は，

$$R_X = \frac{Q}{P}R_S$$

となるので r に関係ない値となり，接触抵抗の影響を取り除くことができる．

問 18

次の記述は，図に示すように補助電極板を用いた 3 電極法による接地抵抗の測定原理について述べたものである．□ 内に入れるべき字句の正しい組合せを下の番号から選べ．

(1) 接地電極板 X の接地抵抗 R_X を測定するには，X，Y および Z を互いに □A□ とともに間隔ができるだけ等距離になるように大地に埋める．

(2) コールラウシュブリッジなどの □B□ を電源とした抵抗の測定器を用いて，端子 ab 間の抵抗 R_{ab}〔Ω〕，端子 bc 間の抵抗 R_{bc}〔Ω〕および端子 ca 間の抵抗 R_{ca}〔Ω〕を測定する．

(3) R_{ab}，R_{bc} および R_{ca} から R_X は，$R_X =$ □C□〔Ω〕で求められる．

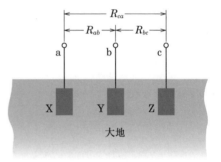

Y, Z：補助電極板

	A	B	C
1	十分近づける	交流	$\dfrac{R_{ab}+R_{ca}-R_{bc}}{3}$
2	十分近づける	直流	$\dfrac{R_{ab}+R_{ca}-R_{bc}}{2}$
3	十分離す	交流	$\dfrac{R_{ab}+R_{ca}-R_{bc}}{3}$
4	十分離す	直流	$\dfrac{R_{ab}+R_{ca}-R_{bc}}{3}$
5	十分離す	交流	$\dfrac{R_{ab}+R_{ca}-R_{bc}}{2}$

▶▶▶▶▶ p. 213

解説 端子 a，b，c に接続された電極の接地抵抗を R_X，R_Y，R_Z〔Ω〕とすると，端子 ab 間，bc 間，ca 間の抵抗 R_{ab}，R_{bc}，R_{ca}〔Ω〕は，次式で表される．

$$R_{ab} = R_X + R_Y \tag{1}$$

$$R_{bc} = R_Y + R_Z \tag{2}$$

$$R_{ca} = R_Z + R_X \tag{3}$$

● 解答 ●

問 17 ア-5 イ-4 ウ-8 エ-2 オ-1

式(1)+式(3)−式(2)より，次式となる．

$$R_{ab}+R_{ca}-R_{bc} = (R_X+R_Y)+(R_Z+R_X)-(R_Y+R_Z)$$
$$= 2R_X \tag{4}$$

よって，R_X〔Ω〕は次式で表される．

$$R_X = \frac{R_{ab}+R_{ca}-R_{bc}}{2} \text{〔Ω〕}$$

問 19
〔2陸技〕

次の記述は，一般的に用いられる測定器と測定項目について述べたものである．□内に入れるべき最も適している字句を下の番号から選べ．

(1) 電解液の抵抗や接地抵抗の測定に用いられるのは，│ア│である．

(2) マイクロ波の電力測定に用いられるのは，│イ│である．

(3) 交流電圧の波形観測に用いられるのは，│ウ│である．

(4) 電池や熱電対の起電力の測定に用いられるのは，│エ│である．

(5) コイルのインダクタンスや分布容量の測定に用いられるのは，│オ│である．

1　回路計　　　2　電流力計形電力計　　　3　レベルメータ　　　4　ボロメータブリッジ

5　ファンクションジェネレータ　　　6　Qメータ　　　7　直流電位差計

8　オシロスコープ　　　9　ガウスメータ　　　10　コールラウシュブリッジ

▶▶▶▶▶ p. 213

問 20
〔1陸技〕

図に示すように，正弦波交流を全波整流した電流 i が流れている抵抗 R〔Ω〕で消費される電力を測定するために，永久磁石可動コイル形の電流計 A および電圧計 V を接続したところ，それぞれの指示値が 2〔A〕および 16〔V〕であった．このとき R で消費される電力 P の値として，正しいものを下の番号から選べ．ただし，A および V の内部抵抗の影響は無視するものとする．

1　π^2〔W〕

2　$2\pi^2$〔W〕

3　$3\pi^2$〔W〕

4　$4\pi^2$〔W〕

5　$8\pi^2$〔W〕

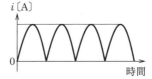

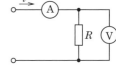

i：全波整流電流

▶▶▶▶▶ p. 212

● 解答 ●

問 18 -5　　**問 19** ア-10　イ-4　ウ-8　エ-7　オ-6

解説 電流の最大値を I_m〔A〕とすると，永久磁石可動コイル形計器の指示値は平均値なので，この値を I〔A〕とすると，次式で表される．

$$I = \frac{2}{\pi} I_m \text{〔A〕} \tag{1}$$

電流の実効値を I_e〔A〕とすると，最大値は次式となる．

$$I_m = \sqrt{2} I_e \text{〔A〕} \tag{2}$$

式(1)，(2)より，I_e は次式で表される．

$$I_e = \frac{I_m}{\sqrt{2}} = \frac{\pi}{2\sqrt{2}} I \text{〔A〕} \tag{3}$$

同様に電圧の平均値を V〔V〕とすると実効値 V_e〔V〕は，次式で表される．

$$V_e = \frac{\pi}{2\sqrt{2}} V \text{〔V〕} \tag{4}$$

抵抗 R で消費される電力 P〔W〕は，電圧と電流の実効値の積で表されるので，次式となる．

$$P = V_e I_e = \left(\frac{\pi}{2\sqrt{2}}\right)^2 VI$$

$$= \frac{\pi^2}{8} \times 16 \times 2 = 4\pi^2 \text{〔W〕}$$

問21 ▰▰▰▰▰▰▰▰▰▰▰▰▰▰▰ ▮1陸技類題▮ ▮2陸技▮

次の記述は，図1に示すように，三つの交流電流計 A_1，A_2 および A_3 を用いて負荷 $\dot{Z}$ の消費電力（有効電力）P を測定する方法について述べたものである． ☐ 内に入れるべき字句の正しい組合せを下の番号から選べ．ただし，A_1，A_2 および A_3 の測定値をそれぞれ I_1，I_2 および I_3〔A〕，電源電圧 $\dot{V}$ の大きさを V〔V〕，負荷の力率を $\cos\theta$ とする．また，各電流計の内部抵抗の影響はないものとする．

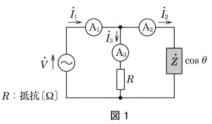

R：抵抗〔Ω〕

図1

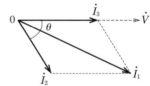

I_1，I_2 および I_3 のベクトルを $\dot{I_1}$，$\dot{I_2}$ および $\dot{I_3}$ で表す．

図2

● **解答** ●

問20 ー4

(1) 消費電力 P は，$P = VI_2 \cos\theta$ 〔W〕で表される．

(2) 電源電圧 V は，$V = \boxed{\text{A}}$ 〔V〕で表される．

(3) 図2に示す各電流のベクトル図から，I_1, I_2 および I_3 の間に次式が成り立つ．

$$I_1{}^2 = \boxed{\text{B}}$$

(4) したがって，(1), (2), (3)より，P は次式で表される．

$$P = \frac{R}{2} \times \boxed{\text{C}} \text{〔W〕}$$

	A	B	C
1	I_1R	$I_2{}^2 + I_3{}^2 + 2I_2I_3\cos\theta$	$(I_1{}^2 - I_2{}^2 - I_3{}^2)$
2	I_1R	$I_2{}^2 + I_3{}^2 + 2I_2I_3\sin\theta$	$(I_1{}^2 - I_2{}^2 + I_3{}^2)$
3	I_1R	$I_2{}^2 + I_3{}^2 + 2I_2I_3\cos\theta$	$(I_1{}^2 - I_2{}^2 + I_3{}^2)$
4	I_3R	$I_2{}^2 + I_3{}^2 + 2I_2I_3\sin\theta$	$(I_1{}^2 - I_2{}^2 + I_3{}^2)$
5	I_3R	$I_2{}^2 + I_3{}^2 + 2I_2I_3\cos\theta$	$(I_1{}^2 - I_2{}^2 - I_3{}^2)$

▶▶▶▶▶ p. 215

解説 I_1, I_2, I_3 の間に次式が成り立つ．

$$I_1{}^2 = I_2{}^2 + I_3{}^2 + 2I_2I_3\cos\theta$$

よって，力率 $\cos\theta$ は次式で表される．

$$\cos\theta = \frac{I_1{}^2 - I_2{}^2 - I_3{}^2}{2I_2I_3} \tag{1}$$

負荷で消費される有効電力 P 〔W〕は，$P = VI_2\cos\theta$, $V = RI_3$, 式(1)によって，次式で表される．

$$P = VI_2\cos\theta = RI_3I_2\cos\theta = \frac{R}{2} \times (I_1{}^2 - I_2{}^2 - I_3{}^2) \text{〔W〕}$$

問22 〔1陸技〕

図に示す回路において，交流電圧計 V_1, V_2 および V_3 の指示値がそれぞれ $V_1 = 100$ 〔V〕，$V_2 = 50$ 〔V〕，$V_3 = 50$ 〔V〕であった．負荷で消費する電力 P 〔W〕の値として，正しいものを下の番号から選べ．ただし，抵抗 $R = 10$ 〔Ω〕とし，各交流電圧計の内部抵抗の影響はないものとする．

1 1,500 〔W〕

2   750 〔W〕

3   500 〔W〕

V：交流電圧〔V〕
R：抵抗〔Ω〕

● **解答** ●

 -5

4　250〔W〕

5　125〔W〕

▶▶▶▶▶ p. 215

解説　負荷で消費する電力 P〔W〕は，次式で表される．

$$P = \frac{1}{2R}(V_1{}^2 - V_2{}^2 - V_3{}^2)$$

$$= \frac{1}{2 \times 10} \times (100^2 - 50^2 - 50^2)$$

$$= \frac{1}{20} \times (10{,}000 - 2{,}500 - 2{,}500) = 250〔W〕$$

　この問題は，$|\dot{V_1}| = |\dot{V_2}| + |\dot{V_3}|$ となるので，ベクトルの三角形が構成できないから，力率 $\cos\theta = 1$ となる．そこで，負荷を流れる電流 $I = V_2/R = 50/10 = 5$〔A〕と $V_3 = 50$〔V〕より，$P = V_3 I = 50 \times 5 = 250$〔W〕と計算して求めることもできる．

問 23　[2陸技]

　図に示すブリッジ回路は，それぞれの素子が表の値になったとき平衡状態になった．このときの静電容量 C_X および抵抗 R_X の値の組合せとして，正しいものを下の番号から選べ．

	C_X	R_X
1	0.1〔μF〕	10〔Ω〕
2	0.1〔μF〕	15〔Ω〕
3	0.1〔μF〕	20〔Ω〕
4	0.2〔μF〕	10〔Ω〕
5	0.2〔μF〕	20〔Ω〕

素子		値
抵抗	R_A	1,000〔Ω〕
抵抗	R_B	200〔Ω〕
抵抗	R_S	100〔Ω〕
静電容量	C_S	0.02〔μF〕

V：交流電源
G：交流検流計

▶▶▶▶▶ p. 216

解説　電源の角周波数を $\omega = 2\pi f$ とすると，ブリッジの平衡条件より，次式が成り立つ．

$$R_A\left(R_X - j\frac{1}{\omega C_X}\right) = R_B\left(R_S - j\frac{1}{\omega C_S}\right)$$

$$R_A R_X - j\frac{R_A}{\omega C_X} = R_B R_S - j\frac{R_B}{\omega C_S} \tag{1}$$

　式(1)の実数部より，次式が成り立つ．

● 解答 ●

問 22 -4

$$R_X = \frac{R_B R_S}{R_A} = \frac{200 \times 100}{1,000} = 20 \ [\Omega]$$

虚数部より，次式が成り立つ．

$$\frac{R_A}{\omega C_X} = \frac{R_B}{\omega C_S}$$

よって，

$$C_X = \frac{R_A}{R_B} C_S = \frac{1,000}{200} \times 0.02 \times 10^{-6} = 0.1 \times 10^{-6} \ [\mathrm{F}] = 0.1 \ [\mu \mathrm{F}]$$

問 24 ━━━━━━━━━━━ 1陸技

図に示すシェーリングブリッジが平衡したとき，抵抗 R_X〔Ω〕および静電容量 C_X〔F〕を表す式の組合せとして，正しいものを下の番号から選べ．

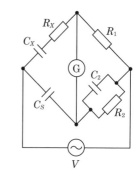

R_1, R_2：抵抗〔Ω〕
C_S, C_2：静電容量〔F〕
G：検流計
V：交流電源〔V〕

	R_X	C_X
1	$\dfrac{C_2 R_1}{C_S}$	$\dfrac{R_2 C_S}{R_1}$
2	$\dfrac{C_S R_2}{C_2}$	$\dfrac{R_2 C_S}{R_1}$
3	$\dfrac{C_S R_1}{C_2}$	$\dfrac{R_1 C_S}{R_2}$
4	$\dfrac{C_2 R_1}{C_S}$	$\dfrac{R_2 C_2}{R_1}$
5	$\dfrac{C_2 R_1}{C_S}$	$\dfrac{R_1 C_S}{R_2}$

▶▶▶▶▶ p. 216

解説 R_2 と C_2 の並列回路のインピーダンスを $\dot{Z}_2$，R_X と C_X の直列回路のインピーダンスを $\dot{Z}_X$ とするとブリッジの平衡条件より，次式が成り立つ．

$$R_1 \frac{1}{j\omega C_S} = \dot{Z}_2 \dot{Z}_X$$

$$R_1 \frac{1}{\dot{Z}_2} = j\omega C_S \dot{Z}_X$$

$$R_1 \times \left(\frac{1}{R_2} + j\omega C_2 \right) = j\omega C_S \times \left(R_X + \frac{1}{j\omega C_X} \right) \tag{1}$$

式(1)の実数部より，次式が成り立つ．

● 解答 ●

問 23 -3

第5章 電気磁気測定

$$\frac{R_1}{R_2} = \frac{C_S}{C_X}$$

よって，C_X〔F〕は，次式で表される．

$$C_X = \frac{R_2 C_S}{R_1} \ \text{〔F〕}$$

式(1)の虚数部より，次式が成り立つ．

$$\omega C_2 R_1 = \omega C_S R_X$$

よって，R_X〔Ω〕は，次式で表される．

$$R_X = \frac{C_2 R_1}{C_S} \ \text{〔Ω〕}$$

問25

1陸技

　図に示す回路において自己インダクタンス L〔H〕のコイル M の分布容量 C_0 を求めるために，標準信号発振器 SG の周波数 f を変化させて回路を共振させたとき，表に示す静電容量 C_S の値が得られた．このときの C_0 の値として，正しいものを下の番号から選べ．ただし，SG の出力は，コイル T を通して M と疎に結合しているものとする．

1　2〔pF〕
2　4〔pF〕
3　6〔pF〕
4　8〔pF〕
5　10〔pF〕

f〔kHz〕	C_S〔pF〕
300	154
600	34

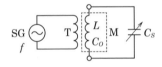

▶▶▶▶▶ p. 217

解説　共振周波数をそれぞれ f_1，f_2，角周波数を ω_1，ω_2，そのときの可変静電容量の値を C_{S1}，C_{S2}，コイルの自己インダクタンスを L，分布容量を C_0 とすると，次式が成り立つ．

$$\omega_1{}^2 = \frac{1}{L(C_{S1}+C_0)} \tag{1}$$

$$\omega_2{}^2 = \frac{1}{L(C_{S2}+C_0)} \tag{2}$$

周波数 $f_1 = 300$〔kHz〕，$f_2 = 600$〔kHz〕だから，それらの関係は次式となる．

$$2\omega_1 = \omega_2 \tag{3}$$

式(2)÷式(1)に式(3)を代入すると，次式が得られる．

解答

問24 -1

$$2^2 = \frac{L(C_{S1}+C_O)}{L(C_{S2}+C_O)} = \frac{C_{S1}+C_O}{C_{S2}+C_O}$$

$$4(C_{S2}+C_O) = C_{S1}+C_O$$

よって，C_O〔pF〕を求めると

$$C_O = \frac{C_{S1}-4C_{S2}}{3} = \frac{154-4\times34}{3} = \frac{18}{3} = 6 \text{〔pF〕}$$

問26　　　　　　　　　　　　　　　　　　　　2陸技

次の記述は，図に示す原理的な Q メータによるコイルの尖鋭度 Q の測定原理について述べたものである．□内に入れるべき字句の正しい組合せを下の番号から選べ．ただし，回路は静電容量が C〔F〕で共振状態にあるものとし，交流電圧計 V の内部抵抗は無限大とする．

(1)　R_X は，C を流れる電流の大きさを I_C〔A〕とすると，$R_X = \boxed{\text{A}}$〔Ω〕である．

(2)　V_2 は，交流電源の角周波数を ω〔rad/s〕とすると，$V_2 = I_C \times \boxed{\text{B}}$〔V〕である．

(3)　コイルの Q は，$Q = \omega L_X / R_X$ であるから，(1)，(2) より Q は $Q = \boxed{\text{C}}$ である．

(4)　(3) より，V_1 を一定電圧とし，交流電圧計 V の目盛を V_1 の倍数で表示すれば，V の目盛から Q を直読することができる．

	A	B	C
1	$\dfrac{V_1}{I_C}$	ωC	$\dfrac{V_1}{V_2}$
2	$\dfrac{V_2}{I_C}$	ωC	$\dfrac{V_1}{V_2}$
3	$\dfrac{V_1}{I_C}$	ωL_X	$\dfrac{V_1}{V_2}$
4	$\dfrac{V_1}{I_C}$	ωL_X	$\dfrac{V_2}{V_1}$
5	$\dfrac{V_2}{I_C}$	ωL_X	$\dfrac{V_2}{V_1}$

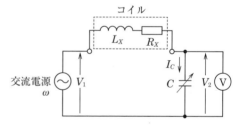

L_X：コイルの自己インダクタンス〔H〕
R_X：コイルの抵抗〔Ω〕
V_1：交流電源電圧〔V〕
V_2：C の両端の電圧（Vの指示値）〔V〕
ω：交流電源の角周波数〔rad/s〕

▶▶▶▶▷ p. 217

解説　共振状態では，R_X〔Ω〕の両端の電圧は V_1〔V〕となるので，R_X は次式で表される．

● 解答 ●

問25 -3

第5章　電気磁気測定

$$R_X = \frac{V_1}{I_C} \ [\Omega] \tag{1}$$

共振状態では，L_X と C のリアクタンスは等しいので V_2〔V〕は次式で表される．

$$V_2 = I_C \times \frac{1}{\omega C} = I_C \times \omega L_X \ [\text{V}] \tag{2}$$

式(1)，(2)より，Q を求めると次式で表される．

$$Q = \frac{\omega L_X}{R_X} = \frac{V_2}{I_C} \times \frac{I_C}{V_1} = \frac{V_2}{V_1}$$

問 27   2陸技

次の記述は，オシロスコープ(OS)による正弦波交流電圧の位相差の測定法について述べたものである．□内に入れるべき字句の正しい組合せを下の番号から選べ．ただし，水平軸入力電圧 v_x および垂直軸入力電圧 v_y は，角周波数を ω〔rad/s〕，位相差を θ〔rad〕，時間を t〔s〕としたとき，次式で表され，それぞれ図1に示すように加えられるものとする．また，OS の画面上には，図2のリサジュー図形が得られるものとする．

$$v_x = V_m \sin \omega t \ [\text{V}], \quad v_y = V_m \sin(\omega t + \theta) \ [\text{V}]$$

(1) 画面上の a は，v_y の最大値であるから，$a = \boxed{\text{A}}$〔V〕である．

(2) 画面上の b は，$v_x = 0$〔V〕のときの v_y であるから，$b = V_m \times \boxed{\text{B}}$〔V〕である．

(3) したがって，v_x と v_y の位相差 θ は次式から求めることができる．

$$\theta = \boxed{\text{C}} \ [\text{rad}]$$

	A	B	C
1	V_m	$\sin\theta$	$\sin^{-1}\left(\frac{b}{a}\right)$
2	V_m	1	$\tan^{-1}\left(\frac{b}{a}\right)$
3	V_m	1	$\sin^{-1}\left(\frac{b}{a}\right)$
4	$2V_m$	$\sin\theta$	$\tan^{-1}\left(\frac{b}{a}\right)$
5	$2V_m$	1	$\sin^{-1}\left(\frac{b}{a}\right)$

解答

問 26 -4

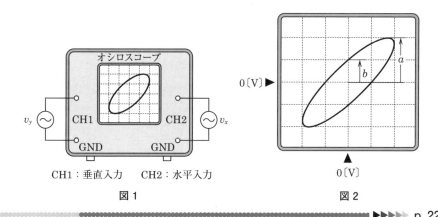

CH1：垂直入力　　CH2：水平入力

図1　　　　　　　　　　　　　　　図2

▶▶▶▶▶ p. 221

解説　y 軸方向の最大値 V_m が a である．x 軸方向の電圧が 0 のとき，$v_x = V_m \sin \omega t = 0$ となるので，$t = 0$ のときであるが，そのとき y 軸方向の値が b なので $v_y = V_m \sin \theta = b$ となる．よって，

$$a \sin \theta = b$$

となるので，θ は次式で表される．

$$\sin \theta = \frac{b}{a} \quad \text{よって，} \quad \theta = \sin^{-1}\left(\frac{b}{a}\right)$$

問 28　　　　　　　　　　　　　　　　　　　　　　　　　　　　　[1陸技]

　次の記述は，図1に示すリサジュー図について述べたものである．□内に入れるべき字句の正しい組合せを下の番号から選べ．ただし，図1は，図2に示すようにオシロスコープの垂直入力および水平入力に最大値が V〔V〕で等しく，周波数の異なる正弦波交流電圧 v_y および v_x〔V〕を加えたときに得られたものとする．

(1) v_x の周波数が 1〔kHz〕のとき，v_y の周波数は □A〔kHz〕である．

(2) 図1の点 a における v_y の値は，約 □B〔V〕である．

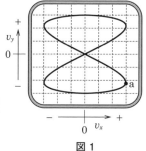

図1

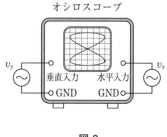

図2

● 解答 ●

問 27-1

第5章　電気磁気測定

	A	B
1	2	$\dfrac{-V}{\sqrt{2}}$
2	2	$\dfrac{-V}{\sqrt{3}}$
3	2	$\dfrac{-2V}{\sqrt{2}}$
4	0.5	$\dfrac{-V}{\sqrt{2}}$
5	0.5	$\dfrac{-V}{\sqrt{3}}$

▶▶▶▶▶ p. 221

解説 図 5·33 のように，v_y と v_x の波形の任意の位置に，垂直に引いた線 X を横切る回数（水平方向の変化）の 4 回と，水平に引いた線 Y を横切る回数（垂直方向の変化）の 2 回より，垂直方向の周波数 f_y〔Hz〕は水平方向の周波数 $f_x = 1$〔kHz〕の 2/4＝1/2 倍となるので，$f_y = 0.5$〔kHz〕である．

点 a を中心点 e から始まる角度 θ の三角関数で表すと，x 軸の位相角は sin の最大値のときだから，図 5·33 より $\theta_x = 2\pi + \pi/2$〔rad〕，y 軸の位相角は周波数比より，$\theta_y = (2\pi + \pi/2) \times (1/2) = \pi + \pi/4 = 5\pi/4$〔rad〕となる．$v_y$〔V〕を求めると，次式となる．

$$v_y = V \sin \theta_y$$
$$= V \sin \frac{5\pi}{4}$$
$$= -\frac{V}{\sqrt{2}} \ \text{〔V〕}$$

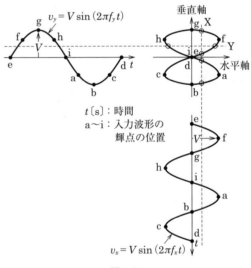

$v_y = V \sin(2\pi f_y t)$

t〔s〕：時間
a〜i：入力波形の輝点の位置

$v_x = V \sin(2\pi f_x t)$

図 5·33

● 解答 ●

問 28 -4

問 29

次の記述は，図1に示すオシロスコープのプローブについて述べたものである．□□内に入れるべき字句の正しい組合せを下の番号から選べ．ただし，オシロスコープの入力抵抗 R_o は 1〔MΩ〕，プローブの等価回路は図2(破線内)で表されるものとし，静電容量 C_2 を 108〔pF〕とする．なお，同じ記号の□□には同じ字句が入るものとする．

(1) C_1 および C_2 を無視するとき，プローブの減衰比 $V_1 : V_2$ を 10 : 1 にする抵抗 R_1 の値は，□A□〔MΩ〕である．

(2) C_1 および C_2 を考慮し，R_1 の値が，□A□〔MΩ〕であるとき，周波数に無関係に $V_1 : V_2$ を 10 : 1 にする C_1 の値は，□B□〔pF〕である．

	A	B
1	6	8
2	6	10
3	9	10
4	9	12
5	12	12

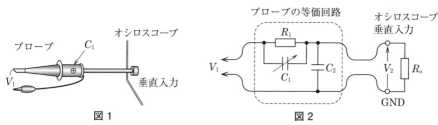

図1　　　　　**図2**

R_1：抵抗　　　C_1：静電容量

▶▶▶▶▶ p. 223

解説　C_1 および C_2 を無視すると，プローブの減衰量は，プローブの抵抗 R_1〔MΩ〕とオシロスコープの入力抵抗 R_o〔MΩ〕の比で表されるので，次式が成り立つ．

$$\frac{V_1}{V_2} = \frac{R_1 + R_o}{R_o} = 10$$

$$10R_o = R_1 + R_o$$

よって，$R_1 = 9R_o = 9$〔MΩ〕　　　　　　　　　　　　　　　　　　　　　　(1)

次に C_1 および C_2 を考慮して，R_1〔MΩ〕と C_1〔pF〕の並列インピーダンスを $\dot{Z}_1$〔MΩ〕，R_o〔MΩ〕と C_2〔pF〕の並列インピーダンスを $\dot{Z}_2$〔MΩ〕とすると，減衰比が式(1)と同じ比率となるので，次式が成り立つ．

$$\dot{Z}_1 = 9\dot{Z}_2$$

第5章　電気磁気測定

$$\frac{R_1 \dfrac{1}{j\omega C_1}}{R_1 + \dfrac{1}{j\omega C_1}} = \frac{9R_o \dfrac{1}{j\omega C_2}}{R_o + \dfrac{1}{j\omega C_2}}$$

$$\frac{R_1}{1 + j\omega C_1 R_1} = \frac{9R_o}{1 + j\omega C_2 R_o}$$

$$\frac{1 + j\omega C_2 R_o}{1 + j\omega C_1 R_1} = \frac{9R_o}{R_1} \tag{2}$$

式(2)において，$9R_o/R_1 = 1$ だから，左辺の虚数項が等しいときに，ω を含まない式となり，周波数と無関係な値となるので，次式が成り立つ．

$$\omega C_2 R_o = \omega C_1 R_1 \tag{3}$$

抵抗と静電容量の比で求めるので，単位は〔MΩ〕や〔pF〕のまま計算すると，次式となる．

$$C_1 = \frac{C_2 R_o}{R_1} = \frac{108 \times 1}{9} = 12 〔\mathrm{pF}〕$$

● 解答 ●

問29 -4

国家試験受験ガイド

　この国家試験受験ガイドは，**第一級陸上無線技術士**（一陸技），**第二級陸上無線技術士**（二陸技）の資格を目指す方を対象に，これらの資格の国家試験を受験する場合に限った内容で受験の手続きについて説明してある．

　なお，受験するときは，（公財）日本無線協会の**ホームページ**の試験案内によって，国家試験の実施の詳細を確かめてから，受験していただきたい．

◼ 無線従事者

　無線従事者とは，電波法に次のように定められている．

　　　無線設備の操作又はその監督を行う者であって，総務大臣の免許を受けたもの

　一陸技・二陸技の資格は，地上基幹放送局，航空局，固定局等の無線局の無線設備の操作又はその監督を行う者に必要な資格である．

　無線従事者には，各級陸上無線技術士のほかに各級陸上特殊無線技士，各級総合無線通信士，各級海上無線通信士，各級海上特殊無線技士，航空無線通信士，航空特殊無線陸士，各級アマチュア無線技士の資格があり，それぞれの資格の範囲内で陸上，海上，航空等の各分野の無線局に従事することができる．

◻ 国家試験科目

● 第一級陸上無線技術士，第二級陸上無線技術士

無線工学の基礎：問題数 25 問，試験時間 2 時間 30 分

　　　① 電気物理（の詳細）
　　　② 電気回路（の詳細）
　　　③ 半導体及び電子管（の詳細）
　　　④ 電子回路（の詳細）
　　　⑤ 電気磁気測定（の詳細）

無線工学 A：問題数 25 問，試験時間 2 時間 30 分

　　　① 無線設備の理論，構造及び機能（の詳細）
　　　② 無線設備のための測定機器の理論，構造及び機能（の詳細）
　　　③ 無線設備及び無線設備のための測定機器の保守及び運用（の詳細）

無線工学 B：問題数 25 問，試験時間 2 時間 30 分

　　　① 空中線系等の理論，構造及び機能（の詳細）
　　　② 空中線系等のための測定機器の理論，構造及び機能（の詳細）

③　空中線系及び空中線系等のための測定機器の保守及び運用（の詳細）

法規：問題数 20 問，試験時間 2 時間

電波法及びこれに基づく命令の概要

二陸技は（　）内を含まない．たとえば，一陸技では「①　電気物理の詳細」，二陸技では「①　電気物理」のことである．

③ 試験の免除

次の場合に試験科目の一部が免除されるが，あらかじめ申請するときにその内容を記載しなければならない．

●科目合格

一陸技・二陸技の資格の国家試験で，合格点を得た試験科目のある者が，その試験科目の試験の行われた月の翌月の始めから起算して，**3 年以内**に実施されるその資格の国家試験を受ける場合は，その資格の合格点を得た試験科目が免除される．

●一定の資格を有する者

次の資格を有する者が，国家試験を受験する場合は，表の区分に従って試験科目が免除される．

受験者が有する資格	受験する資格	基礎	工 A	工 B	法規
第一級総合無線通信士	第一級陸上無線技術士				○
第二級総合無線通信士	第二級陸上無線技術士				○
第一級海上無線通信士	第二級陸上無線技術士	○			
伝送交換主任技術者	第一級陸上無線技術士	○	○		
	第二級陸上無線技術士	○	○		
線路主任技術者	第一級陸上無線技術士	○			
	第二級陸上無線技術士	○			

●業務経歴を有する者

次の資格を有する者で，その資格により無線局（アマチュア局を除く）の無線設備の操作に **3 年以上**従事した業務経歴を有する者は，表の区分に従って試験科目が免除される．

受験者が有する資格	受験する資格	基礎	工 A	工 B	法規
第一級総合無線通信士	第一級陸上無線技術士	○			○
第二級陸上無線技術士	第一級陸上無線技術士	○			○

● 認定学校等の卒業者

　総務大臣の認定を受けた学校等を卒業した者が，その学校等の卒業の日から **3 年以内**に実施される一陸技・二陸技の国家試験を受験する場合は，総務大臣が告示するところにより無線工学の基礎の科目が免除される．

④ 試験の実施

実施時期　　　毎年 1 月，7 月

申請時期　　　1 月の試験は，11 月 1 日から 11 月 20 日まで

　　　　　　　　7 月の試験は，5 月 1 日から 5 月 20 日まで

（注）試験地，日時，受付期間などについては，（公財）日本無線協会（以下「協会」という．）のホームページで確認すること．

（公財）日本無線協会の
ホームページ
https://www.nichimu.or.jp/

⑤ インターネットによる申請

申請方法　　　協会のホームページ（https://www.nichimu.or.jp/）からインターネットを利用してパソコンやスマートフォンを使って申請する．

申請時に提出する写真　　　デジタルカメラなどで撮影した顔写真を試験申請に際してアップロード（登録）する．受験の際には，顔写真の持参は不要である．

インターネットによる申請　　　インターネットでの申請手続きの流れを次に示す．

（ア）協会のホームページから「無線従事者国家試験等申請・受付システム」にアクセスする．

（イ）「個人情報の取り扱いについて」をよく確認し，同意される場合は，「同意する」チェックボックスを選択の上，「申請開始」へ進む．

（ウ）初めての申請またはユーザ未登録の申請者の場合，「申請開始」をクリックし，画面にしたがって試験申請情報を入力し，顔写真をアップロードする．

（エ）「整理番号の確認・試験手数料の支払い手続き」画面が表示されるので，試験手数料の支払方法をコンビニエンスストア，ペイジー（金融機関 ATM やインターネットバンキング）またはクレジットカードから選択する．

（オ）「お支払いの手続き」画面の指示にしたがって，試験手数料を支払う．

　支払期限日までに試験手数料の支払を済ませておかないと，申請の受付が完了しないので注意すること．手数料は協会のホームページの試験案内で確認すること．

受験票の送付　　　受験票は試験期日のおよそ 2 週間前に電子メールにより送付される．

試験当日の注意　　　電子メールにより送付された受験票を自身で印刷（A4 サイズ）して試

験会場へ持参する．試験開始時刻の 15 分前までに試験場に入場する．受験票の注意をよく読んで受験すること．

試験の免除　試験科目の一部の免除を希望する場合は，あらかじめ申請するときにその内容を記載しなければならない．免除の詳細については，協会のホームページなどで確認して受験申請をすること．

その他の書類

　業務経歴による免除を申請する場合

　　　定められた様式の経歴証明書

　認定学校等による免除を申請する場合

　　　卒業証明書および科目履修証明書等

　これらの書類は**郵送（申請期間内に協会本部に必着）**しなければならない．ただし，初めて試験科目の試験の免除を申請する場合に必要で，2 回目以降の受験のときは提出する必要はない．

⑥ 試験結果の通知

　試験会場で知らされる試験結果の発表日以降になると，協会の結果発表のホームページで試験結果を確認することができる．また，試験結果通知書も結果発表のホームページでダウンロードすることができる．

⑦ 最新の国家試験問題

　最近行われた国家試験問題と解答（直近の過去 2 期分）は，協会のホームページからダウンロードすることができる．試験の実施前に，前回出題された試験問題をチェックすることができる．

　また，受験した国家試験問題は持ち帰れるので，試験終了後に発表されるホームページの解答によって，自己採点して合否をあらかじめ確認することができる．

⑧ 無線従事者免許の申請

　国家試験に合格したときは，無線従事者免許を申請する．定められた様式の申請書は総務省の電波利用ホームページより，ダウンロードできるので，これを印刷して使用する．

　添付書類等は次のとおりである．

　（ア）氏名及び生年月日を証する書類（住民票の写しなど．ただし，申請書に住民票コードまたは現に有する無線従事者の免許の番号などを記載すれば添付しなくてもよい．）

　（イ）手数料（収入印紙を申請書に貼付する．）

　（ウ）写真 1 枚（縦 30 mm×横 24 mm．申請書に貼付する．）

　（エ）返信先（住所，氏名等）を記載し，切手を貼付した免許証返信用封筒

索引

■さ行

【著者紹介】

吉川忠久（よしかわ・ただひさ）

学　歴　東京理科大学物理学科卒業
職　歴　郵政省関東電気通信監理局
　　　　日本工学院八王子専門学校
　　　　中央大学理工学部兼任講師
　　　　明星大学理工学部非常勤講師

1・2陸技受験教室①
無線工学の基礎　第3版

2000 年 10 月 20 日　第 1 版 1 刷発行	ISBN 978-4-501-33560-1 C3055
2006 年 9 月 20 日　第 1 版 7 刷発行	
2007 年 9 月 30 日　第 2 版 1 刷発行	
2022 年 2 月 20 日　第 2 版 8 刷発行	
2023 年 12 月 20 日　第 3 版 1 刷発行	

著　者　吉川忠久
　　　　© Yoshikawa Tadahisa 2023

発行所　学校法人 東京電機大学　〒120-8551　東京都足立区千住旭町 5 番
　　　　東京電機大学出版局　　Tel. 03-5284-5386（営業）03-5284-5385（編集）
　　　　　　　　　　　　　　　Fax. 03-5284-5387 振替口座 00160-5-71715
　　　　　　　　　　　　　　　https://www.tdupress.jp/

印刷・製本：三美印刷（株）　　装丁：齋藤由美子
落丁・乱丁本はお取り替えいたします。　　　　　　　　Printed in Japan